Pflanzenbau

Ein Lern- und Arbeitsbuch für land- und forstwirtschaftliche Schulen und für die Berufsausbildung

Verfasst von der Arbeitsgemeinschaft
Josef Aigner
Josef Altenburger

av BUCH

Bildquellen:

Aichele: Was blüht denn da? Franckh'sche Verlagsbuchhandlung Stuttgart.
Aufhammer/Fischbeck: Getreide – Produktionstechnik und Verwertung, VUA 1973.
Berger u. a.: Pflanzenproduktion – Band 1, ÖAV/Stocker Verlag 1975.
Berger u. a.: Pflanzenproduktion – Band 1, ÖAV/Stocker Verlag 1983.
Berger u. a.: Pflanzenproduktion – Band 2, ÖAV/Stocker Verlag 1983.
Biebl/Germ: Praktikum der Pflanzenanatomie, Springer 1967.
Bundesanstalt f. Bodenwirtschaft: Richtlinien für die sachgerechte Düngung, Wien 1991.
Dörfler/Hüffmeier: Pflanzliche Erzeugung – Die Landwirtschaft 1. Teil A, BLV 1981.
Herrmann/Meyer-Ötting: Agrarwirtschaft – Fachstufe Landwirt, BLV 1980.
Herrmann/Meyer-Ötting u. a.: Agrarwirtschaft – Grundstufe 1, BLV 1984.
Kämpf/Petzold: Erfolgreicher Zuckerrübenbau, VUA 1980.
Lexikothek: Das Reich der Pflanzen, Bertelsmann Lexikon-Verlag.
Pretzler: Landtechnik und Baukunde – Band 3/Stocker Verlag 1990.
Ruckenbauer: Beratungsschrift Nr. 7 der Österreichischen Düngerberatungsstelle, Wien.
Traktor aktuell, 1/97.
Zscheischler: Handbuch Mais – Anbau und Verwertung, VUA 1979.

Cover: shutterstock.com

Impressum:

Sturzgasse 1A, A-1141 Wien, E-Mail: buch@avbuch.at, Internet: www.avbuch.at

10. Auflage 2016

Deutsche Nationalbibliothek – CIP-Einheitsaufnahme
Die Deutsche Nationalbibliothek verzeichnet diese Publikationen in der Deutschen Nationalbibliografie; detaillierte bibliografische Daten sind im Internet über http://dnb.ddb.de abrufbar.

Satz: Hantsch & Jesch PrePress Services OEG, Wien
Druck und Bindung: Westermann Druck, Zwickau
Printed in Germany

Schulbuch-Nr. 3809
ISBN 978-3-7040-2270-7

VORWORT

Das vorliegende Lern- und Arbeitsbuch wurde für den Pflanzenbauunterricht an land- und forstwirtschaftlichen Schulen und für die Berufsausbildung verfasst. Es enthält die neuesten Erkenntnisse und Produktionstechniken für den modernen Pflanzenbau und soll den Schülerinnen und Schülern die erfolgreiche Ablegung der Prüfungen ermöglichen.

Somit steht den Schülerinnen, Schülern, Lehrerinnen und Lehrern ein modernes Hilfsmittel für den Unterricht zur Verfügung.

Die Verfasser

INHALTSVERZEICHNIS

1. Bodenkunde

1.1. Die Bedeutung des Bodens

Unter „Boden“ im landwirtschaftlichen Sinn verstehen wir die oberste, lockere und von Pflanzen bewachsene Verwitterungsschichte der Erdrinde.
Diese Schichte wird dauernd durch den Einfluss von chemischen und physikalischen Vorgängen (Klima, Pflanze, Mensch) verändert.

1.1.1. Aufgabe des Bodens

Der Boden soll das Wachstum der Pflanzen ermöglichen, indem er Wasser und Nährstoffe speichert und freisetzt sowie den Abbau von abgestorbenen organischen Stoffen mit Hilfe des Bodenlebens besorgt!

1.2. Chemische Grundbegriffe

Der Landwirt lebt naturverbunden und er muss daher wissen, dass chemische Vorgänge im Boden und in der Pflanze die Grundlage der pflanzlichen Produktion sind.

Chemische Vorgänge wirken im Besonderen auf:

- Nährstoffangebot aus dem Boden
- Ernährung und Wachstum der Pflanzen
- Qualität der Ernteprodukte

1.2.1. Die chemischen Elemente

Die einfachsten Bausteine der Natur, die sich nicht mehr weiter zerlegen lassen, werden als Grundstoffe oder Elemente bezeichnet. Bis heute sind 105 solcher Elemente bekannt. Davon liegen 2 in flüssiger, 9 in gasförmiger und der Rest in fester Form vor.
13 dieser Elemente konnten bis jetzt künstlich hergestellt werden.

Die Grundstoffe werden infolge ihrer verschiedenen Eigenschaften in Metalle und Nichtmetalle eingeteilt:

Geben Sie an, in welchen Bereichen des tägl. Lebens Metalle und Nichtmetalle anzutreffen sind!

Nichtmetalle		*Metalle*	
Element	*Zeichen*	*Element*	*Zeichen*
Kohlenstoff	C	Kalium	K
Sauerstoff	O	Kalzium	Ca
Wasserstoff	H	Magnesium	Mg
Stickstoff	N	Natrium	Na
Phosphor	P	Aluminium	Al
Schwefel	S	Eisen	Fe
Silizium	Si	Kupfer	Cu
Bor	B	Zink	Zn
Jod	J	Zinn	Sn
Chlor	Cl	Mangan	Mn
		Molybdän	Mo
		Kobalt	Co
		Cadmium	Cd
		Quecksilber	Hg

Die häufigsten Elemente der Erdrinde

Element	*Anteil in %*	*Element*	*Anteil in %*
Sauerstoff	46,6	Natrium	2,8
Silizium	27,7	Kalium	2,6
Aluminium	8,1	Magnesium	2,1
Eisen	5,0		
Kalzium	3,6	alle übrigen unter 1 %	

1.2.2. Atome – Moleküle – Ionen

Die kleinste Einheit eines Grundstoffes ist das Atom, welches sich mit herkömmlichen Mitteln nicht weiter teilen lässt. Heute ist es jedoch möglich, durch eine Kernspaltung auch Atome zu zerkleinern, wobei einerseits enorme Kräfte, andererseits jedoch auch gefährliche Strahlungen freigesetzt werden. Siehe Kernkraftwerke und Atombombe!

Beschreiben Sie den Aufbau eines Atoms!

Ein Atom besteht aus einem elektrisch positiv geladenen Atomkern und der elektrisch negativ geladenen Atomhülle. Der Atomkern besteht aus den Protonen (+-Ladung) und den Neutronen (neutral), die Atomhülle aus Elektronen (–-Ladung), die den Atomkern umkreisen.
Ist die Anzahl der Protonen und Elektronen gleich, so ist das Atom neutral. Häufiger ist jedoch, dass die Atome Elektronen abgeben (das Atom wird positiv geladen) oder Elektronen aufnehmen (das Atom wird negativ geladen). Solcherart geladene Atome bezeichnet man nun als „Ionen“.

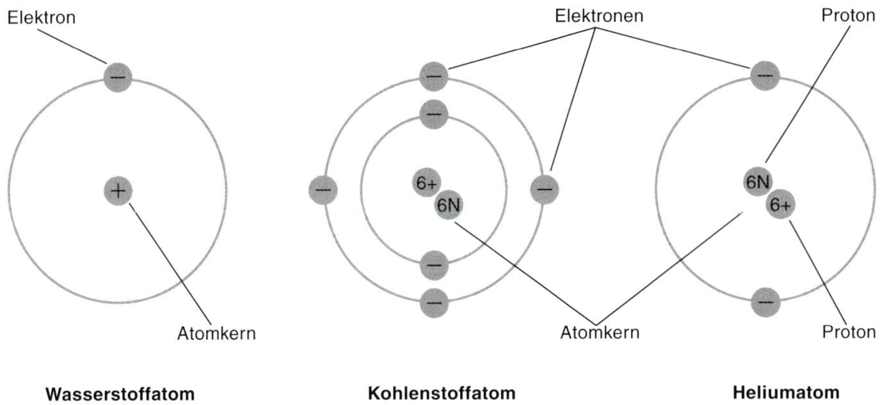

Aufbau der Atome (Beispiele: Wasserstoffatom – Kohlenstoffatom – Heliumatom).

Die unterschiedlichen elektrischen Ladungen bewirken die Entstehung von verschiedenen chemischen Verbindungen, da sich Atome mit entgegengesetzter Ladung anziehen!
Die Moleküle sind chemische Verbindungen, die aus mehreren gleichartigen, aber auch unterschiedlichen Atomen aufgebaut sein können.
Die Moleküle weisen dann neue Eigenschaften auf, im Gegensatz zu den Atomen, aus denen sie entstanden sind.

Beispiel: Wasser

Strukturformel:

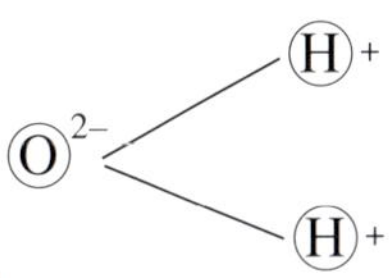

Summenformel: H_2O

1.2.3. Chemische Reaktionen

Bei den verschiedenen chem. Reaktionen entstehen aus Atomen oder Molekülen neue chem. Verbindungen.

Zu den wichtigsten chem. Reaktionen zählen:

Die Oxidation

Nennen Sie wichtige Oxidationsformen!

Darunter versteht man die Verbindung eines Stoffes mit Sauerstoff.
Es gibt sehr lebhafte Oxidationsvorgänge, begleitet von Licht- und Wärmeentwicklung, die man als Verbrennung bezeichnet. Weniger lebhafte Reaktionen sind z. B. das Rosten von Eisen, die Atmung und die Verwesung.
Auch unsere Erde, die ursprünglich in einem feurig-flüssigen Zustand war (= Verbrennung), besteht zum überwiegenden Teil aus Oxiden.
Verbindet sich ein Metall mit Sauerstoff, so entsteht ein Metalloxid; durch die Verbindung eines Nichtmetalls mit Sauerstoff entsteht ein Nichtmetalloxid.

Die Reduktion

Dies bedeutet eine Verringerung bzw. die Entfernung des Sauerstoffes aus einer Verbindung. Dies trifft z. B. auf Eisenverbindungen im Boden zu.

Die Dissoziation

Eine chem. Verbindung zerfällt oder wird in einfachere Bestandteile zerlegt, z. B. werden Mineraldünger durch Wasser aufgelöst und in Ionen zerlegt.
Diese können von den Pflanzen dann als Nährstoffe aufgenommen werden.

1.2.4. Wichtige Verbindungen der anorganischen Chemie

Grundstoffe: Nichtmetalle und Metalle
↓ ↓
bei Verbrennung verbinden sie sich mit Sauerstoff und liefern
↓ ↓
Oxide: der Nichtmetalle der Metalle
mit Wasser zusammengebracht, entstehen
↓ ↓
Verbindungen: Säuren Laugen
beide zusammengebracht, liefern
↓ ↓
Salze

Die Säuren

Nennen Sie wichtige Merkmale der Säuren!

Säuren entstehen aus der Verbindung eines Nichtmetalloxids mit Wasser. Sie schmecken sauer, haben eine ätzende Wirkung und färben blaues Lackmuspapier rot.

Das Prinzip der Gewinnung von Schwefelsäure (H_2SO_4) durch Verbindung von Schwefeltrioxyd mit Wasser.

Ein praktisches Beispiel für die Entstehung und Verwendung einer Säure finden wir beim Ausschwefeln von Fässern.

Es wird ein mit Schwefel getränkter Papierstreifen verbrannt, wodurch ein Nichtmetalloxid entsteht. Dieses verbindet sich mit der Feuchtigkeit im Fass zur Schwefelsäure, welche Krankheitserreger abtötet.

Weitere wichtige Säuren

Tragen Sie die chem. Formeln ein!

Salzsäure .... Salpetersäure ....

Kohlensäure .... Kieselsäure....................................

Phosphorsäure ....

Die Laugen

Laugen oder Basen entstehen aus einer Vereinigung von Metalloxiden mit Wasser. Sie fühlen sich seifig an, sind ebenfalls ätzend und färben rotes Lackmuspapier blau.
Ein praktisches Beispiel für die Entstehung und Verwendung einer Lauge ist die Herstellung einer Kalklauge. Diese bildet sich, wenn man Kalkoxid (Branntkalk) mit Wasser zusammenbringt (Kalklöschen). Wird diese Lauge z. B. als Stallanstrich verwendet, so führt dies zu einer Desinfektion.

Nennen Sie die wichtigsten Merkmale der Laugen!

Kalklauge entsteht, wenn Kalkoxid (Branntkalk) mit Wasser zusammengebracht wird.

Weitere wichtige Laugen

Tragen Sie die chem. Formeln ein!

Kalilauge...................................... Magnesiumlauge ....

Natronlauge.................................. Eisenlauge.......................................

Die Salze

Salze entstehen, wenn man eine Säure und eine Lauge in einem bestimmten Verhältnis mischt. Es entsteht eine neue, salzig schmeckende Verbindung, die weder blaues noch rotes Lackmuspapier färbt, also neutral ist.

Neben dem Salz entsteht bei der Neutralisation auch noch Wasser.

Wodurch unterscheiden sich die Salze von Säuren und Laugen?

$$Ca(OH)_2 + H_2SO_4 = CaSO_4 + 2\ H_2O$$

Kalklauge + Schwefelsäure = Gips + Wasser

Weitere wichtige Salze

Salze der Phosphorsäure – Phosphate
Salze der Schwefelsäure – Sulfate
Salze der Kohlensäure – Karbonate
Salze der Salpetersäure – Nitrate
Salze der Salzsäure – Chloride
Salze der Kieselsäure – Silikate

Ordnen Sie einige bekannte Dünger diesen Salzen zu!

Die meisten Gesteine, die am Aufbau unserer Erde beteiligt sind, sind chemisch gesehen Salze und somit auch die in der Landwirtschaft verwendeten Handelsdünger.

Eine wichtige Neutralisation, die der Landwirt durchzuführen hat, ist die Verringerung der Säurewirkung im Boden, indem er eine Kalkung durchführt.
Bekanntlich benötigen die meisten Kulturpflanzen einen leicht sauren bis neutralen Boden!

1.2.5. Wichtige Verbindungen der organischen Chemie

Die organische Chemie befasst sich mit dem Kohlenstoff und seinen Verbindungen, welche in der belebten Natur in großer Zahl vorkommen (ca. 1 000 000).
Die organischen Verbindungen werden wie folgt eingeteilt:

Die Kohlenwasserstoffe

Diese bestehen nur aus C- und H-Atomen, z. B.:

Alkane – dazu zählen die leicht brennbaren Bestandteile von Erdöl, Erdgas und Kohle (Methan, Äthan, Propan, Butan).

Alkene und Alkine – diese sind sehr explosiv (Äthylen, Acetylen).

Vorsicht, Gärgas!

Alkohole – der bekannteste Alkohol ist der Äthylalkohol, der bei der alkoholischen Gärung aus Frucht- und Traubenzucker unter Mitwirkung von Hefepilzen entsteht. Zu den Alkoholen zählen noch der Methylalkohol und das Glyzerin.

Organische Säuren

Viele dieser Säuren sind auch für die Landwirtschaft von Bedeutung, wie z. B.:

Nennen Sie Lebensmittel, die mittels organ. Säuren konserviert werden!

Essigsäure – diese entsteht aus Alkohol unter Mitwirkung von Essigsäurebakterien.

Propionsäure – diese wird zur Konservierung von Futtermitteln und zur Herstellung bestimmter Unkrautbekämpfungsmittel verwendet.

Milchsäure – entsteht bei der Vergärung von Milch- und Traubenzucker mit Hilfe von Milchsäurebakterien. Sie kommt in saurer Milch, in Sauerkraut und in Silagen vor.

Buttersäure – wird durch Buttersäurebazillen verursacht und kommt in ranziger Butter sowie in verdorbener Silage vor.

Fettsäuren – sind Bestandteile der Fette.

Aminosäuren – sind Eiweißbausteine und in der menschlichen und tierischen Ernährung von großer Bedeutung.

Erklären Sie die Bedeutung der Kohlenhydrate für die Ernährung!

Kohlenhydrate

Diese Verbindungen enthalten neben dem Kohlenstoff noch Wasserstoff und Sauerstoff. Sie werden von den Pflanzen aus CO_2 und H_2O aufgebaut!

Einteilung der Kohlenhydrate

Einfachzucker	*Doppelzucker*	*Vielfachzucker*
Traubenzucker	Rübenzucker	Stärke
Fruchtzucker	Milchzucker	Zellulose
Schleimzucker	Malzzucker	Pektin
		Glykogen

Fettstoffe

Diese Verbindungen bestehen aus dem Glyzerin und verschiedenen Fettsäuren.

Wir unterscheiden:

die festen Fette (z. B. Rindertalg),
die flüssigen Fette (z. B. Pflanzenöle),
die Wachse (z. B. Bienenwachs) sowie
die Seifen – entstehen durch eine Verbindung von Fettsäuren und Laugen.

Eiweißstoffe

Diese sind organische Stickstoffverbindungen, die einen wesentlichen Bestandteil der pflanzlichen und tierischen Zellen bilden. Eiweißmoleküle bestehen aus einer großen Anzahl von Atomen (bis einige Millionen).

Wir unterscheiden:

Proteine – eiweißartige Stoffe, die in der Milch, im Blut und in Eiern vorkommen.

Proteide – enthalten auch noch andere Stoffe, wie Zucker, Fette und Farbstoffe.

Wirkstoffe – sind eiweißartige Stoffe, zu denen Hormone, Enzyme und pflanzliche Gifte gehören.

Lösen Sie die im Anschluss an das Kapitel „Bodenkunde" folgenden Fragen 1 bis 10!

1.3. Die Entstehung der Böden

Die feste Erdoberfläche (Erdrinde), deren Stärke etwa 60 km beträgt, setzt sich aus verschiedenen Mineralien und Gesteinen zusammen. Es sind dies die aus der feurig-flüssigen Schmelzmasse (Magma) im Urzustand der Erde durch Abkühlung erstarrten Gesteine, wie Granit, Basalt, sowie die Minerale Quarz, Feldspat, Glimmer u. a.
Die Gesteinszersetzung (Verwitterung) begann bereits vor Millionen Jahren und wird auch heute noch fortgesetzt. Sie ist die Grundlage der Bodenbildung.
Nach den dabei mitwirkenden Kräften unterscheidet man:

1.3.1. Die physikalische Verwitterung

Durch den wechselnden Einfluss von Erwärmung und Abkühlung entstehen in den Gesteinen Spannungen. Später bilden sich Risse, die zu einem Gesteinszerfall führen.

Nennen Sie jene Kräfte, die den Zerfall der Gesteine bewirken!

Dringt in diese Spalten Wasser ein, welches anschließend gefriert, so bewirkt die Sprengwirkung des Eises einen weiteren Zerfall der Gesteine.
Zur physikalischen Verwitterung zählen auch noch die Sprengwirkung von Pflanzenwurzeln, die Bewegung der Gletscher und das Fließen von Wasser.

1.3.2. Die chemische Verwitterung

Hier kommen vor allem der Lösungswirkung von Wasser und im Wasser gelösten Stoffen (Kohlen-, Kiesel- und Humussäure) große Bedeutung zu. Auch die Pflanzen sind aktiv an der chemischen Verwitterung beteiligt, indem sie Säuren und andere Stoffe in den Boden ausscheiden.
Die physikalischen und chemischen Verwitterungsvorgänge verlaufen ständig, gleichzeitig und miteinander!

Zusammenfassend bewirkt die Verwitterung

- eine Zerkleinerung des Gesteins,
- ein Herauslösen von Pflanzennährstoffen,
- die Entstehung von Sand und Ton.

1.3.3. Die Einteilung der Böden nach ihrer Entstehung

Verwitterungsböden

Die Verwitterungsprodukte sind am Ort ihrer Entstehung liegen geblieben. Sie sind häufig seichtgründig, steinig und nicht sehr fruchtbar. Sie sind in Berggebieten und im Wald- und Mühlviertel anzutreffen.

Umgelagerte Böden

Geben Sie an, wie die Böden in Ihrer näheren Umgebung entstanden sind!

Die Umlagerung der Verwitterungsprodukte kann verschiedene Ursachen haben:

- Ablagerungen fließender Gewässer (Schwemmlandböden). Ihre Zusammensetzung kann lehmig bis schottrig sein.
- Ablagerungen von Eiszeitgletschern (Geschiebeböden).

- Ablagerungen durch den Wind (Lößböden). Eiszeitlicher Moränenstaub wurde über weite Strecken verfrachtet. Diese Böden sind häufig im nordöstlichen Weinviertel anzutreffen.

Moorböden

Diese sind aus großen Massen abgestorbener Wasserpflanzen entstanden und infolge von Luftmangel vertorft. Der Anteil an mineralischen Bestandteilen ist sehr gering.

Lösen Sie die im Anschluss an das Kapitel „Bodenkunde" folgenden Fragen 11 bis 16!

1.4. Die Bestandteile des Bodens

Hauptbestandteile:

- Sand
- Schluff
- Ton
- Kalk

} anorganische Bestandteile

- Humus → organischer Bestandteil

Weitere Bestandteile:

- Bodenlebewesen
- Bodenwasser
- Bodenluft
- Nährstoffe

Der Boden ist daher ein Gemisch aus mineralischen und organischen Bestandteilen. In seinen Hohlräumen befinden sich die Bodenlebewesen sowie Wasser und Luft!

1.4.1. Die Hauptbestandteile des Bodens

Der Sand

Unter Sand versteht man Bodenteilchen mit einer Größe von 0,06 bis 2 mm. Er lockert den Boden und führt zu einer raschen Erwärmung. Der Sand begünstigt das Versickern des Wassers. Bei seiner Verwitterung werden Nährstoffe frei.
Bodenbestandteile, die größer als 2 mm sind, nennt man Steine. Diese haben einen ungünstigen Einfluss auf die Bodeneigenschaften und erschweren die Bearbeitung.

Geben Sie die ungünstigen Eigenschaften eines Bodens mit sehr hohem Sandanteil an!

Der Schluff

Die Schluffteilchen haben eine Größe von 0,002 bis 0,06 mm und liegen somit zwischen dem Sand und dem Ton.

Er besitzt ein gutes Speichervermögen für Wasser und ein mittleres Nährstofffesthaltevermögen. Schluffreiche Böden neigen zu Verdichtungen und weisen eine mittlere Bearbeitbarkeit auf.

Der Ton

Erläutern Sie die wichtigsten Eigenschaften der Kolloide!

Der Ton ist das wichtigste Verwitterungsprodukt mit einer Teilchengröße unter 0,002 mm. Ton besitzt die Eigenschaft eines Kolloides, das heißt, er hat die Fähigkeit, Wasser und Nährstoffe zu binden und wieder abzugeben, zu quellen und zu schrumpfen und Sandteilchen zu verkleben. Der Ton beeinflusst daher den Wasser-, Luft- und Nährstoffhaushalt eines Bodens ganz besonders!
Schwere Böden (Ton- und Lehmböden) können mehr Nährstoffe speichern als leichte Böden (Sandböden), die arm an Kolloiden sind.

Beschriften Sie die dargestellten Kolloide richtig!

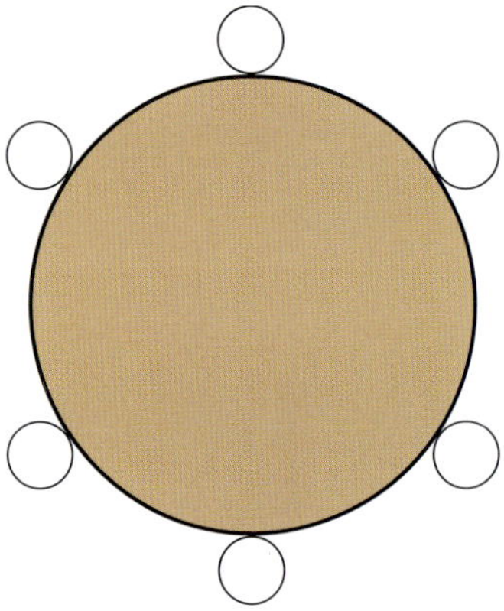

gesättigt

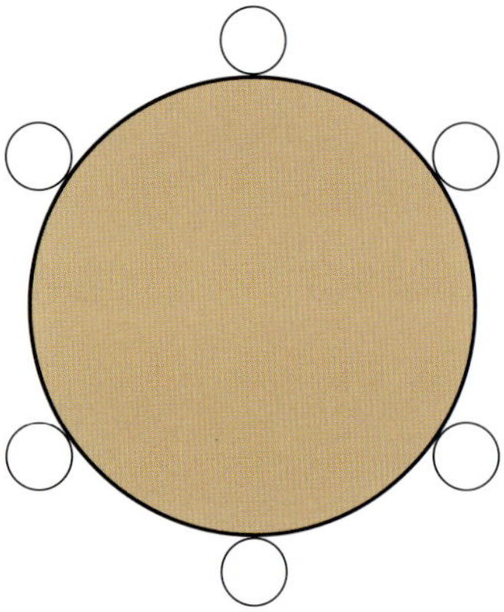

ungesättigt

Aber nicht alle Nährstoffe werden gleich stark an die Kolloide gebunden. So werden z. B.:

- stark gebunden – Phosphor, Kalium, Ammonium,
- schwächer gebunden – Kalk, Natrium, Magnesium,
- wenig gebunden – Nitratstickstoff.

Diese Eigenschaft der Kolloide ist der Grund dafür, dass manche Nährstoffe leicht und andere nur schwer ausgewaschen werden können.
Tonteilchen, die viele Nährstoffe gebunden haben, nennt man gesättigt, solche, die wenig Nährstoffe, jedoch viele H^+-Ionen gespeichert haben (dies kann zu einer Auflösung der Kolloide führen), nennt man ungesättigt.

Der Kalk

Erklären Sie, wie der Kalkgehalt eines Bodens verbessert werden kann!

Der Kalkgehalt eines Bodens ist abhängig vom Ausgangsmaterial, aus dem der Boden gebildet wurde und ist daher sehr unterschiedlich.

Aufgaben des Kalkes im Boden:

- Neutralisation verschiedener Säuren (pH-Wert-Regelung),
- Sättigung der Bodenkolloide,

- Kittsubstanz für die Krümelbildung,
- Pflanzennährstoffe.

Reicht der natürliche Kalkvorrat des Bodens nicht aus, so ist die Zufuhr von Düngekalk erforderlich!

Der Humus – Organische Substanz

Die gesamte abgestorbene Bodensubstanz wird als Humus bezeichnet. Wir kennen folgende Humusarten:

Nennen Sie die zwei bedeutendsten Humusarten!

Humus
/ \
Nährhumus Dauerhumus

Der Nährhumus

Darunter verstehen wir die leicht zersetzbaren Bestandteile der organischen Substanz, wie Zucker, Stärke und Eiweiß.
Der Nährhumus dient den Bodenlebewesen als Nahrung!

Der Dauerhumus

Der Dauerhumus besteht aus den schwer zersetzbaren organischen Verbindungen und er wird daher nur langsam abgebaut. Das Vorhandensein von Dauerhumus ist entscheidend für die Fruchtbarkeit des Bodens, denn:

- er ist ein Kolloid und vermag daher Wasser und Nährstoffe zu binden (besser als der Ton),
- er ist für den Aufbau eines guten Bodengefüges unerlässlich,
- seine dunkle Farbe fördert die Erwärmung des Bodens,
- er enthält die Hauptmasse des Bodenstickstoffes (Stickstoffreserve).

Voraussetzungen für die Bildung von Dauerhumus sind:

- organisches Material (Mist, Kompost, Ernterückstände),
- ausreichend Feuchtigkeit und Wärme,
- gute Kalkversorgung des Bodens,
- nicht zu viel Sauerstoff,
- intensives Bodenleben.

Geben Sie an, wie man den Humusgehalt eines landwirtschaftlich oder gartenbaulich genutzten Bodens verbessern kann!

Bei Kalkmangel und Vernässung entsteht Rohhumus, welcher keine Kolloidwirkung aufweist und stark versauernd wirkt!

1.4.2. Weitere wichtige Bodenbestandteile

Die Bodenlebenwesen

Die Bodenlebewesen sind ein entscheidender Bestandteil eines fruchtbaren Bodens. Je nach ihrer Zugehörigkeit zur Pflanzen- oder Tierwelt unterscheidet man die Bodenflora und die Bodenfauna.

Arten von Bodenlebewesen

pflanzliche Organismen	*tierische Organismen*
Bakterien	Einzeller
Pilze	Würmer
Algen	Insekten
	Tausendfüßler u. a.

Die Hauptmasse des Bodenlebens bilden die Pilze (60 %), gefolgt von den Bakterien (25 %), den Würmern (10 %) und anderen tierischen Lebewesen (5 %).

Beachte: Ein fruchtbarer Boden enthält bis zu 100 Millionen Mikroorganismen pro cm^3 oder bis 10 000 kg pro ha!

Voraussetzungen für ein reges Bodenleben

- ausreichende Versorgung mit organischer Substanz,
- genügend Feuchtigkeit,
- warmer Boden,
- milde Bodenreaktion,
- ausreichend Sauerstoff.

Aufgaben der Bodenlebewesen

Nennen Sie die wichtigsten Aufgaben der Bodenlebewesen!

Die Bodenlebewesen zerlegen die organischen Substanzen, wodurch Nährstoffe frei werden (Mineralisation) und Humus gebildet wird.
Viele Bakterien zersetzen das Eiweiß und bilden daraus Salpeter – einen wichtigen Pflanzennährstoff. Unter ungünstigen Verhältnissen (Luftmangel) können jedoch auch salpeterzerstörende Bakterien auftreten.
Eine weitere wesentliche Aufgabe der Bodenlebewesen ist die Verbindung von Sand, Schluff, Ton und Humusteilchen, wodurch der Boden ein festes, dauerhaftes Gefüge bekommt.
Gewisse Bakterienarten können auch den in der Luft enthaltenen Stickstoff aufnehmen. Ein Beispiel hiefür sind die Knöllchenbakterien, die in den Wurzeln der Leguminosen leben.

Das Bodenwasser

Nur ein Boden, der Wasser enthält, ist in der Lage, den Pflanzen Nährstoffe in gelöster Form zuzuführen und so das Wachstum zu ermöglichen. Außerdem ist die Verwitterung des Gesteins vom Wasser abhängig!

Das Bodenwasser stammt überwiegend

- von den Niederschlägen (Regen, Schnee, Tau),
- vom Grundwasser – wenn dieses nicht tiefer als 1,5 m liegt.

Das in den Boden eindringende Wasser bezeichnet man als

- Sickerwasser – dieses wird in weiterer Folge zum
- Haftwasser – welches der Boden speichert oder zum
- Grund- oder Stauwasser.

Damit der Boden den darauf wachsenden Pflanzen das Wasser stets in ausreichender Menge zur Verfügung stellen kann, muss er zwei Eigenschaften aufweisen:

- die Wasserdurchlässigkeit
- das Wasserhaltevermogen

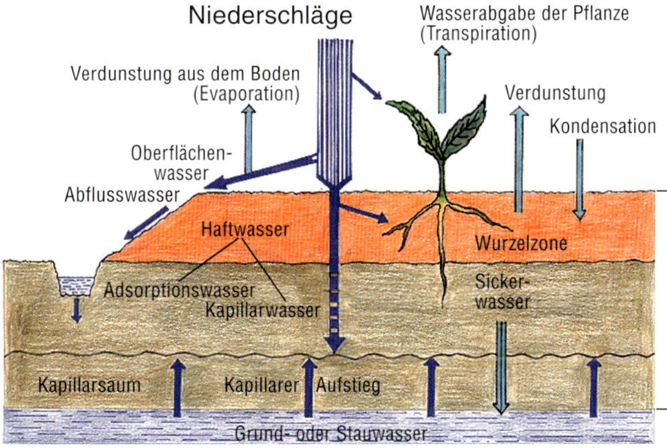

Der Boden als Wasserspeicher im natürlichen Kreislauf.

Geben Sie die drei Formen des Bodenwassers an!

Darstellung der Haarröhrchenkraft in einem Laborversuch (links) und die Wirkung der gleichen Kraft im natürlichen Boden (rechts).

Unter Wasserdurchlässigkeit verstehen wir die Eigenschaft des Bodens, das Niederschlagswasser mehr oder weniger schnell durch die Hohlräume zwischen den größeren Bodenteilchen durchsickern zu lassen.

Sandböden (leichte Böden) haben eine höhere Wasserdurchlässigkeit als tonreiche (schwere Böden), da sie viele grobe Bodenbestandteile aufweisen.

Erklären Sie die Aufgaben des Wassers im Boden!

Als Wasserhaltevermögen bezeichnen wir die Fähigkeit des Bodens, Wasser entgegen der Schwerkraft der Erde festzuhalten.

Die Ursache dieser wasserhaltenden Kraft liegt darin, dass die feinen Bodenbestandteile (Kolloide) das Wasser anziehen und festhalten können. Die Größe dieser Kraft hängt wiederum von der Bodenart ab. So beträgt z. B. das Wasserhaltevermögen eines Sandbodens ca. 20 %, das des Tonbodens bis 80 % seines Volumens.

Erläutern Sie, wie man die wasserhaltende Kraft eines Bodens erhöhen könnte!

Eine weitere wichtige Kraft, die das Wasserhaltevermögen eines Bodens beeinflusst, ist die Haarröhrchenkraft (Kapillarkraft).
Stellt man verschieden starke Glasröhrchen ins Wasser, so steigt dieses in ihnen auf und zwar umso höher, je feiner das Röhrchen ist. Der Grund dafür sind wasseranziehende und wasserabstoßende Kräfte, die in den feinen Glasröhrchen, aber auch in den feinen Hohlräumen des Bodens auftreten. Dieses Wasser ist besonders leicht pflanzenverfügbar!

Die Bodenluft

Da die Bodenlebewesen und die Pflanzenwurzeln Sauerstoff zum Atmen benötigen, ist das Vorhandensein von Luft im Boden ebenso wichtig wie sein Wassergehalt.

Gasaustausch zwischen Boden und Außenluft.

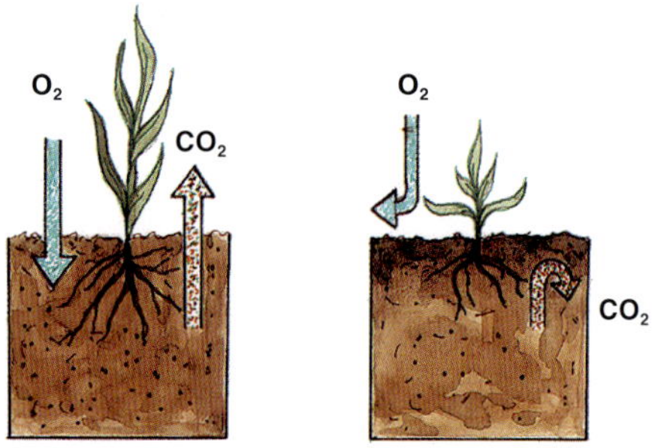

Geben Sie an, warum der Boden immer ausreichend mit Luft versorgt sein muss!

Da auch die Nährstoffaufnahme der Pflanzen und die Wurzelatmung eng zusammenhängen, ist es wichtig, dass der Boden stets gut durchlüftet und wenig verdichtet oder verkrustet ist.

Besonders luftbedürftig sind die Hackfrüchte!

Eine unzureichende Bodendurchlüftung ist die Folge von stauender Nässe, mechanischen Bodenverdichtungen und oberflächlichen Verkrustungen. Notwendige Gegenmaßnahmen können sein: eine Entwässerung, eine mechanische Bodenlockerung, Zufuhr von Kalk und Humus sowie der Anbau von Pflanzen mit einer intensiven Durchwurzelung.

Die Bodennährstoffe

Der größte Teil der Nährstoffe im Boden stammt vom natürlichen Ausgangsmaterial, aus dem sich der Boden entwickelte. Es ist jedoch nur ein kleiner Teil dieses Gesamtnährstoffgehaltes für die Pflanzen verfügbar.

Der Nährstoffhaushalt eines Bodens ergibt sich aus:

Nährstoffzufuhren	*Nährstoffverlusten*
Verwitterung	Aufnahme der Pflanzen
Düngung	Abschwemmung
Niederschläge	Auswaschung

Wodurch lassen sich unproduktive Nährstoffverluste vermeiden?

....

....

1.5. Die Eigenschaften des Bodens

Zu den wichtigsten Bodeneigenschaften zählen:

- die Bindigkeit,
- das Speichervermögen,
- die Bodenstruktur,
- die Bodenreaktion,
- die Bodentemperatur.

1.5.1. Die Bindigkeit

Unter Bindigkeit versteht man die Zusammenhangskraft der einzelnen Bodenteilchen, wodurch den Bearbeitungsgeräten ein mehr oder weniger großer Widerstand entgegengesetzt wird.
In der Praxis spricht man daher, bezogen auf die Bearbeitbarkeit, von schweren und leichten Böden.
Die Bindigkeit macht sich besonders im Tonboden, im trockenen Zustand durch Festigkeit und im nassen Zustand durch Klebrigkeit bemerkbar.
Die Bindigkeit wird durch einen ausreichenden Humusgehalt und eine gute Krümelstruktur günstig beeinflusst.

Erklären Sie, worauf sich die Begriffe „schwerer“ und „leichter“ Boden beziehen!

1.5.2. Das Speichervermögen

Als Speichervermögen bezeichnet man die Eigenschaft eines Bodens, feinste Teilchen, vor allem gelöste Nährstoffe, nicht in tiefere Schichten verlagern zu lassen.

Die im Boden beweglichen Stoffe werden festgehalten durch:

- das mechanische Speichervermögen – der Boden wirkt wie ein Filter,
- das chemische Speichervermögen – es bilden sich schwer lösliche Verbindungen,
- das biologische Speichervermögen – Bodenlebewesen und Pflanzen nehmen Nährstoffe auf.

1.5.3. Die Bodenstruktur (Gefüge)

Je nachdem, wie die Bodenteilchen zueinander angeordnet sind, unterscheidet man:

- *Die Einzelkornstruktur:* Die Bodenteilchen lagern sich dicht, ohne jede Gesetzmäßigkeit, aneinander. Solche strukturkranken Böden weisen meist eine mehr oder weniger starke Verdichtung auf.

Beschreiben Sie, wie es zur Bildung der wertvollen Krümelstruktur kommt!

- *Die Krümelstruktur:* Sie ist eine dauerhafte, wasserbeständige Gefügeform, die auch als „Gare“ bezeichnet wird. Weist die oberste Bodenschicht diese Struktur auf, so ist dies die beste Voraussetzung für das Gedeihen der Pflanzen!

Vorgänge bei der Bildung von Krümeln

Primärteilchen – Sandkörnchen und Schluffteilchen werden durch Kalk, Ton und Humus verklebt.

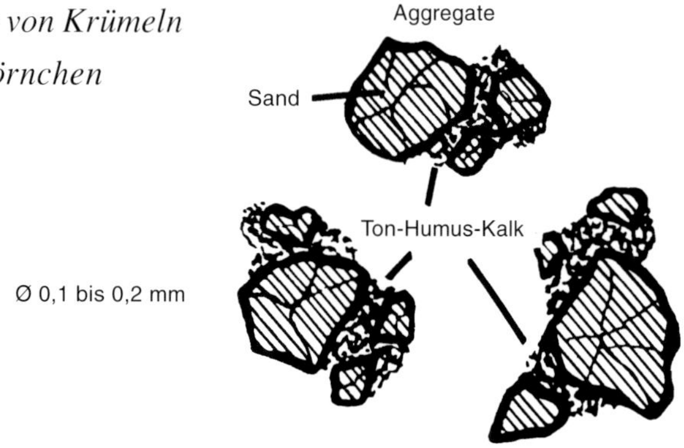

Primärteilchen
Pflanzenwurzeln
Bakterien
Pilzfäden

} Sekundärteilchen = „Krümel“

Voraussetzung für eine dauerhafte Krümelstruktur sind daher:

- Kolloide, die jedoch ihre klebende Wirkung nur bei Anwesenheit von Kalk beibehalten.
- Feinste Pflanzenwurzeln, Pilzfäden und die Ausscheidungen von Bakterien verbinden und festigen die Primärteilchen zu dauerhaften Krümeln. Diesen Vorgang bezeichnet man auch als „Lebendverbauung“.

Da jedoch die Bodenlebewesen nur kurzlebig sind, ist die Krümelbildung ein ständiger Auf- und Abbau.

Durch welche Maßnahmen kann der Landwirt die Krümelbildung günstig beeinflussen?

....

....

Der Gareschwund (Zerstörung der Krümelstruktur)

Dies kann die Folge sein von:

- Witterungseinflüssen (Starkregen),
- Kalkmangel,
- zu wenig organischer Substanz,
- garebelastender Fruchtfolge,
- falscher Bodenbearbeitung.

Die Auswirkungen einer zerstörten Krümelstruktur sind meist schwer wiegende Verdichtung der Ackerkrume, die die Pflanzenwurzeln nur schwer und bei fortgeschrittener Verdichtung überhaupt nicht mehr durchdringen lassen.

Pflanzenwachstum (Durchwurzelung) bei verschieden starken Bodenverdichtungen.

1 = normaler Boden
2 = verdichteter Boden
3 = stark verdichteter Boden
Kr = Krume
V_1, V_2, V_3 = verdichtete Schichten
U = Untergrund

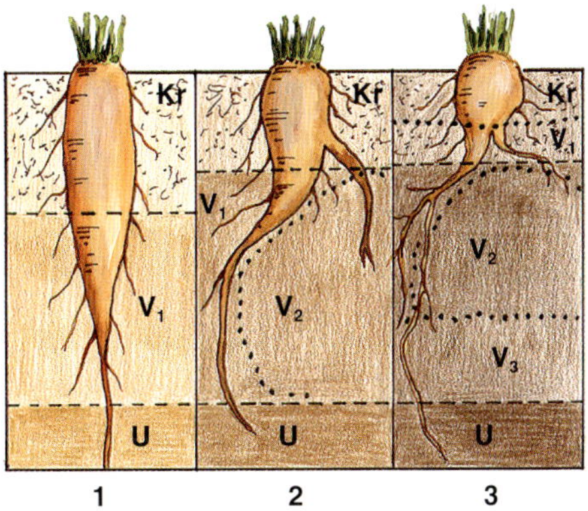

Nach dem Grad der Verdichtung unterscheidet man

Verdichtung 1. Grades (V 1) – leichte Verdichtung, der Boden wirkt bröckelig;
Verdichtung 2. Grades (V 2) – stärkere Verdichtung, der Boden wirkt schollig;
Verdichtung 3. Grades (V 3) – stärkste Verdichtung, der Boden bricht in großen Platten.

Die Feststellung von Bodenverdichtung kann auf einfache Weise durch die Spatenblattprobe durchgeführt werden. Es wird dem Boden ein Erdziegel entnommen und dieser auf Verdichtung (V 1 bis 3) untersucht.

Die Spatenprobe: Mit der „Kralle" wird Krümel für Krümel des Bodenziegels gelöst und die Verdichtung entsprechend der geringeren oder größeren Härte des Bodens festgestellt.

Maßnahmen zur Verbesserung von strukturkranken Böden

- Überprüfung der Bodenreaktion (Kalkgehalt),
- Regelung der Wasserverhältnisse,
- Zufuhr von Humus,
- mechanische Lockerung, auch der tieferen Bodenschichten,
- Anbau von tiefwurzelnden Pflanzen (Leguminosen, Kreuzblütler),
- Vermeidung einseitiger Fruchtfolgen (Getreide, Mais) sowie
- schonende Bodenbearbeitung.

Nennen Sie Möglichkeiten zur Verbesserung strukturkranker Böden!

1.5.4. Die Bodenreaktion

Die chemische Reaktion eines Bodens wird durch verschiedene, im Wasser des Bodens gelöste Säuren, Laugen und Salze bedingt. Es kommt daher zu einer

sauren
neutralen } Reaktion
alkalischen

Ausgedrückt wird die Bodenreaktion durch die pH-Zahl. Diese ergibt sich aus dem Gewicht des freien Wasserstoffes (stammt überwiegend von den Bodensäuren) in 1 Liter Bodenlösung.

z. B. $\frac{1}{1\,000\,000}$ g H+ Ionen/l Wasser = pH 6.

Böden mit einer pH-Zahl von 7 bezeichnet man als neutral. Ist die Zahl kleiner als 7, so ist der Boden sauer, ist sie größer als 7, so ist er alkalisch.

Die genaue Einteilung des pH-Wertes nach landwirtschaftlichen Gesichtspunkten lautet:

Geben Sie an, in welchem pH-Bereich die Kulturpflanzen gut gedeihen können!

pH 4 und darunter	= sehr stark sauer
pH 4,1–4,5	= stark sauer
pH 4,6–5,2	= sauer
pH 5,3–6,4	= schwach sauer
pH 6,5–7,4	= neutral

Landwirtschaftliche Kulturpflanzen gedeihen am besten im schwach sauren bis neutralen Bereich!

Es sind jedoch auch zwischen den einzelnen Kulturpflanzen verschiedene Ansprüche festzustellen.

Die Ursachen einer Bodenversauerung sind

- Säureausscheidungen von Wurzeln und Mikroorganismen,
- Auswaschung von Kalk,
- sauer wirkende Düngemittel, z. B. Superphosphat,
- schlechte Durchlüftung des Bodens = Rohhumusbildung sowie
- Vernässung durch Grund- oder Stauwasser.

Gegenmaßnahmen bei einem sauren pH-Wert

Eine rasche Verbesserung ist nur durch eine gezielte Kalkzufuhr zu erreichen. Der Einsatz von kalkhältigen Düngemitteln ist ebenfalls eine geeignete Maßnahme, die Bodenreaktion auf dem gewünschten Stand zu halten.

Die Feststellung des pH-Wertes erfolgt durch

- eine Bodenuntersuchung (genauestes Ergebnis),
- einen Bodenprüfer mittels Universalindikator oder
- Zeigerpflanzen.

Die landwirtschaftlichen Kulturpflanzen haben optimale pH-Bereiche.

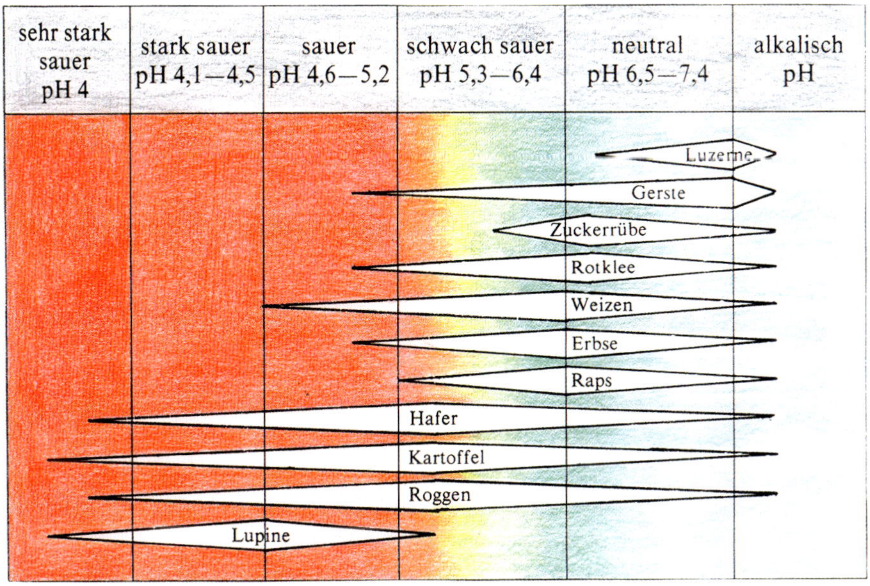

Beispiele für

saure Bodenreaktion ....

alkalische Bodenreaktion ....

1.5.5. Die Bodentemperatur

Diese hat besonders im Frühjahr große Bedeutung, da warme Böden zeitiger bearbeitet und bebaut werden können.

Die Bodentemperatur hat einen besonderen Einfluss auf:

- Keimung und Wachstum der Pflanzen,
- die Tätigkeit der Bodenlebewesen,
- Umsetzungsvorgänge im Boden (Humusbildung, Verwitterung).

Die Bodentemperatur wird während der Vegetationszeit von verschiedenen Faktoren beeinflusst:

- der Bodenart,
- der Hangneigung,
- der Bodenfarbe,
- der Bodenbedeckung und
- von den Niederschlägen.

Leichte Böden mit dunkler Farbe und südseitig gelegene erwärmen sich wesentliche rascher als schwere, feuchte Böden, besonders in Nordlage.

Die Bodeneigenschaften stehen in einem engen Zusammenhang mit der Bodenfruchtbarkeit.

Die Bodenfruchtbarkeit hängt ab von

- der Bodenart,
- einem guten Speichervermögen,
- ausreichendem Humusgehalt,
- einem hohen Nährstoffgehalt,
- einer günstigen Bodenreaktion,
- einer guten Struktur sowie
- einer entsprechenden Bodentiefe.

Die Kenntnis der Bestandteile und der Eigenschaften der Böden ermöglicht dem Landwirt,

- **seinen Boden richtig einzuschätzen,**
- **Fehler zu erkennen und**
- **die Bewirtschaftung darauf abzustellen!**

Lösen Sie die im Anschluss an das Kapitel „Bodenkunde" folgenden Fragen 17 bis 32!

1.6. Die Einteilung der Böden

Das ungleiche Mischungsverhältnis von Sand und Ton sowie der wechselnde Gehalt des Bodens an Kalk und Humus ergeben die Grundlage zur Einteilung der Böden.

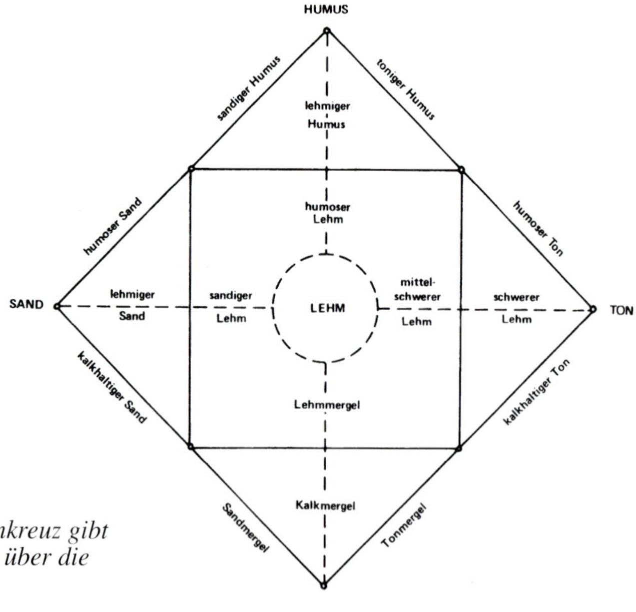

Das sogenannte Bodenkreuz gibt einen guten Überblick über die Bodenarten.

Die Böden werden nach ihrem Anteil an Hauptbodenbestandteilen eingeteilt in: Humus, Sand, Lehm, Ton und Kalk.
Reine Sand-, Ton-, Humus- und Kalkböden kommen in der Natur äußerst selten vor. Am häufigsten vertreten sind die Lehmböden, die hinsichtlich Zusammensetzung und Eigenschaften eine Mittelstellung einnehmen.
Eine genauere Einteilung der Bodenarten lässt sich mit Hilfe des so genannten Bodenvierecks durchführen.
Im inneren Viereck der vorherigen Zeichnung finden wir die gut gemischten und daher landwirtschaftlich wertvollen Bodenarten. Außerhalb liegen die einseitigen und daher schlechteren Bodenarten.

1.6.1. Die Eigenschaften der wichtigsten Bodenarten

In der auf der nächsten Seite dargestellten Übersicht werden die Eigenschaften der wichtigsten Bodenarten beschrieben.

1.6.2. Die Bodenschichten (Bodenprofil)

Der schichtförmige Aufbau der Böden ist das Ergebnis einer langen Entwicklung unter dem Einfluss von:

- Klima,
- Pflanzenwuchs,
- Ausgangsgestein,
- Oberflächenform,
- Mensch und
- Zeit.

Erklären Sie, wie die nebenstehenden Entwicklungseinflüsse die Bildung der Bodenschichten ermöglichen!

Die Bodenschichten (Horizonte) entstehen durch Umwandlungs- und Umlagerungsvorgänge.
Die einzelnen Horizonte werden mit Großbuchstaben gekennzeichnet.

Das Bodenprofil

A-Horizont: humusreiche, dunkel gefärbte, stark belebte und durchwurzelte oberste Mineralbodenschichte (Ackerkrume oder **Oberboden** genannt).

B-Horizonte: humusärmere, schwächer belebte und durchwurzelte, rotbraun bis rötlich gefärbte und häufig dichter gelagerte Zwischen- oder Übergangsschichte (**Unterboden** genannt).

C-Horizont: kaum durchwurzelte und unbelebtes Ausgangsgestein (**Untergrund** genannt).

Das dargestellte Bodenprofil entspricht dem in Österreich häufig vorkommenden Braunerdeboden. Weitere wichtige Bodentypen sind:

- Schwarzerdeböden,
- Gley- und Pseudogleyböden,
- Kalkschwarzerdeböden (Rendsina),
- Bleicherdeböden (Podsol)

Nennen Sie jene Gebiete in Ihrem Bundesland, die diese Bodentypen aufweisen!

Übersicht über die Eigenschaften der Böden

Bodenart	Bestandteile und Gefüge	Wasser	Luft	Wärme	Nährstoffe	Bearbeitung	Besondere Eigenschaften
Sandboden	grobe Bodenbestandteile, körnig, locker, lose, wenig bindig	geringe wasserhaltende Kraft, wasserarm	sehr gute Durchlüftung	warmer Boden, erwärmt sich leicht und kühlt rasch ab	geringes Aneignungsvermögen für Nährstoffe, meist kalkarm und sauer	leicht zu bearbeiten, Erhaltung der Feuchtigkeit und Humusvermehrung ist anzustreben	tätiger Boden; ertragsunsicher, geeignet für Roggen, Kartoffel, Lupine, Buchweizen, Linse, Esparsette u. a.
Tonboden	hoher Feinbodenanteil, sehr hohe Bindigkeit, neigt leicht zur Verkrustung	sehr großes Wasserhaltungsvermögen	schlechte Durchlüftung	kalter Boden, erwärmt sich langsam und kühlt langsam ab	hoher Nährstoffgehalt, besonders Kali und Kalk	schwer zu bearbeiten, Erhöhung der Wasser- und Luftzirkulation ist anzustreben, Kalk- und Stallmist zur Gareerhaltung nötig	träger Boden; geeignet für Weizen, Hafer, Pferdebohne, Rübe, Erbse, Raps, Futterpflanzen u. a.
Lehmboden	feine und grobe Bodenbestandteile gemischt, Krümelstruktur, lässt sich leicht erhalten	gutes Wasserhaltungsvermögen	gute Durchlüftung	mittleres Wärmevermögen, geringe Wärmeschwankungen	gutes Aneignungsvermögen, mittlerer Nährstoffgehalt	Erzielung des Garezustandes stellt keine hohen Arbeitsanforderungen	ertragssicher für alle Kulturpflanzen geeignet
Kalk- und Mergelboden	meist grobkörnig bis steinig durchsetzt	gutes Wasseraufnahmevermögen, rasche Abtrocknung	sehr starke Durchlüftung	erwärmt sich rasch, wird leicht zu warm	mäßiger Nährstoffgehalt	gut bearbeitbar	sehr tätiger und hitziger Boden Humus wird rasch abgebaut
Humusboden	hoher Humusanteil, sehr locker, geringe Bindigkeit	großes Wasserhaltungsvermögen, geringe Durchlässigkeit	beschränkte Durchlüftung	kalter Boden, geringes Wärmehaltungsvermögen	arm an Phosphor und Kali, Niederungsmoore reich an Stickstoff und Kalk, Hochmoore dagegen arm	Bearbeitung hauptsächlich auf Wasserregelung gerichtet	für Grünland und Futterbau geeignet

Die Kenntnisse über die Zusammensetzung der Böden (Bodenarten) und die Bodenschichten (Bodentypen) ermöglichen es dem Landwirt, alle Maßnahmen im Hinblick auf Bodenbearbeitung, Düngung und Pflegemaßnahmen genau auf seinen Boden abzustimmen.

Lösen Sie die im Anschluss an das Kapitel „Bodenkunde" folgenden Fragen 33 bis 35!

1.7. Die Bodenbearbeitung

1.7.1. Bedeutung und Ziele der Bodenbearbeitung

Durch die Bodenbearbeitung soll der Boden in einen für die Kulturpflanzen günstigen Zustand gebracht werden, das heißt, die Struktur des Bodens muss erhalten bzw. verbessert werden.
Weiters werden mit den Geräten der Bodenbearbeitung Ernterückstände und Düngemittel in den Boden eingearbeitet, Unkräuter mechanisch vernichtet und ein auf die Pflanzen abgestimmtes Saatbett hergestellt.

Die Ziele der Bodenbearbeitung sind je nach Erfordernis den Boden zu

- lockern,
- wenden,
- zerkleinern,
- ebnen,
- mischen und
- zu verdichten.

1.7.2. Die Bodenbearbeitungsgeräte und ihre Wirkung auf den Boden

Die *Pflüge* wenden, lockern, krümeln und mischen den Boden. Von besonderer Bedeutung ist der richtige Feuchtigkeitszustand des Bodens beim Pflügen (nicht zu nass und nicht zu trocken), da er ansonsten schlecht krümelt.

Eggen, Kultivatoren (Grubber), Hackgeräte – diese Geräte lockern oberflächlich, bekämpfen Unkräuter und verteilen Saatgut und Pflanzenschutzmittel im Boden. Schwergrubber lockern und zerkleinern den Boden auch in tieferen Schichten.

Rotoreggen (Kreiseleggen) und Fräsen – mischen, lockern und zerkleinern den Boden durch ihre rotierenden Werkzeuge sehr intensiv. Sie können vielfach auch mit Sämaschinen kombiniert werden und helfen so Arbeitsgänge einzusparen.

Geben Sie die Bodenbearbeitungsgeräte, die in Ihrem Betrieb eingesetzt werden, an!

Schleppen und Schleifen – ebnen den Boden und vernichten keimende Unkräuter. Sie können leicht aus Holzbalken oder alten Reifen selbst hergestellt werden.

Walzen – verdichten den Boden oberflächlich (Verbesserung der Kapillarität), zerkleinern Schollen und drücken Samen in den Boden.

1.7.3. Die Bodenbearbeitung im Laufe des Jahres

Die unterschiedlichen Verfahren der Bodenbearbeitung

Verfahren	Grundbodenbearbeitung	Saatbettbereitung	Saat	Ablauf der Arbeitsgänge
Bodenbearbeitung mit Pflug		oder		getrennt
		oder — Bodenfräse oder Rotoregge		kombiniert, Saatbettbereitung u. Saat zusammengefasst
				alle Arbeitsgänge kombiniert
Bodenbearbeitung ohne Pflug –konservierend–	oder			getrennt
	oder	oder		kombiniert, Saatbettbereitung u. Saat zusammengefasst
	oder			alle Arbeitsgänge kombiniert
	——			ohne Grundbodenbearbeitung, Saatbettbereitung und Saat kombiniert
Direktsaat	——	——		Saat ohne Bodenbearbeitung

Der Stoppelsturz (Schälfurche)

Dieser soll unmittelbar nach der Getreideernte durchgeführt werden, denn:

- die Wasserverdunstung soll verringert,
- Verdichtungen müssen zerkleinert,
- Ernterückstände und Dünger müssen mit dem Boden vermischt, sowie
- Unkrautsamen und Ausfallgetreide sollen zur Keimung gebracht werden.

Im Allgemeinen ist der Stoppelsturz seicht durchzuführen (max. 12 cm), außer es werden im Anschluss daran Stoppelfrüchte angebaut.
Für den Stoppelsturz eignen sich folgende Geräte: Pflug, Schälpflug, Grubber, Fräse und Spatenrollegge.

Welches Gerät wird im eigenen Betrieb eingesetzt?

....

....

Die Saatfurche – für den Anbau von Winterungen

Die Saatfurche soll zeitgerecht vor dem Anbau erfolgen (ca. 14 Tage), damit sich das Saatbett noch absetzen kann. Der Saatfurche hat möglichst rasch die Egge zu folgen, um die Bildung von groben Schollen zu vermeiden. Kurz vor dem Anbau ist ein feinkrümeliges Saatbett herzustellen, insbesondere für Winterroggen und Wintergerste.

Die Herbstfurche (raue Winterfurche) – für den Anbau von Sommerungen

Dies ist die Saatfurche für den Frühjahrsanbau. Sie hat so tief zu erfolgen, wie es der Boden erlaubt. Sie bleibt in vielen Fällen grob gepflügt liegen, da der Boden durch den Frost zerkleinert wird (Frostgare). Nur im Rübenbau ist das grobe Einebnen im Herbst günstig, da dadurch ein gleichmäßiges Abtrocknen im Frühjahr erreicht wird. Um Arbeitsgänge einzusparen, kann man den Pflug mit speziellen Geräten kombinieren, z. B.:

....

....

Die Frühjahrsbearbeitung

Der Boden soll im Frühjahr möglichst wenig befahren werden, um die Struktur zu schonen. Die Bodenbearbeitung beginnt, wenn der Boden befahrbar ist. Um Druckschäden zu vermeiden, sollten Zwillingsreifen oder Gitterräder verwendet werden.
Ein oder zwei Eggenstriche bzw. der Einsatz einer Gerätekombination werden meist genügen, den Boden saatfertig herzurichten.
Auf Flächen, auf denen erst später angebaut wird, ist ein zeitiger Schleppeneinsatz vorteilhaft, da dadurch die Verdunstung verringert wird.

Nennen Sie Gründe, die gegen eine Pflugarbeit im Frühjahr sprechen!

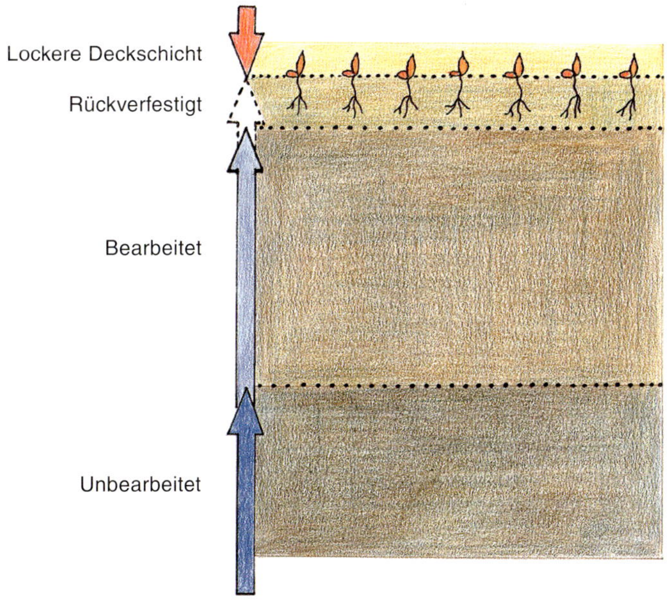

Nennen Sie eine Kulturart, die für eine tiefe Bodenlockerung im Frühjahr dankbar ist!

Eine gleichmäßige, auf die anzubauende Frucht abgestimmte Bearbeitungstiefe ist die Voraussetzung für das gleichmäßige Aufgehen der Kultur, das heißt, die Saatbettvorbereitung soll nur so tief vorgenommen werden, wie das Saatgut angebaut wird.

Pflegemaßnahmen

Darunter verstehen wir alle Bodenbearbeitungsmaßnahmen zwischen Anbau und Ernte.
Hauptziele sind die Beseitigung von Oberflächenverkrustungen und die mechanische Unkrautbekämpfung. Die Pflege der einzelnen Kulturpflanzen wird im speziellen Pflanzenbauteil behandelt.

Lösen Sie die im Anschluss an das Kapitel „Bodenkunde" folgenden Fragen 36 bis 41!

1.8. Erhaltung und Verbesserung der Bodenfruchtbarkeit

Bodenverbesserungsmaßnahmen (Meliorationen) haben das Ziel, ungünstige Voraussetzungen für die Bodenbewirtschaftung langfristig zu verringern. Diese Maßnahmen sind jedoch meist kostspielig und arbeitsaufwendig.

Zu den wichtigsten Bodenverbesserungsmaßnahmen gehören:

- Entwässerung,
- Bewässerung,
- Windschutzanlagen sowie
- Schutz vor Bodenabtragung.

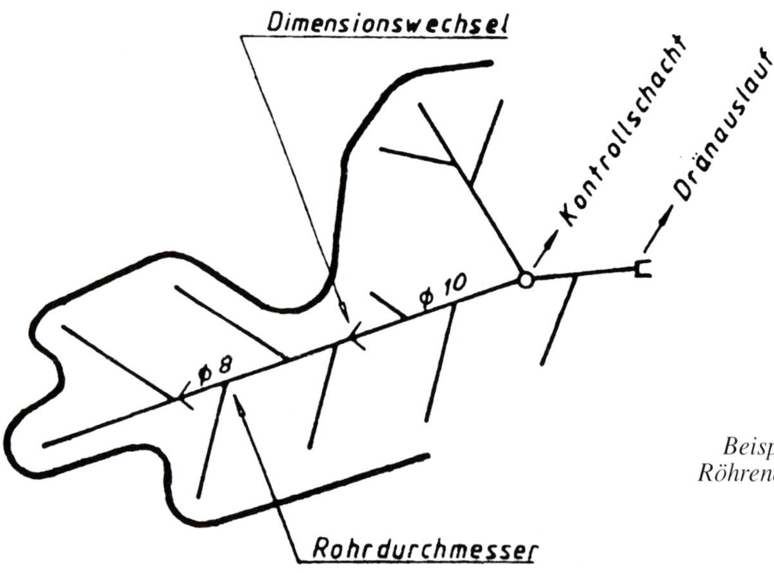

Beispiel einer Röhrendränage.

1.8.1. Entwässerung

Ein zu hoher Grundwasserstand oder stauende Nässe sind häufige Mängel unserer landwirtschaftlich genutzten Böden. Die Folgen davon sind eine schlechte Struktur, Schwierigkeiten bei der Bearbeitung und geringe Erträge.

Das Ziel der Entwässerung ist die Senkung des Grundwasserspiegels auf

ca. 0,8 bis 1 m auf Ackerland,
ca. 0,5 bis 0,8 m auf Grünland.

Möglichkeiten der Entwässserung

Röhrendränage
Die Wasserableitung wird in unterirdisch verlegten Tonröhren oder Plastikschläuchen besorgt. Durch den Einsatz von Spezialmaschinen ist der Handarbeitaufwand nur noch gering.
Größere Entwässerungsanlagen müssen von einem Fachmann geplant werden, um die Funktionssicherheit zu gewährleisten.

Maulwurfsdränage
Mit einem Spezialpflug werden im Boden Röhren angelegt, die in einen Vorfluter oder Sammler münden müssen. Voraussetzung für diese Entwässerungsart sind schwere, steinarme Böden.

Grabenentwässerung
Auf Grund des hohen Arbeitsaufwandes und der Flächenverluste wird diese Entwässerungsart kaum noch angewandt.

1.8.2. Bewässerung

Um eine intensive Pflanzenproduktion in den Trockengebieten durchführen zu können, ist die Errichtung von Bewässerungsanlagen in vielen Fällen notwendig. Besonders lohnend ist die Bewässerung von Zuckerrüben, Mais, Frühkartoffeln und Feldgemüse.
Voraussetzung für die Wirtschaftlichkeit einer Bewässerungsanlage ist weiters genügend Wasser in erreichbarer Nähe (Grundwasser, Teich, Fluss).
Die Ausbringung des Wassers erfolgt mittels Pumpen, die an ein Rohrnetz mit Regnern, Regenautomaten oder an eine so genannte Tröpfchenberegnung angeschlossen sind.

1.8.3. Windschutzanlagen

Solche Anlagen schützen den Boden vor Austrocknung und verbessern das Kleinklima. Die Windschäden an verschiedenen Kulturen werden ebenfalls verringert.
Windschutzanlagen werden von der Bodenschutzorganisation der Landesregierung geplant und angelegt.
Die Wirkung dieser Anlagen beruht darauf, dass der Wind mit halber Geschwindigkeit durchziehen kann und dadurch gebremst wird.
Lücken im Windschutzgürtel wirken wie Düsen, das heißt, sie erhöhen die Windgeschwindigkeit und sind daher zu vermeiden.

1.8.4. Schutz vor Bodenabtragung

Bodenabtragung (Erosion) ist meist die Folge einer unsachgemäßen Bodennutzung. Sie kann bei schwerwiegenden Fehlern zur großflächigen Abtragung der fruchtbaren Ackerkrume führen.

Ursachen der Erosion sind:

- Abschwemmen durch Wasser und/oder
- Verwehung durch den Wind.

Besonders gefährdet sind Böden mit starker Hangneigung sowie Flächen auf Kuppen und baumlosen Ebenen. Eine schlechte Bodenstruktur erhöht die Gefahr der Erosion noch weiter.

Geeignete Verhütungsmaßnahmen

- Den besten Erosionsschutz bildet eine geschlossene Pflanzendecke (Wintergetreide, Winterzwischenfrüchte) und die Einschränkung des Hackfrucht- und Maisbaues in gefährdeten Hanglagen.
- Die Bearbeitung des Bodens in der Fallinie muss verhindert werden.
- Das Anlegen von wasserableitenden Furchen kann ebenfalls zur Verringerung der Abschwemmung beitragen.
- In windgefährdeten Gebieten ist die Anlage von Windschutzanlagen unerlässlich.

Beachte: Alle Maßnahmen zur Förderung der Bodenstruktur und Vermeidung von Verdichtungen erhöhen die Wasseraufnahmefähigkeit des Bodens und verringern so die Erosionsgefahr!

1.8.5. Weitere Maßnahmen der Bodenverbesserung

- Planierungen und Entsteinungen,
- Uferverbauungen,
- Untergrundlockerung und Gesundkalkung sowie
- Grundstückzusammenlegungen.

Lösen Sie die im Anschluss an dieses Kapitel folgenden Fragen 42 bis 47!

Übungs- und Wiederholungsfragen

1. Welches sind die wichtigsten Aufgaben des Bodens?

   a) ....

   b) ....

   c) ....

2. Die Grundstoffe werden auf Grund ihrer verschiedenen Eigenschaften in zwei Gruppen eingeteilt. Nennen Sie diese!

   a) ....

   b) ....

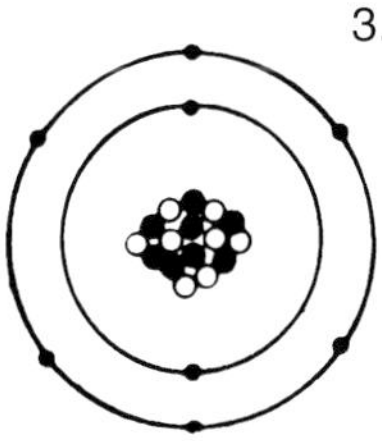

3. Beschreiben Sie am Beispiel des dargestellten Sauerstoffatoms den Aufbau der Atome!

   ....

   ....

   ....

4. Nennen Sie die wichtigsten chemischen Reaktionen!

   ....

5. Kennzeichnen Sie durch Ankreuzen im betreffenden Kästchen, ob ein Oxid durch eine Verbindung mit Wasser eine Säure oder eine Lauge ergibt!

Oxid	*Säure*	*Lauge*
CO_2	❐	❐
CaO	❐	❐
FeO	❐	❐
P_2O_5	❐	❐
N_2O^5	❐	❐
K_2O	❐	❐

6. Tragen Sie die fehlenden Begriffe ein!

   Säure + Lauge = ... + ...

7. Schreiben Sie die Namen der Salze folgender Säuren auf!

   Die Salze der H_3PO_4 heißen ....

   Die Salze der H_2SO_4 heißen ....

   Die Salze der H_2CO_3 heißen ....

8. Wie heißt die bei der alkoholischen Gärung entstehenden Kohlenwasserstoffverbindung?

   ....

9. Nennen Sie zwei organische Säuren, die zur Konservierung von Lebensmitteln geeignet sind!

   ....

10. Die Kohlenhydrate können folgendermaßen einteilt werden:

    a) ....

    b) ....

    c) ....

11. Nennen Sie physikalische Vorgänge, die zu einem Gesteinszerfall führen!

    a) ....

    b) ....

    c) ....

    d) ....

    e) ....

12. Nennen Sie zwei Beispiele für die chemische Verwitterung!

    a) ....

    b) ....

13. Zählen Sie die Möglichkeiten der Entstehung von Böden auf!

    a) ....

    b) ....

    c) ....

14. Wie nennt man Böden, die aus Ablagerungen von fließenden Gewässern entstanden sind?

....

15. Wie nennt man Böden, die durch die Ablagerung von Gletschern entstanden sind?

....

16. Böden, die durch Windablagerungen entstanden sind, nennt man

....

17. Zählen Sie die Hauptbestandteile und die weiteren Bestandteile des Bodens auf!

a) ....

b) ....

18. Der Ton hat im Vergleich mit dem Sand die Eigenschaft eines

....

19. Kolloide binden die Nährstoffe unterschiedlich stark:

stark gebunden werden: ....

schwächer gebunden: ....

wenig gebunden: ....

20. Nennen Sie die Aufgaben des Kalkes im Boden!

a) ....

b) ....

c) ....

d) ....

21. Erklären Sie die Voraussetzungen, die für die Bildung von Dauerhumus notwendig sind!

a) ....

b) ....

c) ....

d) ....

e) ....

22. Nennen Sie je drei pflanzliche und tierische Bodenlebewesen!

Pflanzliche: ....

Tierische: ....

23. Erklären Sie folgende Begriffe:

Wasserdurchlässigkeit: ....

....

Wasserhaltevermögen: ....

....

24. Erklären Sie, warum sich eine verkrustete Bodenoberfläche ungünstig auf das Pflanzenwachstum auswirkt!

....

....

25. Wie bezeichnet man Böden mit einer

hohen Bindigkeit: ....

geringen Bindigkeit: ....

26. Nennen Sie drei Ursachen für das Speichervermögen eines Bodens!

a) ....

b) ....

c) ....

27. Nennen Sie die zwei unterschiedlichen Strukturformen, in denen ein Boden vorkommen kann!

a) ....

b) ....

28. Nennen Sie die Ursachen, die zu einer Zerstörung der Krümelstruktur führen kann!

a) .... d) ....

b) .... e) ....

c) ....

29. Die chemische Reaktion eines Bodens kann sein

....

....

....

30. Die pH-Zahl drückt das ....

.... aus.

31. Nennen Sie vier Gegenmaßnahmen bei einem sauren pH-Wert!

a) ....

b) ....

c) ....

d) ....

32. Erklären Sie, worauf die Bodentemperatur einen besonderen Einfluss ausübt!

a) ....

b) ....

c) ....

33. Teilen Sie die Böden nach ihrem Anteil an den Hauptbodenbestandteilen ein!

a) ....

b) ....

c) ....

d) ....

e) ....

34. Nennen Sie jene Bodenarten aus dem Bodenviereck, die landwirtschaftlich am wertvollsten sind!

....

35. Nennen Sie die fünf wichtigsten Bodentypen, die in Österreich vorkommen!

a) ....

b) ....

c) ....

d) ....

e) ....

36. Nennen Sie die Ziele der Bodenbearbeitung!

....

37. Kreuzen Sie die Wirkung der einzelnen Bodenbearbeitungsgeräte auf den Boden an (Mehrfachnennung)!

Geräte zum	*Lockern*	*Wenden*	*Zerkleinern*	*Ebnen*	*Mischen*	*Verdichten*
Pflug	❑	❑	❑	❑	❑	❑
Egge	❑	❑	❑	❑	❑	❑
Kultivator	❑	❑	❑	❑	❑	❑
Fräse	❑	❑	❑	❑	❑	❑
Schleppe	❑	❑	❑	❑	❑	❑
Walze	❑	❑	❑	❑	❑	❑

38. Wann soll der Stoppelsturz grundsätzlich durchgeführt werden?

....

39. Beschreiben Sie die Durchführung der Saatfurche!

....

....

40. Wodurch lassen sich die Druckschäden, die durch die Traktorreifen verursacht werden, verringern?

....

41. Auf welcher Tiefe soll die Saatbettvorbereitung durchgeführt werden?

....

42. Nennen Sie die vier wichtigsten Bodenverbesserungsmaßnahmen!

....

....

43. Welche Entwässerungsarten kennen Sie?

a) ....

b) ....

c) ....

44. Welche Kulturen sind für eine Beregnung besonders dankbar?

....

45. Erklären Sie die Wirkungsweise eines Windschutzgürtels!

....

....

46. Nennen Sie die Ursachen der Bodenabtragung!

a) ....

b) ....

47. Beschreiben Sie die geeignetsten Verhütungsmaßnahmen gegen die Bodenerosion!

....

....

....

....

....

2. Klimakunde

2.1. Allgemeines

2.1.1. Begriffe

„Wetter“: Unter Wetter versteht man den momentanen Zustand der Atmosphäre an einem bestimmten Ort.
„Witterung“: Unter Witterung versteht man den Verlauf des Wetters in bestimmten kürzeren Zeitspannen (Dekade, Monat, Jahr).
„Klima“: Unter Klima ist der durchschnittliche Witterungsablauf in einer längeren Zeitperiode zu verstehen (mindestens 30 Jahre).
In Europa gibt es zwei große Klimagebiete:
Das kontinentale Klimagebiet: vorherrschend im Inneren Mitteleuropas und in Russland. Kennzeichnend für das Kontinentalklima sind die heißen, trockenen Sommer und die kalten, schneereichen Winter.
Das ozeanische Klimagebiet: vorherrschend in Küstennähe, soweit die ausgleichende Wirkung der Wassermassen gegeben ist. Kennzeichnend für dieses Klimagebiet sind kühle, feuchte Sommer und milde Winter.
Österreich liegt im kontinentalen Klimagebiet. Dieses großräumige Klimagebiet wird in kleinere Klimagebiete unterteilt, von denen in Österreich

- pannonisches Klima,
- baltisches Klima,
- alpines Klima und
- Übergangsklima vorherrschen.

Warum ist das Kontinentalklima durch heiße Sommer und kalte Winter gekennzeichnet?

Warum ist das ozeanische Klima durch kühle Sommer und milde Winter gekennzeichnet?

Pannonisches Klima

Im Osten Niederösterreichs, Wien und Burgenland; Seehöhe bis 400 m; Niederschlag 400 bis 600 mm; 70 bis 90 Frosttage; Vegetationszeit März bis Oktober.

Baltisches Klima

Im Westen Niederösterreichs, Oberösterreich und der Norden Salzburgs; Seehöhe 450 bis 900 m; 90 bis 120 Frosttage; Niederschlag 800 bis 1 600 mm.

Alpines Klima

Seehöhe der Ackerfläche 600 bis 1 600 m; Niederschlagsmenge 800 bis 2 220 mm; bis 140 Frosttage; Vegetationszeit fünf bis sieben Monate. Es sind ausgesprochene Grünland- und Waldgebiete.

Übergangsklima

Das Übergangsklima ist zwischen dem pannonischen und dem baltischen sowie dem baltischen und alpinen Klima zu finden.

Weiters unterscheidet man nach dem Verhältnis von Niederschlag zu Verdunstung zwischen aridem und humidem Klima.

Arides Klima

In welchem Klimabereich befindet sich Ihr Produktionsgebiet?

Die Niederschläge sind geringer als die Verdunstung, wodurch die Nährsalze an die Bodenoberfläche gelangen.

Humides Klima

Die Niederschläge sind höher als die Verdunstung. Die Nährsalze können aus dem Boden ausgewaschen werden. Im humiden Klima sind die Niederschlagsmengen höher als 600 mm (= 600 l/m^2) im Jahr.
Für die Landwirtschaft ist weiters das Kleinklima von Bedeutung, das durch Bodenerhebungen, Wasserläufe, Tallagen usw. geschaffen wird.
Da das Klima auf Wachstum, Entwicklung und Reife unserer Kulturpflanzen großen Einfluss ausübt, muss sich die Landwirtschaft danach richten. Aus all diesen Tatsachen ergibt sich, dass sich die Auswahl der Kulturarten, der Sorten, des Anbauzeitpunktes, des Ernteverfahrens u. v. a. m. in der Praxis danach zu richten hat.

2.2. Klimafaktoren

2.2.1. Luftdruck

Die Erde ist von einer geschlossenen Lufthülle, der Atmosphäre, umgeben. Die Luft wird durch die Schwerkraft der Erde angezogen und lastet mit einem Gewicht von etwa 1 kg auf jedem Quadratzentimenter der Erdoberfläche, wodurch sich der Luftdruck ergibt. Der Luftdruck wird mit dem Barometer (Quecksilberbarometer oder Dosenaneroidbarometer) gemessen und in Millimetern (mm QS) oder Millibar (mb) angegeben.

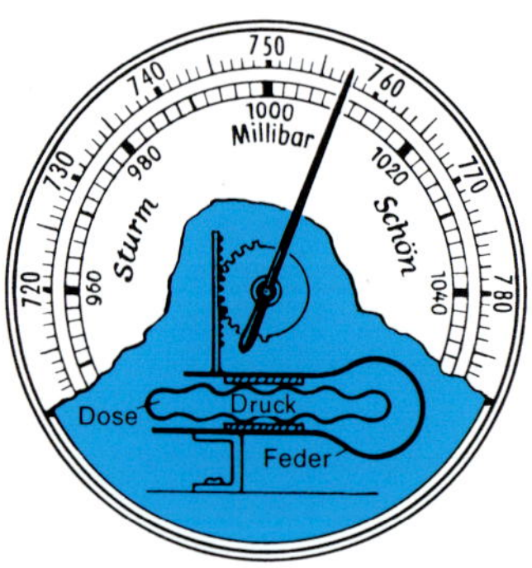

Zusammensetzung der Luft:

78 % N_2	= molekularer Stickstoff
21 % O_2	= molekularer Sauerstoff
0,03 % CO_2	= Kohlendioxid
Reste %	= Edelgase, Ozon

Aufbau und Funktionsweise eines Dosenbarometers (schematisch): Die luftleere Dose reagiert auf Luftdruckschwankungen.

Der Luftdruck ist örtlich und zeitlich dauernden Schwankungen unterworfen. Gebiete, in denen der Luftdruck (Barometerstand), verglichen mit

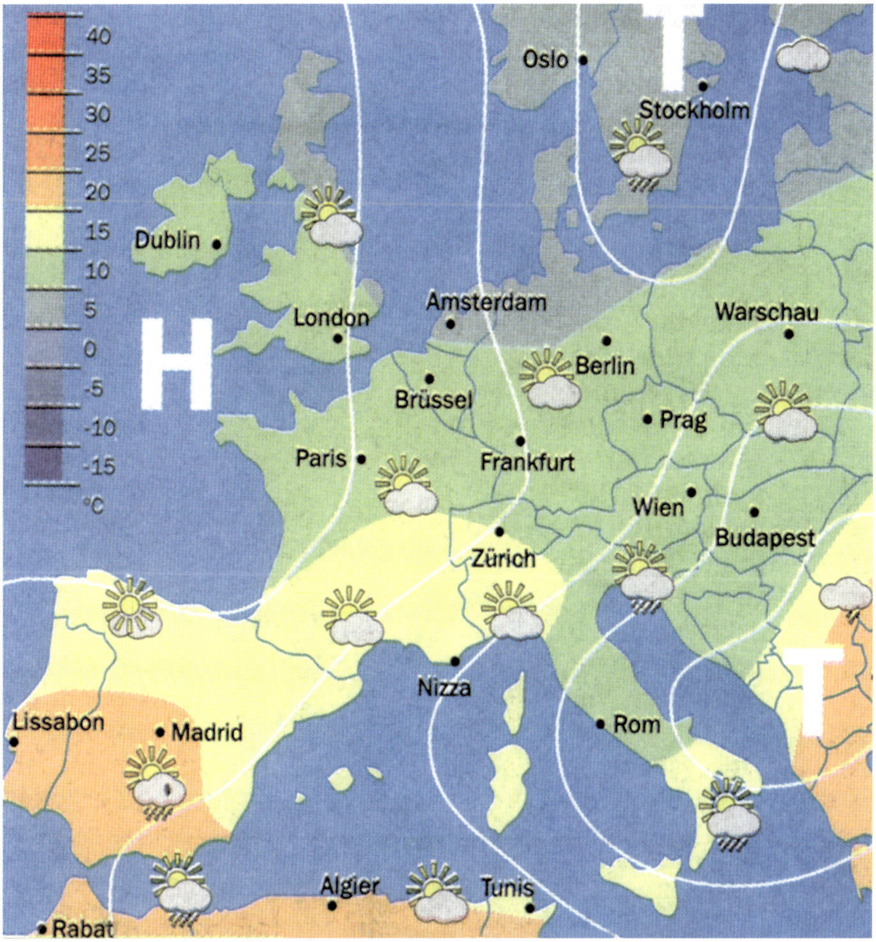

Aus der Wetterkarte kann man sowohl das momentane Wettergeschehen als auch die voraussichtliche Wetterentwicklung für die nächsten Tage erkennen.

der Umgebung, tiefer ist, nennt man Tiefdruckgebiete (T). Gebiete, in denen hoher Luftdruck gemessen wird, nennt man Hochdruckgebiete (H). In einem Tiefdruckgebiet ist es häufig stark bewölkt, es fallen Niederschläge, die Luft ist meist in lebhafter Bewegung. Im Sommer ist es ziemlich kühl, im Winter verhältnismäßig mild. In einem Hochdruckgebiet herrscht meist trockenes Wetter mit nur schwacher Luftbewegung. Bei geringer Bewölkung ist es im Sommer sehr warm, im Winter ist es im Gebirge heiter, in den Tälern nebelig-trüb. Bei geringer Luftbewegung treten die stärksten Fröste auf.

2.2.2. Wind

Wind ist Luft in Bewegung. Als Windrichtung wird die Richtung bezeichnet, aus der der Wind kommt. Die Windgeschwindigkeit (Windstärke) wird in Metern pro Sekunde oder in Kilometern pro Stunde angegeben. Als Windmesser werden meist Schalenkreuze verwendet, die sich je nach Windgeschwindigkeit verschieden schnell drehen.

Leichte Luftbewegungen sind erwünscht, da sie die Pflanzenentwicklung begünstigen.

Die Windstärkenskala nach Beaufort.

Stärke	Windart	Windgeschwindigkeit	Wirkung des Windes
1.	Windstille	bis 2 km/h	Rauch steigt senkrecht auf.
2.	Leiser Zug	6 km/h	Rauch steigt schräg auf.
3.	Leichter Wind	11 km/h	Wind ist fühlbar.
4.	Schwacher Wind	19 km/h	Blätter bewegen sich.
5.	Mäßiger Wind	25 km/h	Zweige bewegen sich.
6.	Frischer Wind	35 km/h	Äste bewegen sich.
7.	Heftiger Wind	55 km/h	Schwache Bäume bewegen sich.
8.	Stürmischer Wind	65 km/h	Starke Bäume bewegen sich.
9.	Sturm	77 km/h	Dachziegel fallen.
10.	Starker Sturm	90 km/h	Bäume brechen.
11.	Schwerer Sturm	105 km/h	Dächer werden abgehoben.
12.	Orkan	120 km/h	Mauern stürzen um.

2.2.3. Strahlung

Die Strahlen der Sonne erzeugen das Tageslicht und erwärmen die Erdoberfläche. Die Sonnenenergie bewirkt aber auch die Stoffumwandlung (Assimilation) und die Verdunstung des Wassers.

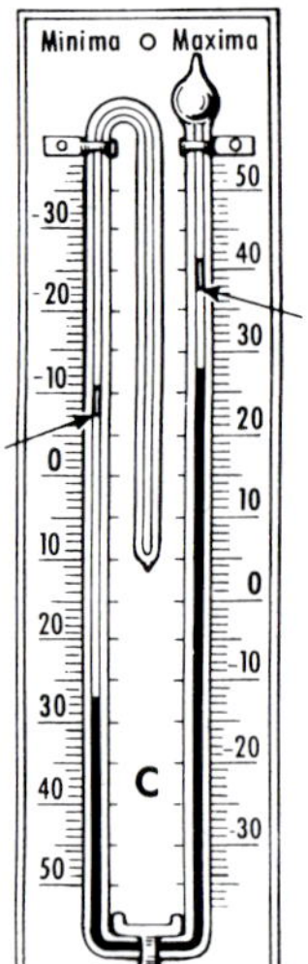

Maximum-Minimum-Thermometer: Die Pfeile zeigen auf die Markierung für Maximum und Miminum.

Die Strahlung lässt sich nach der Wellenlänge gliedern. Folgende Strahlungsarten sind für das Leben von Bedeutung:

- UV-(= Ultraviolett-)Strahlung: tötet Bakterien, zerstört Chlorophyll, bräunt die Haut.
- Violett-blau-Strahlung: bewirkt das Hinwachsen der Pflanzen zum Licht.
- Grün-rot-Strahlung: bewirkt die Assimilationsvorgänge.
- Ultrarot-Strahlung: hat hauptsächlich Wärmewirkung.

Die Sonneneinstrahlung, das heißt der Einstrahlungswinkel und die Strahlungsdauer, hängen von der geografischen Breite, der Tages- und der Jahreszeit ab.
Die Erde strahlt auch wieder in den Weltraum zurück. Eine geschlossene Wolkendecke vermindert die Einstrahlung bei Tag und die Ausstrahlung bei Nacht. Je dichter diese Wolkendecke ist, desto geringer ist die Wahrscheinlichkeit des Auftretens eines Nachtfrostes.

2.2.4. Temperatur

Durch die verschiedenen Strahlungsarten werden Boden, Luft und Gewässer erwärmt. Ein Hauptteil der Wärme bewirkt die Wasserverdunstung. Die Erdoberfläche erwärmt sich relativ schnell. Wasser, schwere Tonböden und von einer dichten Pflanzendecke bewachsene Böden erwärmen sich langsamer als leichte Sandböden oder kahle Flächen. Diese geben aber die gespeicherte Wärme auch schneller wieder ab.
Die Messung der Lufttemperatur erfolgt im Schatten (Wetterhütte) mit

einem Thermometer. Neben dem Quecksilber- und Alkoholthermometer finden auch Minimum- und Maximum-Thermometer Verwendung.

Der globale Wasserkreislauf.

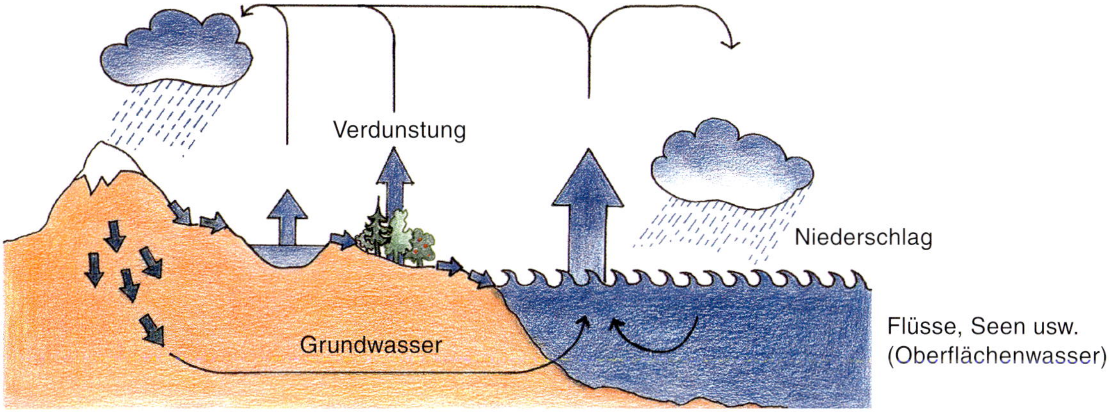

2.2.5. Niederschlag

Wasser ist eine Grundvoraussetzung für alle Lebensvorgänge auf der Erde. Ohne Wasser könnten weder Pflanzen noch Tiere, noch Menschen leben. Das Wasser befindet sich in der Natur in einem ständigen Kreislauf. Es gelangt in Form verschiedener Niederschläge auf die Erde und durch Verdunstung wieder in die Atmosphäre. Der Wasserkreislauf wird durch die Sonnenenergie bewerkstelligt.
Die Niederschlagsmenge wird mit dem Regenmesser = Ombrometer gemessen.
Die Angabe der Niederschlagsmenge erfolgt in mm (1 mm = 1 l/m^2).

Die wichtigsten Niederschlagsformen sind:

Regen,
Schnee,
Hagel,
Tau,
Reif,
Nebel und
Dunst.

Neben der Jahresniederschlagsmenge ist die Verteilung der Niederschläge über die einzelnen Monate von großer Bedeutung. Nicht nur die Niederschläge während der Vegetationszeit, sondern auch die Winterfeuchtigkeit, die durch eine geeignete Bodenbearbeitung erhalten werden soll, sind für die pflanzliche Produktion wichtig.
In den Trockengebieten Österreichs beträgt die Jahresniederschlagsmenge ca. 500 mm. In diesen Gebieten sind Ackerwirtschaften mit Hackfrucht-, Getreide- und Weinbau vorherrschend. In den Feuchtgebieten beträgt die Jahresniederschlagsmenge über 600 mm (bis zu 2 000 mm und mehr im Bregenzer Wald). In diesen Gebieten sind Grünlandwirtschaften vorherrschend.

2.2.6. Luftfeuchtigkeit

Die Luftfeuchtigkeit ist der Gehalt der Atmosphäre an gasförmigem, unsichtbarem Wasserdampf. Er gelangt durch die Verdunstung von Wasser aus Teichen, Flüssen, Seen, Meeren, Pflanzen und dem Erdboden sowie durch die Atmung in die Luft. Sichtbar wird der Wasserdampf erst als Nebel, Wolke oder Niederschlag.
Je höher die Temperatur ist, umso mehr Wasserdampf kann die Luft aufnehmen.
Den Wasserdampfgehalt der Luft in Gramm pro Kubikmeter nennt man absolute Luftfeuchtigkeit.

Temperatur in °C	Sättigungsmenge	Temperatur in °C in °C	Sättigungsmenge
–10	2,1	15	12,8
– 5	3,3	20	17,3
0	4,9	25	23,1
10	9,4	30	30,2

Wird die absolute Luftfeuchtigkeit im Vergleich zur Sättigungsmenge in Prozenten angegeben, so spricht man von der relativen Luftfeuchtigkeit.

absolute Feuchtigkeit = **Wassermenge in g/m^3 Luft**

relative Feuchtigkeit in % = $\frac{\textbf{absolute Feuchtigkeit x 100}}{\textbf{Sättigungsmenge}}$

Die relative Luftfeuchtigkeit wird mit dem Hygrometer gemessen und in Prozenten relativer Luftfeuchtigkeit angegeben.

2.2.7. Licht

Neben der Temperatur hat auch der Wachstumsfaktor Licht Einfluss auf die Pflanzenentwicklung. Das Licht ist für die Bildung des Chlorophylls (= grüner Pflanzenfarbstoff) und den Stoffumwandlungsvorgang (= Assimilation) unbedingt erforderlich.

Siehe Pflanzenkunde!

Eine weitere Tatsache ist, dass das Licht durch den Hell-Dunkel-Rhythmus einen Reiz auf die Pflanzenentwicklung ausübt. Dieser Einfluss wird durch die verschiedenen und wechselnden Tages- und Nachtlängen bewirkt.

Langtagpflanze:

Im Kurztag wird vegetative Pflanzenmasse aufgebaut, im Langtag die generative Phase (Blühen und Fruchten) angelegt. Beispiel: Salat

Kurztagpflanze:

Im Langtag wird vegetative Pflanzenmasse aufgebaut, im Kurztag die generative Phase angelegt. Beispiel: Chrysantheme

2.3. Klimaschäden und ihre Verhütung

Witterungseinflüsse, die sich auf die Pflanzen und den Boden ungünstig auswirken können, sind:

- Hagel,
- Hitze und Dürre,
- Frost und
- Wind und Starkregen („Wolkenbruch").

2.3.1. Hagel

Hagelschäden sind nur sehr schwer zu verhüten. Es gibt wohl „Hagelnetze" (= Nylonnetze), die den Aufprall der Hagelkörner verhindern oder abbremsen. Ihr Einsatz ist durch ein Überspannen kleiner Intensivkulturflächen aber eher begrenzt. Eine weitere Möglichkeit der Hagelabwehr besteht darin, dass in „Hagelwolken" mit Silberjodidraketen geschossen wird. Der sicherste Schutz ist meist noch immer der Abschluss einer Hagelversicherung.

2.3.2. Hitze und Dürre

Anhaltende Hitze und Dürre können zu den größten Ertragsminderungen führen. Wo genügend Wasser für eine Feldberegnung zur Verfügung steht, lassen sich diese Schäden in einem gewissen Umfang eindämmen. Trockenheitsschäden lassen sich manchmal aber auch durch eine entsprechende Bodenbearbeitung vermeiden oder zumindest vermindern. Durch Lockerung der Bodenoberfläche werden die feinen Hohlräume an der Bodenoberfläche zerstört und dadurch die Wasserverdunstung verringert.

2.3.3. Frost

Frostschäden entstehen durch Winter-, Spät- und Frühfröste.

2.3.3.1. Winterfrost

Da sich die Pflanzen dem Wechsel von Sommer und Winter weitestgehend angepasst haben, sind die Schäden, die der Winterfrost anrichtet, meist nicht groß. Zu stärkeren Schäden kommt es vielfach im Spätwinter, wenn der Boden am Tag auftaut und in der Nacht wieder gefriert (Abreißen der Wurzeln). Erfrierungen der Stämme und Triebe finden sich besonders bei den in wärmeren Gebieten beheimateten Pflanzen, wie z. B. beim Weinstock, beim Pfirsich und bei der Walnuss.

2.3.3.2. Spät- und Frühfröste

Die häufigsten Schäden richtet der Frost nicht im Winter, sondern als Frühfrost im Herbst und als Spätfrost im Frühjahr an. Bei Frühkartoffeln, Tomaten und anderen frostempfindlichen Kulturen richtet der Spätfrost vielfach großen Schaden an.

2.3.3.3. Frostschutz

Vorbedingungen für einen erfolgreichen Frostschutz ist das rechtzeitige Erkennen der Gefahr und die Organisation einer gemeinsamen Frostabwehr. Die Frostwarnungen des Wetterdienstes müssen beachtet werden.

Als Frostschutzmaßnahmen kommen in Frage:

- „Frostberegung“ – bis zu -6° C möglich –, vorwiegend im Erwerbsobstbau anzutreffen! Beim Gefrieren wird die „Gefrierwärme“ frei. Diese muss aber beim Schmelzen wieder zugeführt werden.
- Belüftung.
- Abdecken – nur im kleinen Bereich (z. B. Garten) möglich.
- Künstliche Nebelerzeugung bzw. Räuchern – verhindert die Ausstrahlung.

2.3.4. Wind und Starkregen

Ein leichter Wind begünstigt die Pflanzenentwicklung. Das schnellere Abtrocknen des Bodens und der Pflanzen vermindert die Gefahr von Pilzinfektionen. Zu starker Wind vertreibt das CO_2 aus den erdnahen Schichten und zerstört das günstige Kleinklima. Weiters führen hohe Windgeschwindigkeiten zur Abtragung von Staub und Erde.
Starkniederschläge („Gewitterregen“) können den Boden wegspülen. Wo mit Bodenabtragung (= Erosion) durch Wasser zu rechnen ist, kann man sich nur dadurch helfen, dass der Boden immer eine Pflanzendecke trägt.

Lösen Sie die im Anschluss an dieses Kapitel folgenden Fragen 1 bis 6!

Übungs- und Wiederholungsfragen

1. Unterscheiden Sie zwischen
   Ozeanischem Klimagebiet:

   ....

   ....

   Kontinentalem Klimagebiet:

   ....

   ....

2. Nennen Sie die Klimafaktoren!

   ....

   ....

   ....

3. Die Angabe des Niederschlages erfolgt in ....,

   das bedeutet ....

4. Die relative Luftfeuchtigkeit wird mit dem ....

   gemessen und in ....

   angegeben... ....

5. Nennen Sie Klimaschäden! ....

   ....

6. Erklären Sie Frostschutzmaßnahmen! ....

   ....

   ....

   ....

3. Pflanzenkunde

3.1. Aufbau der Pflanze

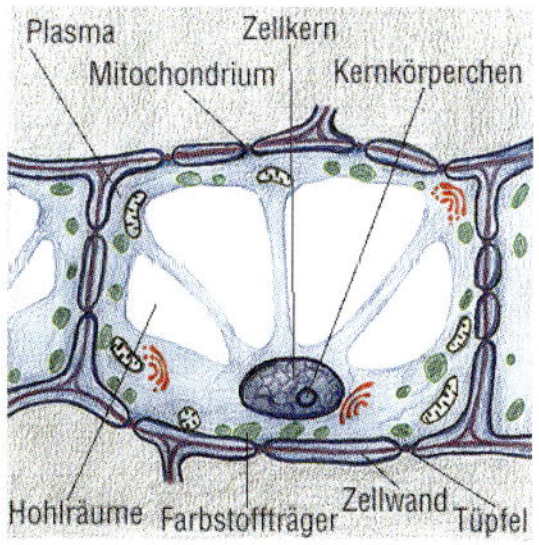

3.1.1. Die Zelle und ihr Aufbau

Die kleinsten Bausteine einer Pflanze nennt man Zellen. Jede Pflanze besteht aus vielen solcher Zellen.

3.1.1.1. Zellwand

Jede Pflanzenzelle ist von einer Zellwand umgeben, die aus Zellulose (Zellstoff) besteht. Die Zellulose bewirkt eine gewisse Festigkeit der Zellwand. Die Zellwand kann durch spätere Ein- und Anlagerungen verschiedener Stoffe verändert werden. Solche Ein- und Anlagerungen können sein:

- Korkstoffe,
- Holzstoffe,
- Mineralstoffe (z. B. Kieselsäure) sowie
- fett- oder wachsartige Stoffe.

Trotz dieser Veränderungen der Zellwand gibt es an manchen Stellen Verdickungseinsparungen, die die lebenden Zellen untereinander verbinden (= Tüpfel).

3.1.1.2. Protoplasma (= Plasma)

Das Protoplasma ist, im Unterschied zur Zellwand, ein lebender Bestandteil und ist der Träger des Lebens. Das Protoplasma ist eine kolloidale Flüssigkeit (vergleichbar dem Eiklar). Die Bestandteile des Plasmas sind hauptsächlich Wasser und Eiweißstoffe. Im Protoplasma spielen sich alle Lebensvorgänge ab.

Kolla = Leim (griechisch)

3.1.1.3. Zellkern

Der Zellkern ist in jeder lebenden Zelle zu finden und enthält noch das Kernkörperchen. Die Gestalt des Zellkernes ist annähernd kugelig. Der Zellkern ist das Zentrum der Steuerungsvorgänge für alle Lebensvorgänge in der Pflanze. Außerdem enthält der Zellkern die Chromosomen und Gene (= Träger der Erbanlagen) und ist somit an der Vererbung maßgeblich beteiligt.

3.1.1.4. Farbstoffträger (= Plastiden)

Die Farbstoffträger liegen im Protoplasma und enthalten die verschiedenen, in der Pflanze vorkommenden Farbstoffe. In den Chloroplasten ist der grüne Farbstoff (= Chlorophyll) enthalten. Ebenso gibt es Farbstoffträger, die statt Chlorophyll gelbe und rote Farbstoffe enthalten. Diese sind für die Färbung von Blüten und Früchten verantwortlich.

3.1.1.5. Mitochondrium

Erklären Sie den Begriff „Enzym“!

Die Mitochondrien enthalten Enzyme, die für die Atmung der Pflanze verantwortlich sind. Unter Atmung der Pflanze versteht man den Abbau energiereicher Reservestoffe, um den Energiebedarf der Pflanze sicherzustellen.

Siehe Tierzucht (Vererbungslehre)!

3.1.1.6. Hohlräume (= Zellsaftraum = Vakuole)

In den Hohlräumen befindet sich der Zellsaft. Der Zellsaft ist eine wässrige Flüssigkeit, in dem organische und anorganische Stoffe enthalten sind. Zu den enthaltenen Stoffen gehören Kohlenhydrate, organische Säuren, Eiweißstoffe, Farbstoffe, Gerbstoffe, Alkaloide, Harze usw.

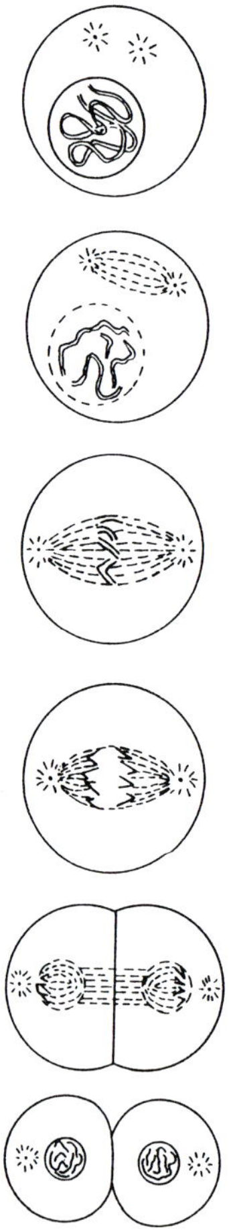

Schema der normalen Zellteilung (Mitose).

3.1.1.7. Zellteilung

Bei der normalen Zellteilung streben die Chromosomen, die vierfach vorhanden sind, in Richtung der so genannten Pole der Zelle. Nach der Trennung der Chromosomen löst sich die Membran des Zellkerns auf und die Zellwand schnürt sich ein. Nach der Teilung der Zelle bildet sich um den zweifachen Chromosomensatz der Tochterzelle eine neue Zellkernwand.
Die Bildung der Geschlechtszellen geschieht in der Reifeteilung. Dabei werden die in jeder Zellenhälfte vorhandenen Chromosomen getrennt, sodass reife Geschlechtszellen nur den halben (= einfachen) Chromosomensatz aufweisen. Erst nach der Befruchtung besitzt die befruchtete Eizelle wieder den doppelten Chromosomensatz.

3.1.2. Die Gewebe

Die Gewebe sind feste Zellverbände mit gleichartig gebauten Zellen und gleichen Arbeitsaufgaben. Man unterscheidet zwei große Gewebearten:

- Das Bildungsgewebe: Dieses Gewebe besteht aus Zellen, die sich ständig teilen. Die Zellen verbleiben in diesem jugendlichen teilungsfähigen Zustand. Das Bildungsgewebe ist an den Wachstumskegel der Wurzel- und Triebspitzen und Knospenanlagen sowie im Kambium und bei den Geschlechtszellen zu finden.
- Das Dauergewebe: Dieses Gewebe besteht aus Zellen, die sich durch Streckung vergrößert haben, für ihre speziellen Aufgaben ausgebildet wurden und in einem Dauerzustand bleiben. Das Dauergewebe findet man als Hautgewebe, Grundgewebe und Leitungsgewebe.

3.1.2.1. Hautgewebe

Das Hautgewebe überzieht die gesamte Pflanzenoberfläche und erfüllt bestimmte Schutzfunktionen. Das Hautgewebe wird noch weiter unterteilt in Oberhaut, Korkgewebe und Borke.

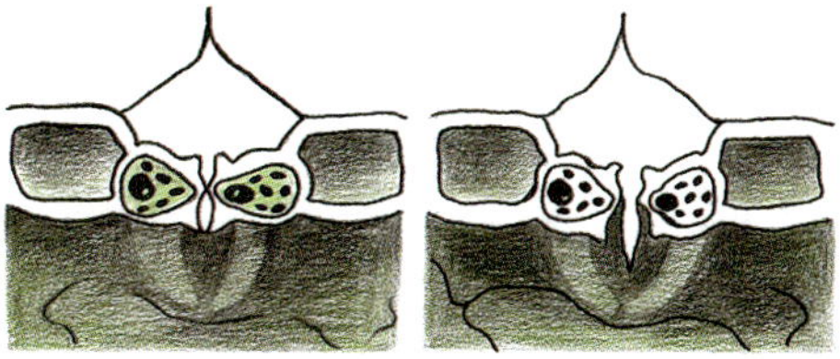

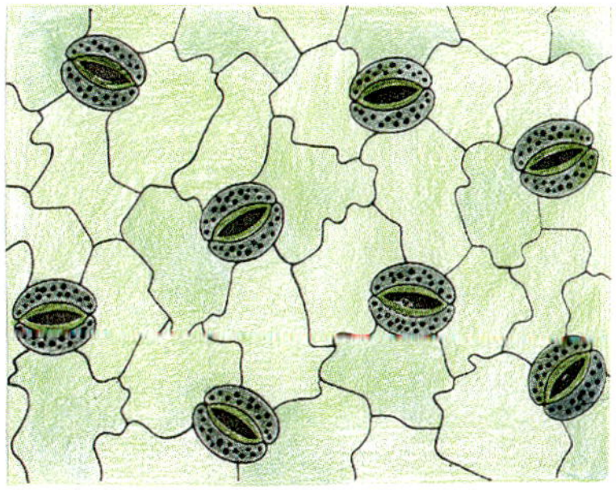

Spaltöffnungen eines Blattes im geschlossenen (oben links) und im geöffneten Zustand (oben rechts) im Querschnitt sowie in der Draufsicht auf der Blattunterseite (rechts).

Die Oberhaut ist auf Blättern, noch nicht verholzten (= krautigen) Stängelteilen und jungen Wurzeln zu finden. In die Oberhaut eingebettet sind:

Spaltöffnungen: Die Spaltöffnungen bestehen aus zwei bohnenförmigen Zellen, die geöffnet und geschlossen werden können. Sie regeln den Gasaustausch und die Wasserabgabe in Dampfform (= Transpiration).

Erklären Sie den Begriff „Transpiration“!

Wasserspalten: geben das Wasser in Tropfenform ab.
Über die Oberhaut gibt es noch Überzüge, wie die Cuticula, die weitgehend die Wasserabgabe verhindert.

Wachsbildungen: Die Wachsschicht überzieht häufig die Cuticula und vermindert die Benetzbarkeit. Diese herabgesetzte Benetzbarkeit verhindert bei Früchten ein Aufplatzen bei länger anhaltenden Regenfällen.

Weitere Bildungen der Oberhaut sind die Nektarien, Pflanzenhaare usw.

Das **Korkgewebe** ist auf allen in die Dicke wachsenden Pflanzenorganen zu finden.

Die **Borke** bildet sich meist bei älteren Stämmen. Es ist eine abgestorbene Schicht, die vertrocknet und rissig wird.

3.1.2.2. Grundgewebe

Das Grundgewebe besteht aus dünnwandigen, lebenden Zellen, die durch große Zellsafträume und viele Zwischenzellräume gekennzeichnet sind. Das Grundgewebe ist im Pflanzenkörper überall zwischen dem Haut- und Stranggewebe zu finden und kann verschiedenste Aufgaben erfüllen. Das Grundgewebe dient vorwiegend der Kohlenstoffassimilation. In ihm werden die Reservestoffe gespeichert, aber auch Ausscheidungsstoffe gebildet. Durch den besonderen Aufbau dient es auch zur Durchlüftung. Im Grundgewebe gibt es außerdem Zellen, deren Teilungsfähigkeit durch Umwelteinflüsse wieder aktiviert werden kann, wodurch es u. a. zur Bildung von Wundgewebe kommt.

3.1.2.3. Leitungsgewebe

Das Leitungsgewebe wird auch als Stranggewebe bezeichnet. Es besteht aus dem Holzteil und dem Bastteil. Beide Teile zusammen bilden jeweils ein Gefäßbündel. Die Hauptaufgaben des Leitungsgewebes sind Leitung und mechanische Festigung.

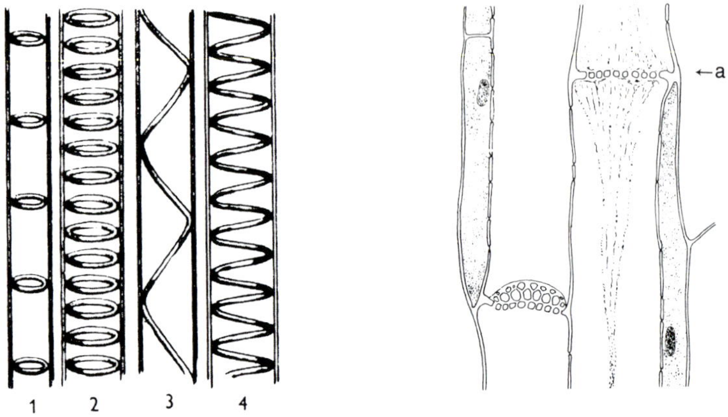

Links: Verschiedene Gefäßtypen (schematisch): 1 und 2 Ringgefäße, 3 und 4 Schraubengefäße – Rechts: Siebröhre (schematisch), a = siebartig durchlöcherte Querwand.

Der **Holzteil** besteht aus:
langen, röhrenförmigen Zellen, deren Querwände vollständig aufgelöst sind (= Gefäße). Diese dienen der Leitung.

Grundgewebe, das Speicherfunktionen erfüllt.

Holzfasern, die Festigungsfunktionen erfüllen. Der Holzteil dient dem aufsteigenden Saftstrom. Es wird Wasser mit gelösten Nährstoffen transportiert.

Der **Bastteil** besteht aus:
langen, röhrenförmigen Zellen, deren Querwände siebartig durchlöchert sind (= Siebröhren). Auch sie erfüllen Leitungsfunktionen.

Grundgewebe, das Speicherfunktionen erfüllt.

Bastfasern, die Festigungsfunktionen erfüllen.

Der Bastteil dient dem absteigenden Saftstrom. Es wird Wasser mit organischen Stoffen (= Assimilaten) transportiert.

3.1.3. Die Organe

Die Pflanze besteht aus den Hauptorganen:

Siehe Gartenbau!

- Wurzel,
- Spross (= Stängel),
- Blätter,
- Blüte,
- Frucht und
- Samen.

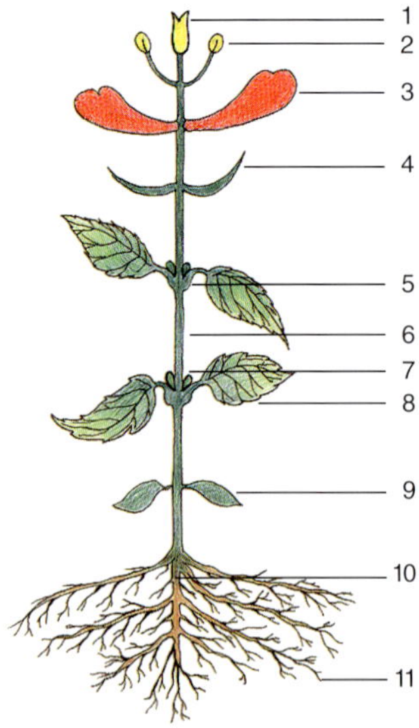

Die Organe der Pflanze
1 = Stempel
2 = Staubblatt
3 = Blumenkronblatt
4 = Kelchblatt
5 = Knoten
6 = Zwischenknotenstück
7 = Blattachsel mit Knospe
8 = Laubblatt
9 = Keimblatt
10 = Hauptwurzel
11 = Seitenwurzel mit Faserwurzeln

3.1.3.1. Die Wurzel

Aufgaben

- Wasser- und Nährstoffversorgung der Pflanze;
- Verankerung der Pflanze im Boden;
- Speicherung von Nährstoffen.

Aufbau

Im Querschnitt der Wurzel sind drei Gewebeschichten zu erkennen: Die Oberhaut ist dünn, farblos und ohne Cuticula. Die Ausstülpungen der Oberhaut werden als Wurzelhaare bezeichnet. Diese dienen der Nährstoff- und Wasseraufnahme und sind sehr kurzlebig.
Die Rinde ist mehrschichtig und übernimmt vor allem bei älteren Wurzeln Speicherfunktionen. Sie leitet Wasser und gelöste Nährstoffe weiter und ermöglicht deren Übertritt in den Zentralzylinder. Der Zentralzylinder enthält die Gefäßbündel und ist somit für den Stofftransport verantwortlich. Im Zentralzylinder ist auch bei zweikeimblättrigen Pflanzen und Nadelhölzern das Kambium, das bei älteren Wurzeln für das Dickenwachstum verantwortlich ist.
Die älteren Zellen der Wurzelhaare sondern schleimartige Stoffe ab, die das Vordringen der Wurzeln in den Boden erleichtern.

Beim Längsschnitt durch eine Wurzel sind verschiedene Zonen zu erkennen:

Differenzierungszone (Leitungszone, Wurzelhaarzone)

Diese Zone ist an den Wurzelhaaren zu erkennen. Hier werden die Zellen für ihre spätere Aufgabe endgültig ausgestaltet (= differenziert).

Erklären Sie den Begriff „Differenzierung“!

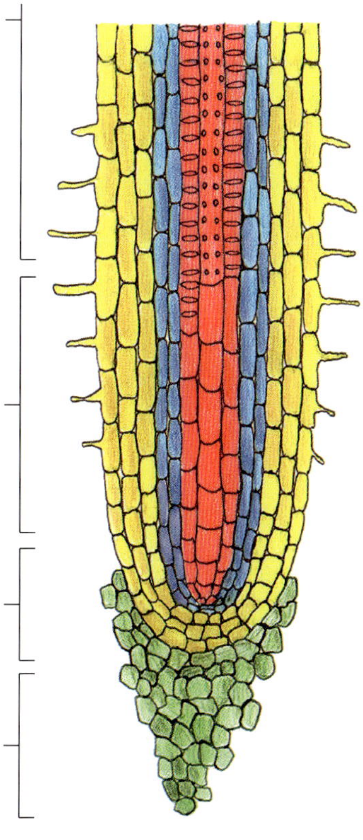

Streckungszone

Sie ist die Zone des Längenwachstums der Wurzel. Hier erfolgt die Streckung der im Vegetationskegel gebildeten Zellen.

Teilungszone

Sie besteht aus Bildungsgewebe und stellt den Wachstumskegel der Wurzel dar.

Siehe „Gewebe“!

Wurzelhaube

Sie umgibt und schützt das Bildungsgewebe.

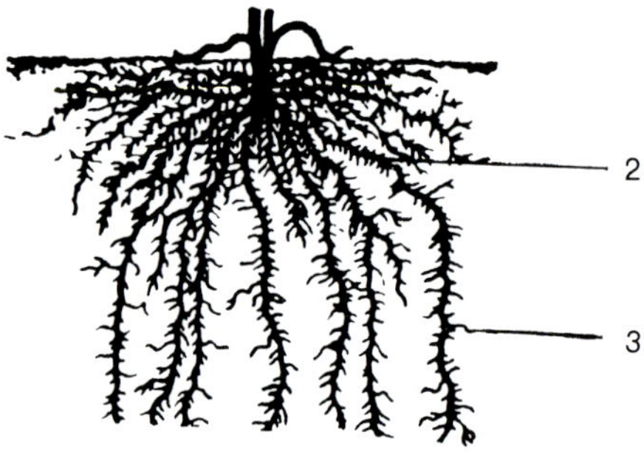

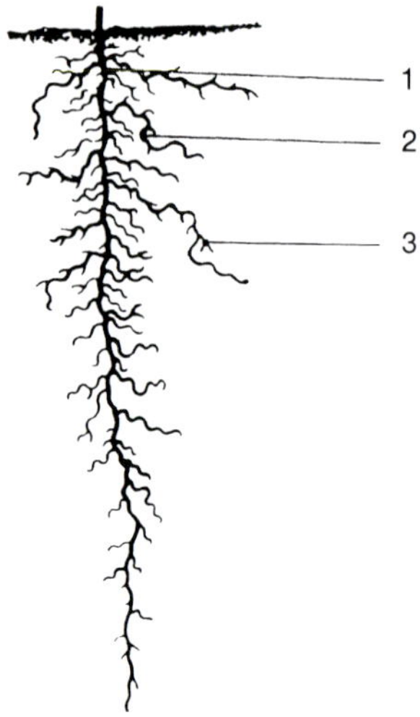

Links: Flachwurzler.
Rechts: Tiefwurzler.
1 = Hauptwurzel, 2 = Nebenwurzeln mit Seitenwurzeln, 3 = Faserwurzeln.

Wurzeltypen

Nach dem Tiefgang und der Ausbildung des Wurzelsystems unterscheidet man:

Flachwurzler (= Büschelwurzler)

besitzen keine deutlich ausgeprägte Hauptwurzel. Nach dem Absterben der Keimwurzel bilden sich aus dem Knoten der unteren Stängelteile gleichwertige Nebenwurzeln. Diese Nebenwurzeln bilden wieder Seitenwurzeln und aus den Seitenwurzeln die feinen Faserwurzeln.
Diesen Wurzeltyp findet man vor allem bei den einkeimblättrigen Pflanzen, wie den Gräsern, aber auch bei Kartoffeln.

Tiefwurzler

besitzen eine deutlich ausgebildete Hauptwurzel. Die Keimwurzel bleibt erhalten und wird zu einer bleibenden Hauptwurzel umgebildet, die senkrecht nach unten wächst. Von dieser Hauptwurzel gehen die Seitenwurzeln und von diesen die Faserwurzeln aus.
Diesen Wurzeltyp findet man meistens bei den zweikeimblättrigen Pflanzen, wie Luzerne, Raps, Spinat, aber auch Eiche, Buche, Föhre usw.

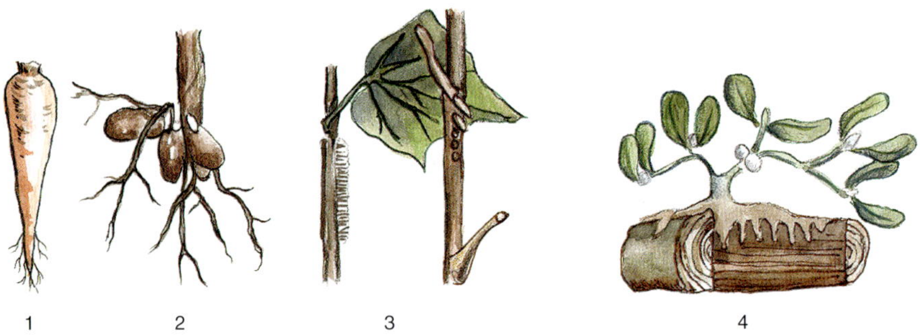

Wurzelumbildungen für besondere Lebensaufgaben: 1 = Rübe – fleischig verdickte Hauptwurzel (z. B. Zucker- oder Futterrübe) – 2 = Wurzelknolle – verdickte Seitenwurzel (z. B. Dahlie) – 3 = Haftwurzel (z. B. Efeu) – 4 = Saugwurzel (z. B. Mistel).

3.1.3.2. Der Spross (= Stängel)

Aufgaben

- Tragegerüst für Blätter, Blüten, Früchte;
- Transportweg zwischen Wurzeln und Blättern für Wasser und gelöste Nährstoffe, aber auch Assimilate;
- Speicherorgan besonders bei mehrjährigen Pflanzen.

Aufbau

Im Querschnitt der Sprossachse sind auch drei Gewebeschichten zu erkennen:

- Die Oberhaut besitzt, im Gegensatz zur Wurzel, Farbstoffe, Spaltöffnungen und ist von einer Cuticula überzogen.
- Die Rinde ist dünner als bei der Wurzel, erfüllt aber auch Speicherfunktionen.
- Der Zentralzylinder enthält die Gefäßbündel, die vom Grundgewebe umgeben sind und dem Stofftransport dienen. Er ist besonders bei zweikeimblättrigen Pflanzen und Bäumen deutlich ausgebildet. Er enthält bei zweikeimblättrigen Pflanzen und Nadelhölzern das Kambium, wodurch der Spross in die Dicke wachsen kann.

Im Längsschnitt der Sprossachse sind bereits alle Anlagen vorgebildet.
Aus dem Vegetationskegel der Sprossspitzen erfolgt das Längenwachstum. Die zuerst eng stehenden Blattanlagen werden auseinander geschoben, wodurch sich blattfreie Stücke (Zwischenknotenstücke) und Blattansatzstellen (Knoten) ergeben. Beim Schossen des Getreides kann man das Längenwachstum der Sprossachse besonders gut beobachten.
Die Verzweigung der Sprossachse erfolgt durch das Austreiben der Achselknospen (= Augen). Diese sind Vegetationskegel, die während des Winters von Knospenschuppen umgeben sind. Nach ihrem Inhalt bezeichnet man sie als Blüten-, Holz-, Blatt- oder Übergangsknospen. Nach ihrer Stellung als End- oder Seitenknospen.

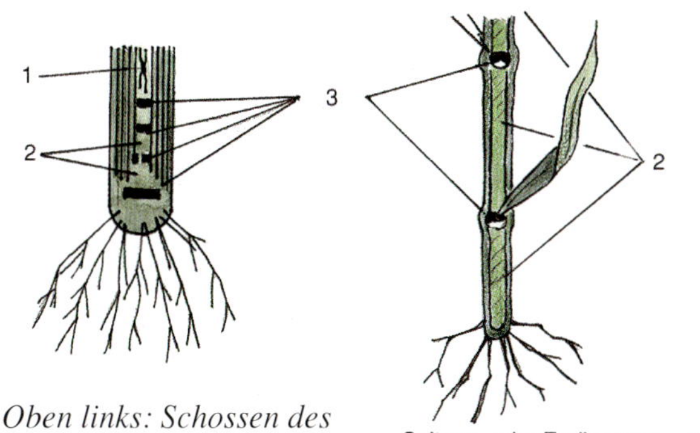

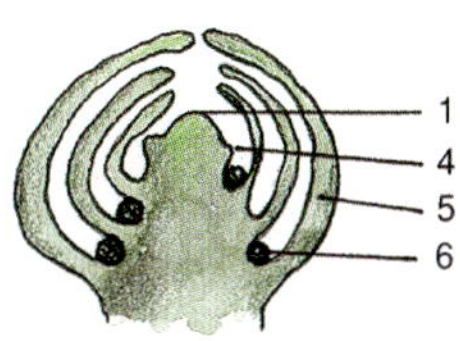

1 = Vegetationskegel
2 = Zwischenknotenstücke
3 = Knoten
4 = Blattanlage
5 = Blätter
6 = Achselknospen

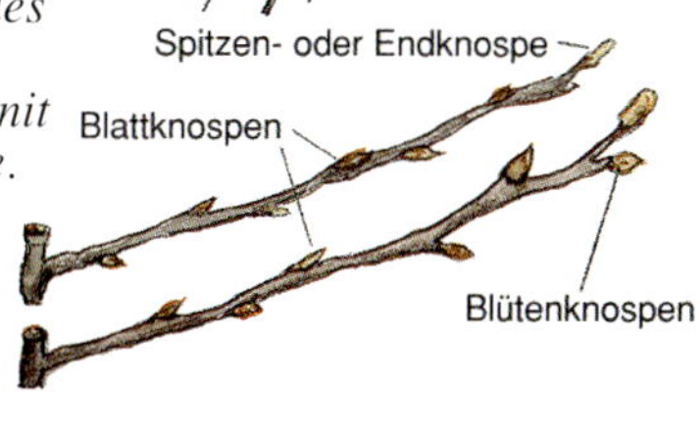

Oben links: Schossen des Getreides.
Oben rechts: Längsschnit durch eine Sprossspitze.
Rechts: Fruchttriebe eines Obstbaumes mit Blatt-, End- und Blütenknospen.

Das Dickenwachstum erfolgt bei mehrjährigen Pflanzen (z. B. Bäume) durch das Kambium, wobei jährlich ein Ring angelegt wird. Dieser jährliche Holzzuwachs wird daher auch als Jahresring bezeichnet.

Sprossumbildungen

dienen speziellen Funktionen, wie Vermehrung, Speicherung usw.

1 = Zwiebel (Küchenzwiebel) – 2 = Sprossknolle (Kartoffelknolle – verdicktes Ende eines unterirdischen Ausläufers) – 3 = Ausläufer oberirdisch (z. B. Erdbeere, Weißklee) – 4 = Ausläufer unterirdisch (z. B. Quecke, fälschlich oft als „Baierwurzel" bezeichnet) – 5 = Rosette: Blattrosette bleibend (z. B. Löwenzahn); erstes Jahr Blattrosette und zweites Jahr blättertragende Blütenstengel (z. B. Zuckerrübe) – 6 = Sprossranken (Weinrebe – Seitensprossen werden zu Ranken) – 7 = Sprossdornen (Schlehdorn – ein Teil des Sprosses wird zu Dornen).

3.1.3.3. Das Blatt

Eine der Hauptaufgaben des Blattes ist die Kohlenstoffassimilation. Ebenso regelt das Blatt den Wasserhaushalt der Pflanze (Transpiration) und versorgt die Pflanze mit Sauerstoff (Atmung). Das Blatt kann in geringen Mengen auch in Wasser gelöste Nährstoffe aufnehmen (Blattdüngung). In Sonderfällen können Blätter auch Speicheraufgaben übernehmen (z. B. Zwiebel).

Aufbau

Im Querschnitt des Laubblattes sind folgende Gewebeschichten zu finden:

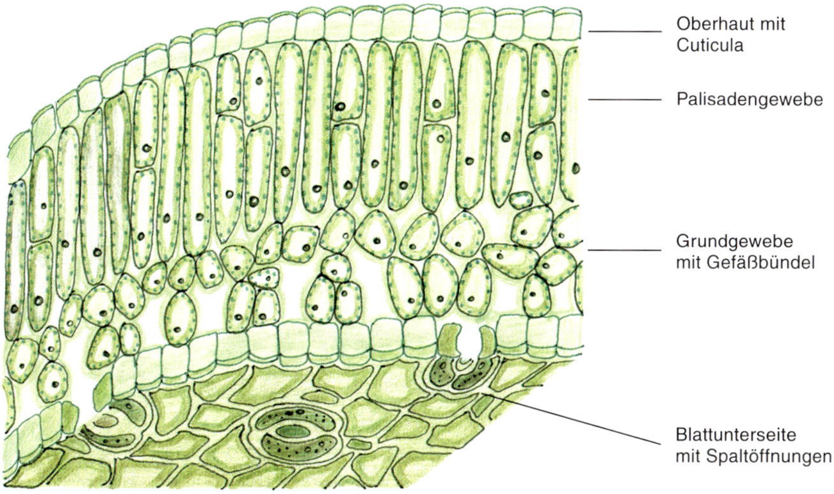

Die Oberhaut ist an der Blattober- und -unterseite ausgebildet und von einer Cuticula überzogen.
An der Blattunterseite befinden sich die Spaltöffnungen, die den Gasaustausch und die Wasserabgabe in Dampfform regeln. Das Palisadengewebe enthält viel grünen Farbstoff und dient vorwiegend der Assimilation.
Das Grundgewebe ist schwammig aufgebaut und dient der Durchlüftung.
Das Stranggewebe (Gefäßbündel) dient dem Stofftransport.

Der Bau der Laubblätter

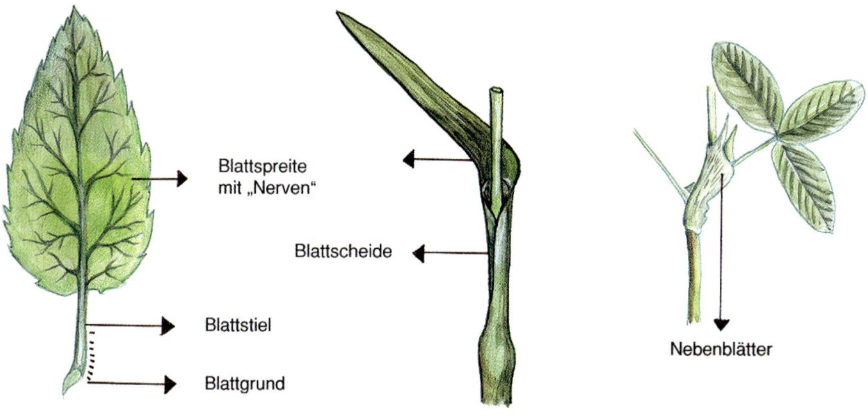

nadelförmig
schuppig
linealisch
lanzettlich
spießförmig
pfeilförmig
spatelförmig
eiförmig
elliptisch
rautenförmig
dreieckig
herzförmig
nierenförmig
kreisrund
schildförmig
handförmig
unpaarig gefiedert
mehrfach gefiedert
gefingert
paarig gefiedert

Nach Anzahl der Keimblätter unterscheidet man:

- einkeimblättrige Pflanzen: Getreide, Mais, Gräser usw.,
- zweikeimblättrige Pflanzen: Leguminosen, Kreuzblütler, Rüben, Kartoffeln, viele Unkräuter usw. und
- mehrkeimblättrige Pflanzen: Nadelhölzer.

Die Keimblätter sind die ersten Blätter der Pflanze, enthalten Reservestoffe und können auch der Assimilation dienen.
Die Laubblätter sind die voll ausgebildeten grünen Blätter. Die Ausformung der Blattspreite und des Blattrandes kann sehr vielfältig sein und soll nur durch einige Beispiele angedeutet werden (s. S. 64).

Blattumbildungen

dienen zur Erfüllung bestimmter Aufgaben:

Blattranken (z. B. Kürbis, Erbse),

Blattdornen (z. B. Robinie, Sauerdorn).

Blattdornen der Berberitze

Blattranke der Erbse

3.1.3.4. Die Blüte

Aufgaben

Die Blüte dient der geschlechtlichen Fortpflanzung und ist somit für die Arterhaltung verantwortlich.

Aufbau

Eine vollkommene Blüte besteht aus dem Blütenboden und vier Blattkreisen. Es gibt aber auch unvollkommene Blüten, bei denen ein Blattkreis fehlen kann.

Benennen Sie die Teile einer vollkommenen Blüte!

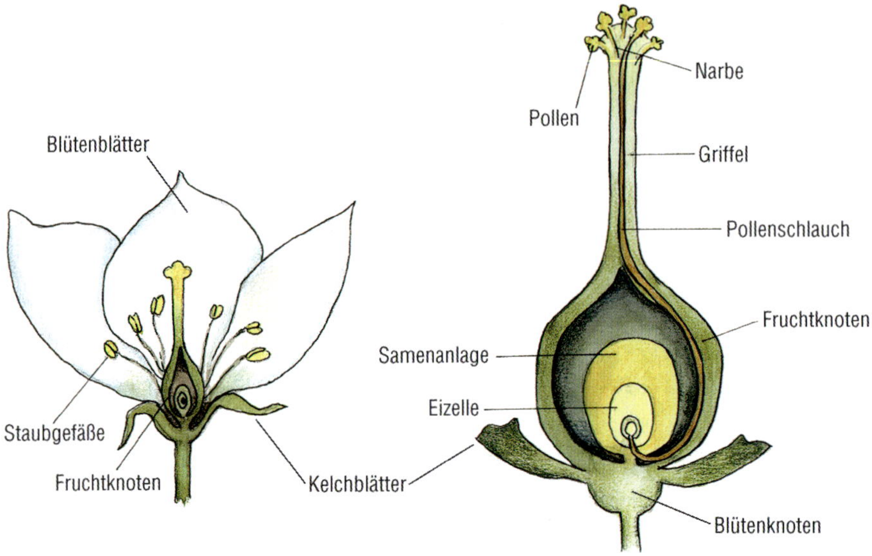

- Kelchblätter: schützen die inneren Organe der Blüte.
- Blumenkronblätter (Blütenblätter): sind meist färbig und dienen häufig der Insektenanlockung.
- Staubblätter: bestehen aus Staubfaden und Staubbeutel. Im Staubbeutel werden die Pollenkörner (= Blütenstaub) gebildet. Die Pollenkörner sind die männlichen Geschlechtszellen.
- Fruchtblätter: Narbe, Griffel und Fruchtknoten sind häufig zum „Stempel“ verwachsen. Im Fruchtknoten liegt die Eizelle. Die Fruchtblätter sind der weibliche Geschlechtsteil der Blüte.

Der Blütenboden ist häufig an der Fruchtbildung beteiligt, z. B. beim Kernobst.
Die Nektarien sondern zuckerhaltige Stoffe ab und dienen der Insektenanlockung.

Einteilung der Pflanzen nach der Anordnung der männlichen und weiblichen Blütenteile:

Blütenpflanzen

- Einhäusige Pflanzen
  - Einhäusige-zwittrige Pflanzen (auf einer Pflanze und in einer Blüte sind männliche und weibliche Geschlechtsorgane beisammen), z. B. Getreide, Obst, …
  - Einhäusige-getrennt-geschlechtliche Pflanzen (männliche und weibliche Blüten sind getrennt auf einer Pflanze angeordnet), z. B. Mais, …
- Zweihäusige Pflanzen
  - Zweihäusige Pflanzen (männliche und weibliche Blüten sind auf verschiedenen Pflanzen), z. B. Hopfen, …

Schreiben Sie noch weitere Beispiele hinzu!

Blütenstände

Dabei handelt es sich um die Anordnungsfolgen der einzelnen Blüten:

Schreiben Sie zu den Blütenständen eine Pflanzenart dazu!

Blütenstände

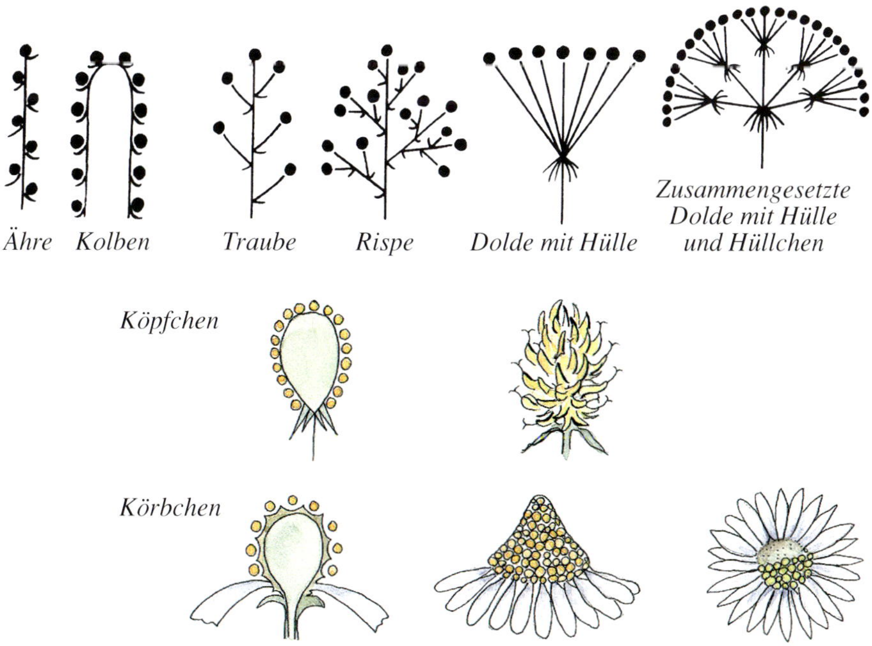

Bestäubung

Unter Bestäubung versteht man die Übertragung der Pollenkörner auf die Narbe der „Bedecktsamigen“ oder auf die frei zugängigen Samenanlagen der „Nacktsamigen“.
Nach der Bestäubung unterscheidet man:
Selbstbestäubung: Hier erfolgt die Bestäubung der Narbe mit den Pollen der gleichen Blüte (z. B. Weizen, Gerste, Hafer).
Fremdbestäubung: Hier erfolgt die Bestäubung der Narbe mit Pollen von fremden Pflanzen (z. B. Roggen, Mais).

Befruchtung

Unter Befruchtung versteht man die Verschmelzung eines männlichen Geschlechtskernes (Pollenkorn) mit der weiblichen Eizelle.
Die Übertragung der Pollen kann durch den Wind (Getreide, Mais) oder durch Insekten (Obstbäume, Leguminosen) erfolgen.

3.1.3.5. Frucht und Samen

Aus der befruchteten Eizelle entwickelt sich die Frucht und in ihr der Samen. Die Frucht kann ein- oder mehrsamig sein.

Schreiben Sie zu den Fruchttypen eine Pflanzenart dazu!

Beispiele für verschiedene Fruchttypen:

Streufrüchte

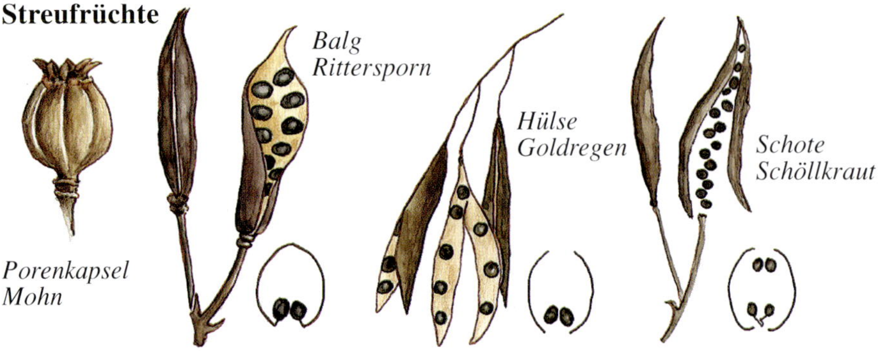

Schließfrüchte

Beeren

Steinfrüchte

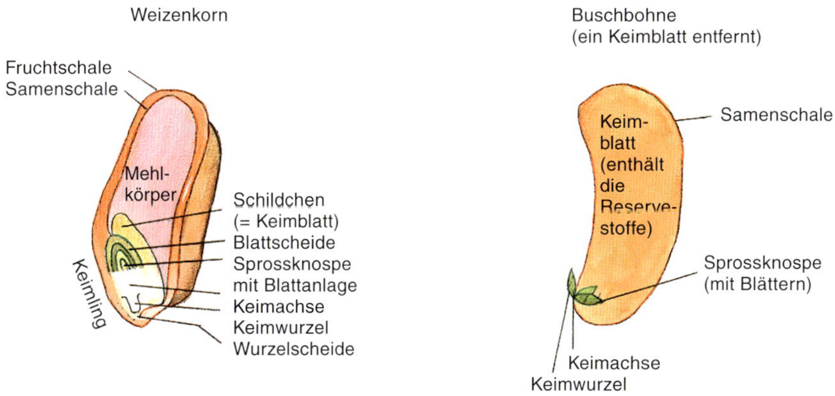

Bau von zwei verschiedenen Samenarten (schematisch).

Der Same dient der Erhaltung und Verbreitung der Art. Er ist durch die Befruchtung aus der Samenanlage entstanden. Der Same ist der von einer Hülle umgebene und mit Nahrungsvorrat versehene Keim.

Der Same besteht daher aus:

Nennen Sie die Teile eines Samens!

- Samenschale: Sie hat meist Schutzfunktionen zu erfüllen. Häufig dient sie auch der Samenverbreitung.
- Nährgewebe (= Mehlkörper): Es enthält viele Reservestoffe (Kohlenhydrate, Eiweiß, Fett). Fehlt das Nährgewebe (z. B. Leguminosen), so sind die Reservestoffe in den Keimblättern zu finden (z. B. Bohne).
- Keimling (= Embryo): Er ist die im Samen vorgebildete Pflanze und besteht aus Keimwurzel, Keimachse, Sprossknospe mit Blattanlagen und dem Keimblatt oder den Keimblättern.

3.2. Lebensvorgänge in der Pflanze

3.2.1. Keimung

Die Keimung ist der Übergang vom Ruhezustand zur Jugendentwicklung des Keimlings. Die Keimung wird häufig auch „Auflaufen“ genannt.

Voraussetzungen für die Keimung sind Wasser, Licht und Sauerstoff:

- Wasser: Zuerst nimmt der Samen aus dem feuchten Erdreich Wasser auf. Das Samenkorn quillt dadurch auf. Durch das Wasser werden die Nährstoffe im Samenkorn gelöst.
- Luftsauerstoff: Er ist für die Atmung, Nährstoffumwandlung und den Nährstofftransport erforderlich.
- Keimtemperatur: Hinsichtlich der Temperatur und der Keimschnelligkeit unterscheidet man drei Bereiche:
  Keimminimum: Samen können zu keimen beginnen.
  Keimoptimum: Samen keimen am besten.
  Keimmaximum: Samen können noch keimen.

In der Praxis muss sich der Landwirt meist nach der Keimminimaltemperatur richten, wodurch sich die Anbautermine für die verschiedenen Kulturpflanzen ergeben.

Keimminimum und Keimoptimum der wichtigsten Samenarten.
(nach verschiedenen Autoren)

Samenart	*Keimmiminum*	*Keim-optimum*
Rotklee, Luzerne, Wicke, Erbse, Roggen	1– 2° C	
Raps, Ackerbohne	2– 3° C	15–30° C
Weizen, Gerste, Hafer	3– 4° C	
Beta-Rüben	4– 5° C	
Mais, Kartoffel	8–19° C	25–37° C
Hirse, Gurke, Ölkürbis, Tabak, Gartenbohne	10–15° C	

- Licht: viele kleine Samen (z. B. Gräser) und Kräutersamen benötigen zur Keimung Licht (= Lichtkeimer). Die meisten Samen benötigen für die Keimung jedoch kein Licht (= Dunkelkeimer).

Keimvorgang

Die Keimung beginnt mit dem Quellen des Samens. Nach dem Platzen der Samenhaut beginnt das Wachstum des Keimlings, wobei es zuerst zum Wurzelaustritt kommt. Nach der Verankerung im Boden und Sicherstellung der Ernährung aus dem Boden streckt sich die Sprossachse. Mit der Assimilation der Blätter und der Ernährung aus dem Boden ist der Keimvorgang beendet. Es beginnt nun das Jungpflanzenstadium.
Die Keimfähigkeit geht im Laufe der Zeit verloren und muss bei längerer Lagerung von Samen berücksichtigt werden.

Keimung einer zweikeimblättrigen Pflanze.

Keimung einer einkeimblättrigen Pflanze.

3.2.2. Wachstum

Das Wachstum der Pflanze erfolgt durch ständige Zellteilung und Zellvergrößerung. Es vollzieht sich im Teilungsgewebe der Spross- und Wurzelspitzen (= primäres Längenwachstum). Ebenso können Pflanzen mit Hilfe der Kambiumschichte nachträglich in die Dicke wachsen (= sekundäres Dickenwachstum von Stamm und Wurzeln). Die Verzweigung erfolgt durch Austreiben der Achselknospen.

3.2.3. Vermehrung

Unter Vermehrung versteht man alle natürlichen und künstlichen Maßnahmen mit dem Ziel, aus einer Pflanze zwei oder mehrere zu machen.

Man unterscheidet zwei Arten der Vermehrung

Geschlechtliche Vermehrung (= generativ)

Sie erfolgt bei den Blütenpflanzen durch die Aussaat von Samen oder Früchten, die durch die Vereinigung des männlichen Pollens mit der weiblichen Eizelle entstanden sind.

Ungeschlechtliche Vermehrung (= vegetativ)

Die einfachste Art ist die Teilung einzelliger Pflanzen (Bakterien, Pilze). Es gibt Pflanzen, die sich sowohl durch Samen als auch gleichzeitig ungeschlechtlich vermehren (z. B. Quecke).

Siehe Gartenbau!

Wichtige Arten der ungeschlechtlichen Vermehrung

Vermehrung durch Zerteilung bewurzelter Sprosse (Ausläufer): Erdbeere.

Vermehrung durch: Sprossknollen (Kartoffel),
Blattstecklinge (Begonien),
Triebstecklinge (Pelargonien),
Brutzwiebeln (Gladiolen),
Absenker (Forsythie) und
Veredelung (Obstbäume, Reben).

Diese Form der Vermehrung ist für den Obst-, Wein- und Gartenbau von besonderer Bedeutung und gewährleistet eine schnelle Weitergabe der unveränderten Erbmasse.

3.2.4. Zusammensetzung der Pflanze

Der Hauptbestandteil der grünen Pflanze ist Wasser (75 bis 90 %). Der Rest besteht aus der Trockenmasse. Der weitaus größte Teil der Trockenmasse besteht aus verbrennbarer organischer Substanz. In dieser Substanz sind immer Kohlenstoff, Wasserstoff, Sauerstoff und Stickstoff enthalten. Der restliche Teil der Trockenmasse wird als unverbrennbare, anorganische Substanz oder Asche bezeichnet. Sie enthält alle übrigen, am Aufbau des Pflanzenkörpers beteiligten Mineralstoffe.

Siehe Düngungslehre!

3.2.5. Nährstoffversorgung der Pflanze

Die Pflanze benötigt zu ihrer Entwicklung 16 unentbehrliche Nährelemente. Die 13 mineralischen Nährelemente nimmt sie als gelöste Salze mit Hilfe der Wurzeln aus dem Boden auf. Die nichtmineralischen Nährelemente werden als Moleküle aus der Luft (CO_2) und aus dem Boden (H_2O) aufgenommen.

Nährstoffaufnahme über die Blätter

Die Blätter nehmen gasförmig das Kohlendioxid (CO_2) und den Sauerstoff auf. Die Blätter können aber auch geringe Mengen Nährstoffe, die in Wasser gelöst sind, aufnehmen (Blattdüngung).

Nährstoffaufnahme über die Wurzel

Die Wurzeln nehmen über die Wurzelhaare die im Wasser gelösten Mineralstoffe und Sauerstoff auf.
Für die Aufnahme und Weiterleitung der im Wasser gelösten Nährstoffe sind folgende Faktoren notwendig:

- Osmose: Osmose ist der Konzentrationsausgleich von zwei verschieden konzentrierten Flüssigkeiten durch eine halbdurchlässige Membran. Da die Konzentration der Bodenlösung geringer als die des Zellinhaltes ist, gelangt die Lösung durch die Zellwand und wandert von Zelle zu Zelle.
- Wurzeldruck: Durch die Osmose werden die Zellen prall gefüllt, wodurch ein Druck (= Wurzeldruck) entsteht. Dieser Wurzeldruck presst die Nährstofflösung weiter. Bei Verletzungen kommt es häufig zum Austritt der Nährstofflösung („Bluten von Wunden“ beim Rebschnitt).
- Transpirationssog: Ist jener Sog, der bei der Wasserverdunstung durch die Blätter entsteht.
- Adhäsion: Ist die Wirkung der Anziehungskräfte zwischen Teilchen verschiedener Stoffe, wodurch der Wasseraufstieg in den Holzzellen gewährleistet ist.

3.2.6. Assimilation (= Photosynthese = Stoffaufbau)

Bei der Assimilation werden in der grünen Pflanze (besonders in den Blättern) mit Hilfe der Sonnenenergie – also nur während des Tages – anorganische (körperfremde) Stoffe in organische (körpereigene) umgewandelt, wobei Sauerstoff abgegeben wird. Vereinfacht lässt sich die Assimilation in Form einer chemischen Gleichung darstellen:

$$6\ CO_2 + 6\ H_2O + 2825\ KJ = C_6H_{12}O_6 + 6\ O_2$$

Nur die Pflanzen haben die Fähigkeit, aus einfachen chemischen Verbindungen wertvolle organische Nährstoffe zu bilden. Mensch und Tier sind daher auf die Pflanzen angewiesen.
Bei der Assimilation werden Kohlenhydrate (Zucker, Zellulose usw.) und im Anschluss daran Eiweiß, Fette und Öle gebildet.

Schematische Darstellung der Assimilation.

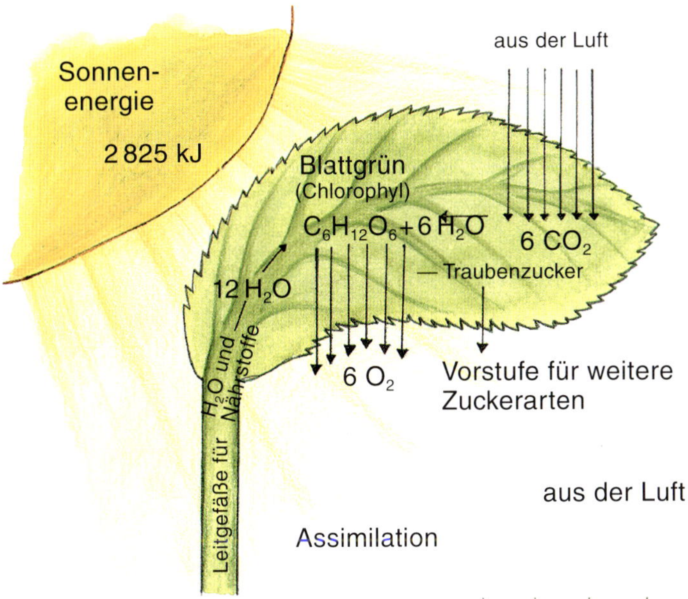

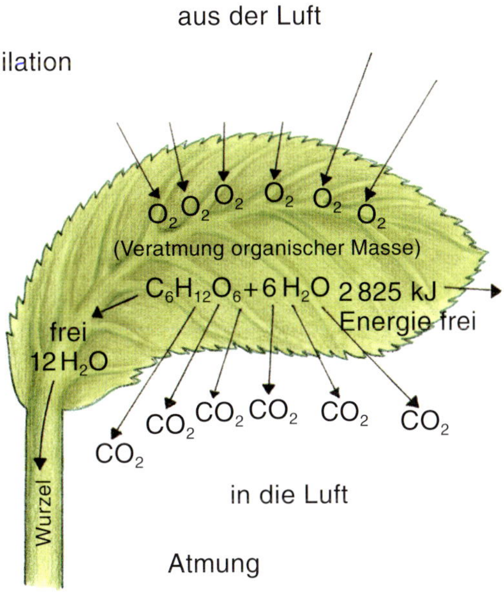

Schematische Darstellung der Atmung einer Pflanze.

3.2.7. Atmung (= Dissimilation, Respiration = Stoffabbau)

Die Atmung der Pflanze ist der Abbau energiereicher Reservestoffe, um den Energiebedarf der Pflanze zu decken. Die Pflanze nimmt daher Sauerstoff auf und gibt Kohlendioxid und Wasser ab. Die freiwerdende Energie wird für die verschiedensten Lebensvorgänge (Wachstum, Nährstoffaufnahme) der Pflanze benötigt. Die von der Pflanze nicht verbrauchte Energie wird von Wärme abgedichtet.
Die Pflanze atmet Tag und Nacht mit allen Pflanzenteilen.

Siehe Mitochondrium!

3.2.8. Transpiration

Unter Transpiration versteht man die Wasserabgabe in Dampfform. Diese wird durch Öffnen und Schließen der Spaltöffnungen geregelt.

Siehe Hautgewebe!

3.3. Wichtige Blütenpflanzen

Die gesamte Pflanzenwelt wird als Flora bezeichnet, die Gesamtheit der Pflanzengesellschaften als Vegetation. Die ca. 400 000 verschiedenen Pflanzenarten kann man nach ihrer Abstammung (= natürliches System) in ein System einordnen.

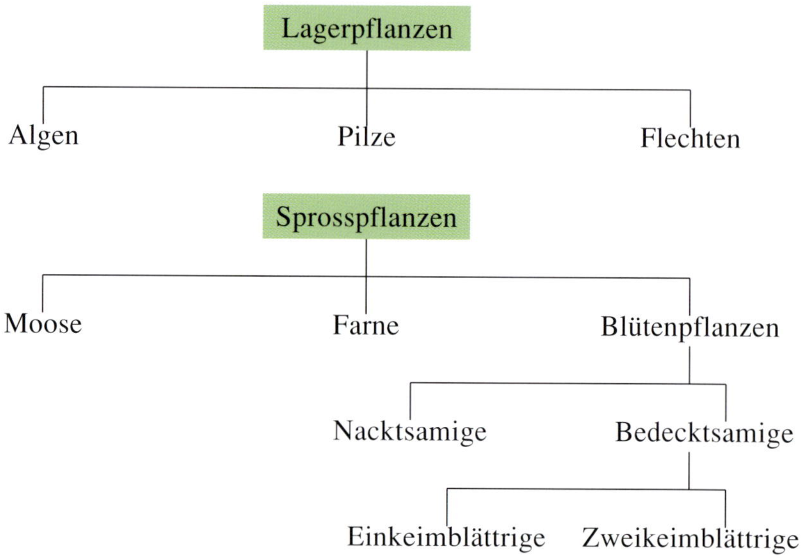

3.3.1. Lagerpflanzen

Der Körper dieser Pflanzen ist noch nicht in Wurzel, Stamm und Blatt gegliedert.

Algen: haben einen sehr einfachen Aufbau, ernähren sich selbstständig und kommen im Wasser und an feuchten Stellen vor.

Pilze:
- Spaltpilze (= Bakterien): Sie treten bei Mensch und Tier als Krankheitserreger, aber auch als schädliche und nützliche Gärungsorganismen und als Bodenbakterien auf.
- Echte Pilze: Auch hier gibt es Krankheitserreger sowie schädliche und nützliche Organismen. Hiezu gehören aber auch die Hutpilze („Schwämme“).

Flechten: Sie sind eine Lebensgemeinschaft von Algen und Pilze.

3.3.2. Sprosspflanzen

Bei diesen ist bereits eine Gliederung in Wurzel, Stamm und Blatt erkennbar. Hiezu gehören:

- Moose
- Farne
- Blütenpflanzen

Wichtige Blütenpflanzen

Nacktsamige Pflanzen

Die Samenanlagen liegen offen, das heißt, sie sind von keinem Fruchtknoten eingeschlossen. Besondere Bedeutung hat die Klasse der Nadelhölzer – Tanne, Kiefer, Lärche, Fichte, Zeder, Zypresse, Eibe, Wacholder usw.

Bedecktsamige Pflanzen

Die Samenanlagen sind von einem Fruchtknoten eingeschlossen. Nach der Anzahl der Keimblätter wird noch unterteilt in:

- Einkeimblättrige Pflanzen

haben nur ein Keimblatt, Blätter sind meist parallelnervig mit einfacher Form. Der Spross ist meist unverzweigt. Sie besitzen keine Hauptwurzel, sondern Büschelwurzeln. Kein besonders ausgeprägtes Dickenwachstum.

Wichtige Pflanzenfamilie aus dieser Gruppe:

Echte Gräser:	Getreidearten, Mais, Reis, Hirse, Zuckerrohr, Bambus, Futtergräser, Ungräser usw.
Sauergräser:	Seggen, Wollgras
Binsengewächse:	Binse, Hainsimse
Liliengewächse:	Zwiebel, Knoblauch, Schnittlauch, Porree, Schalotte, Spargel, Hyazinthe, Maiglöckchen, Lilien, Tulpen, Herbstzeitlosen usw.

- Zweikeimblättrige Pflanzen

  haben zwei Keimblätter, Blätter vielgestaltig und netznervig. Bleibende Hauptwurzel mit Seitenwurzeln. Der Spross ist häufig verzweigt und kann sekundär in die Dicke wachsen.

Wichtige Pflanzenfamilien aus dieser Gruppe:

Gänsefußgewächse: Beta-Rüben (Runkel- und Zuckerrübe, Rote Rübe, Mangold), Spinat, Gänsefuß- und Meldearten usw.

Mohngewächse: Saatmohn, Klatschmohn, Erdrauch, Schöllkraut usw.

Kreuzblütler: Raps, Rüben, Kraut, Kohl, Kohlrabi, Karfiol, Radieschen, Kren, Halmrübe, Ölrettich, Weißer Senf, Ackersenf, Hederich, Hirtentäschel usw.

Rosengewächse: Rose, Kernobst, Erdbeere, Brombeere, Himbeere, Elsbeerbaum, Weißdorn, Wiesenknopf, Frauenmantel usw.

Doldenblütler: Möhre, Sellerie, Petersilie, Dill, Anis, Kümmel, Pastinak, Bärenklau, Geißfuß usw.

Schmetterlingsblütler: Erbsen, Bohnen, Linsen, Lupinen, Wicken, Kleearten, Luzerne usw.

Lippenblütler: Rosmarin, Lavendel, Majoran, Pfefferminze, Thymian, Salbei, Taubnessel usw.

Nachtschattengewächse: Kartoffel, Tomate, Paprika, Tabak, Tollkirsche, Bilsenkraut, Stechapfel, Schwarzer Nachtschatten usw.

Kürbisgewächse: Kürbis, Gurke, Melone usw.

Korbblütler: Sonnenblume, Salat, Zichorie, Kamille, Gänseblümchen, Löwenzahn, Ackerdistel, Huflattich, Wucherblume usw.

3.4. Pflanzenzüchtung

Aufgaben und Ziele der Pflanzenzüchtung

Zuchtmethoden

3.4.1. Aufgaben und Ziele der Pflanzenzüchtung

Ziel der Pflanzenzüchtung ist es, bereits bestehende Sorten durch bessere Neuzüchtungen zu ersetzen und die erzielten Fortschritte in möglichst kurzer Zeit an die praktische Landwirtschaft in Form hochwertigen Saatgutes weiterzugeben.

Anforderungen des Pflanzenbaues an Sortenneuzüchtungen

Ertragsleistung	Qualität	Ertragssicherheit	Arbeitserleichterung
• Gesamtpflanze	• Inhaltsstoffe	• Anpassungsvermögen	• Pflegemaßnahmen
• Pflanzenteil	• Verarbeitungseignung	• Klimaresistenz	• Erntefähigkeit
• Vermehrungsorgan	• Konsumentenwünsche	• Krankheits- und Schädlingsresistenz	• Vollmechanisierbarkeit
	• Lagerfähigkeit		

Erfolgreiches Züchten bedeutet, dass der Züchter das richtige Ausgangsmaterial und Erfolg versprechende Pflanzentypen zur Weiterbearbeitung auswählen muss, das heißt, jeder Züchtung liegt die Auslese (= Selektion) zugrunde. Ebenso muss das Wissen um die Gesetzmäßigkeiten der Vererbung vorhanden sein!

Unter **Vererbung** versteht man, dass jedes Lebewesen (Mensch, Tier, Pflanze) seine Merkmale und Eigenschaften von einer zur anderen Generation weitergibt.

Erhaltungszüchtung: Gute Sorten werden auf ihrem Leistungsniveau gefestigt.

Neuzüchtungen: Neue Sorten, die besser als bereits bestehende sind, werden geschaffen.

3.4.2. Zuchtmethoden

- Auslesezüchtung
- Kreuzungszüchtung = Kombinationszüchtung
- Hybridzüchtung = Heterosiszüchtung
- Mutationszüchtung
- Gentechnik

3.4.2.1. Auslesezüchtung

Die Auslesezüchtung ist sicherlich die älteste und einfachste Form der Züchtung, da sie unbewusst bereits von unseren Vorfahren durchgeführt wurde. Durch die Auslese von Pflanzen mit den gewünschten Leistungsmerkmalen wurden aus den Wildformen unsere Kulturpflanzen und damit viele Pflanzensorten entwickelt. Auch in der Auslesezüchtung gibt es mehrere Verfahren, von denen hier nur auf das heute am meisten verwendete Verfahren der Einzelauslese mit Nachkommenschaftsprüfung (= „Deutsches Ausleseverfahren") etwas eingegangen wird.

3.4.2.2. Kombinationszüchtung (= Kreuzungszüchtung)

Will man bestimmte wertvolle Eigenschaften zweier oder mehrerer Pflanzen miteinander kombinieren, so kreuzt man verschiedene Pflanzensorten. Die Auswahl der Ausgangspflanzen (= Eltern) setzt die genaue Kenntnis aller Eigenschaften der ausgewählten Sorten voraus.
Bei der Kombinationszüchtung ist die so genannte „Ramschzüchtungsperiode" zwischengeschaltet, wobei hier nach der Kreuzung von Selbstbestäubern die gesamte Nachkommenschaft bis zur fünften oder sechsten Generation angebaut wird. In dieser Periode nimmt die Zahl der konstanten Formen ständig in gesetzmäßiger Weise zu. Nun erst wird mit der Auslesezüchtung begonnen.

Beispiel für Sorten, die aus der Kombinationszüchtung entstanden sind:

Winterweizen: Livius = Kreuzung Karat × Lentia
Sommergerste: Este = Kreuzung Atem × Ideal
Hafer: Edo = Kreuzung Dula × Flämingsnova

3.4.2.3. Hybridzüchtung = Heterosiszüchtung

Die Hybridzüchtung nützt die als Heterosis bezeichnete Leistung aus, die sich darin äußert, dass Bastarde (= Hybride) eine gesteigerte Wüchsigkeit und Leistung aufweisen. Aus diesem Grund muss sie in zwei Schritten durchgeführt werden:

- Schaffung von Inzuchtlinien
- Kreuzung von Inzuchtlinien

Fremdbefruchter (wie z. B. Mais, aber auch Rüben) werden zur Selbstbefruchtung gezwungen, wodurch die Pflanzen Inzuchtschäden, die mit Fortdauer der Selbstbefruchtung immer mehr zunehmen, aufweisen. Ist ein bestimmtes Inzuchtminimum (= Inzuchtdegression) erreicht, werden im zweiten Schritt die Inzuchtlinien miteinander gekreuzt, wodurch Bastarde entstehen, die den oben erwähnten Heterosiseffekt aufweisen.

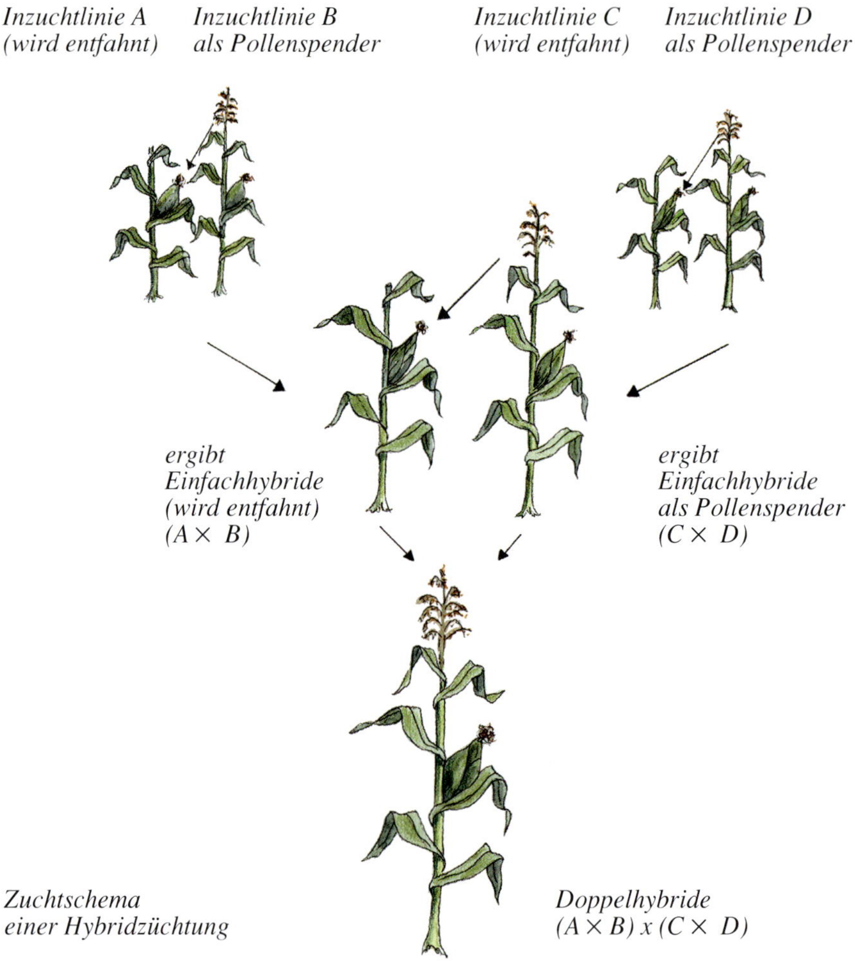

Zuchtschema einer Hybridzüchtung

Die Erreichung des Inzuchtminimums dauert im Durchschnitt etwa 6 Jahre. Anschließend erfolgt die Prüfung auf Kombinationseignung, die ca. 2 Jahre dauert.

Einfachhybrid: entsteht durch Kreuzung zweier Inzuchtlinien und wird auch als „single cross“ = S bezeichnet.

Doppelhybrid: entsteht durch Kreuzung zweier Einfachhyride und wird auch als „double cross“ = D bezeichnet.

Dreiwegehybrid: entsteht durch Kreuzung eines Einfachhybriden mit einer Inzuchtlinie und wird auch als „three way cross“ = T bezeichnet.

Die Bastardwüchsigkeit geht im Nachbau sehr schnell verloren, sodass bei Hybridsorten das Saatgut jährlich unbedingt gewechselt werden muss.

3.4.2.4. Mutationszüchtung

Selbst bei jahrelang züchterisch bearbeiteten Sorten können plötzlich Pflanzen auftreten, die Merkmale und Eigenschaften zeigen, die bei den Ausgangspflanzen (Eltern) nicht vorhanden waren. Diese sprunghaften

Veränderungen (Mutationen) kommen in der Natur eher selten vor und können nicht vorhergesehen werden.

3.4.2.5. Gentechnische Veränderungen an Pflanzen

Unter Gentechnik, oft auch als „Genmanipulation“ bezeichnet, versteht man die Veränderung des Erbmaterials von Lebewesen, wobei Gene verändert oder zusätzlich Gene mit bestimmten Eigenschaften eingefügt werden. Mit diesen Methoden können bestimmte Leistungen gesteigert oder Fehlleistungen korrigiert werden.

Welche Ziele verfolgt nun die Gentechnik?

- Resistenz gegenüber Viren: Erfolge gibt es bereits bei Marillen, Kürbis und Tomaten.
- Resistenz gegenüber Herbiziden: Freisetzungsanträge für Mais und Raps werden derzeit diskutiert; gentechnisch veränderte Sojabohnen werden bereits aus den USA importiert.
- Resistenz gegen tierische Schädlinge: Eine Resistenz gegenüber dem Maiszünsler ist bereits bekannt (B.t-Mais).
- Resistenzen gegenüber Bakterien- und Pilzerkrankungen: würden den Fungizideinsatz senken.
- Änderung der Inhaltsstoffe: Ein Freisetzungsantrag für eine „amylosefreie“ Kartoffelsorte (für die Stärkeindustrie) wurde bereits gestellt.
- Gewinnung von Impfstoffen: Es wurden bereits Mittel gegen Tollwut und Aujeszkys Krankheit zugelassen.

Die genannten Beispiele zeigen, dass die Gentechnik schon in viele Bereiche der Pflanzenzüchtung Eingang gefunden hat, bereits zum Vorteil der Landwirtschaft. Trotzdem gibt es noch viele Probleme, die intensiv diskutiert werden müssen, bevor gentechnisch veränderte Organismen (GVO) in der Landwirtschaft eingesetzt werden können.

Methoden der Gentechnik

- Somatischer Gentransfer: Es werden nur bestimmte Körperzellen verändert, um Krankheiten zu heilen. Für die Züchtung ist diese Methode nicht verwendbar.
- Keimbahn-Gentransfer: In Österreich ist diese Methode derzeit nicht erlaubt! Da in Keimzellen eingegriffen wird, sind diese genetischen Veränderungen auch vererbbar. Die Auswirkungen auf die Tier- und Pflanzenwelt sind noch nicht abzuschätzen!

Technisch wird die Übertragung von Genen derzeit entweder mit Hilfe der DNA-Mikroinjektion oder mittels Viren als Überträger gelöst.

Besonders kritisch sollten noch folgende Punkte geprüft werden:

- Einflüsse auf den Menschen – Genveränderungen durch die aufgenommene Nahrung;
- Einflüsse auf die Umwelt – ökologische Einflüsse, wie die mögliche Veränderung der Flora und Fauna werden nur unzureichend untersucht;
- wirtschaftliche Einflüsse – noch höhere Überproduktion in manchen Gebieten.
  Der Einfluss internationaler Chemiekonzerne auf die Landwirtschaft nimmt zu!

Aus derzeitiger Sicht sollte das Problem der Gentechnik wie folgt behandelt werden:

- **Schaffung einheitlicher Gesetze innerhalb der Mitgliedsländer der EU**
- **Förderung der wissenschaftlichen Grundlagenforschung durch die EU**
- **Kennzeichnungspflicht gentechnisch veränderter Nahrungs- und Futtermittel**
- **Breite Information der Öffentlichkeit, um den Einfluss radikaler Gegner und Befürworter zu verringern!**
- **Mitbestimmungsmöglichkeit durch die Bevölkerung**

3.5. Saatgut

Unter Saatgut versteht man Samen, Früchte und vegetative Pflanzenteile (z. B. Kartoffelknolle), die zur Vermehrung und Arterhaltung der Kulturpflanzen dienen.

3.5.1. Saatgutwechsel

Durch Saatgutwechsel sollen Abbauerscheinungen (Zurückgehen der Erträge) verhindert werden.

Abbauerscheinungen sind:

- Veränderung und Verringerung des Sortenwertes bei wiederholtem Anbau durch:
  Fremdbefruchtung (z. B. Roggen, ...),
  Aufspaltung (z. B. Weizen, Hafer, Gerste, ...),
  Mutationen (meist negative Veränderung der Erbmasse).
- Verschlechterung des Gesundheitszustandes:
  Die Verschlechterung des Gesundheitszustandes ergibt sich bei Pflanzen, die aus vegetativen Pflanzenteilen vermehrt werden, durch Zunahme spezifischer Krankheiten (z. B. Viruserkrankungen bei Kartoffel).

Bei Pflanzen, die durch Samen oder Früchte vermehrt werden, ist das Zurückgehen der Erträge oft genetisch bedingt. Um dem Ertragsrückgang durch Abbau vorzubeugen, wird nachfolgender Saatgutwechsel empfohlen:
Weizen, Hafer, Gerste: 2 bis 3 Jahre,
Roggen: jährlich (Fremdbefruchter),
Kartoffel: frühe und mittelfrühe Sorte – jährlich (starker Abbau),
Spätkartoffel – 2 bis 3 Jahre,
Hybridsaatgut (Mais): unbedingt jährlich (sehr starke Aufspaltung).

Bei Kulturen, wo durch einen Nachbau die Ertragsminderung relativ gering ist, sollte jährlich so viel anerkanntes Saatgut zugekauft werden, dass aus der Ernte ein Großteil des nächsten Anbaues getätigt werden kann.

3.5.2. Saatguteigenschaften

Der Wert des Saatgutes wird nach seinen inneren und äußeren Eigenschaften bestimmt.

3.5.2.1. Innere Eigenschaften

- Sortenwert: Darunter versteht man alle genetisch verankerten Eigenschaften, z. B. Ertragshöhe, Inhaltsstoffe, Resistenz usw.
- Herkunftswert: ist das Ergebnis langjähriger natürlicher Auslese. Durch die Verwendung von Zuchtsorten hat der Herkunftswert weitgehend an Bedeutung verloren.
- Sortenechtheit: ist wichtig, da die einzelnen Sorten bestimmte Eigenschaften aufweisen.
- Gesundheit: Nur gesundes Saatgut bringt kräftige, schnell keimende Pflanzen. Gefährlich sind Viruskrankheiten bei Kartoffeln und Pilzkrankheiten des Getreides (z. B. Brandkrankheiten).
- Keimfähigkeit: ist ein sehr wichtiges Wertmerkmal. Sie wird durch die Keimprüfung festgestellt und in Zählprozenten ausgedrückt. Für die Bemessung der Saatmenge ist die Kenntnis der Keimfähigkeit eine wichtige Voraussetzung.

Siehe Getreidebau!

Steht kein Originalsaatgut zur Verfügung, so ist unbedingt eine Keimprobe anzulegen. 100 Samen werden in eine Keimschale (oder flachen Teller) gelegt und ständig feucht gehalten. Nach zehn Tagen werden die gekeimten Samen gezählt. Als gekeimt gilt ein Same dann, wenn Keimwurzel und Sprossachse deutlich sichtbar sind.
Neben einer hohen Keimfähigkeit sind auch eine gute Keimschnelligkeit und gute Triebkraft des Saatgutes wichtig.

Legen Sie selbst eine Keimprobe an!

3.5.2.2. Äußere Eigenschaften

- Reinheit: Die Reinheit ist das Freisein von Beimengungen aller Art, die in Gewichtsprozenten ausgedrückt wird.

Besatz
- Eigenbesatz: Bruchkörner, Schmachtkörner, Auswuchskörner
- Fremdbesatz
  - Grünbesatz: Unkrautanteile
  - Schwarzbesatz: Unkraut- und fremde Kultursamen

Siehe Getreidebau!

- Sortierung: Man erreicht eine bestimmte Kerngröße und Einheitlichkeit des Saatgutes. Für die Feststellung der Saatmenge sind auch die Korngröße und das Korngewicht (Tausendkorngewicht = TKG) von Bedeutung. Einheitliches Saatgut gewährleistet auch einen einheitlichen Bestand.
- Kalibrierung: ist die Sortierung in drei Dimensionen (Schulterbreite, Korndicke und Kornlänge). Die Kalibrierung erreichte durch die Ver-

wendung von Zellenradsystemen beim Exaktanbau (z. B. Mais) besondere Bedeutung.

- Hektolitergewicht: ist ein Raumgewicht, bezogen auf 100 l bei normaler Lagerung. Es sinkt mit zunehmender Kornfeuchte und ist von den Witterungsbedingungen während der Reife- und Erntezeit abhängig.

Gute Hektolitergewichtswerte sind:

Weizen	über 80 kg	Roggen	über 70 kg
Gerste	über 65 kg	Hafer	über 50 kg
Mais	über 75 kg		

- Wassergehalt: Ein hoher Wassergehalt führt zu erhöhtem Abbau von Inhaltsstoffen und Ansiedelung von Schimmelpilzen.
  Getreidekörner können nur dann gelagert werden, wenn der Wassergehalt bei 12 bis 15 % liegt.
- Farbe, Glanz, Geruch, Griffigkeit: Diese Eigenschaften geben dem Praktiker Aufschluss über eventuelle Saatgutmängel.

3.5.3. Saatgutbeschaffung

Eigenes Saatgut

bedeutet die Verwendung von Saatgut aus dem eigenen Betrieb. Es sollte, wie schon erwähnt, von der Ernte eines angebauten „Originalsaatgutes" stammen und nur einmal zum „Nachbau" verwendet werden.

Saatgutzukauf

Siehe Tabelle!

In der Regel wird „zertifiziertes Saatgut" zugekauft. Dieses Saatgut wurde vom Saatgutvermehrer auf Grund eines Vermehrungsvertrages erzeugt. Es muss einem amtlichen Anerkennungsverfahren unterzogen worden sein und gewisse Normen und Grenzwerte erfüllt haben. Anerkanntes Originalsaatgut muss mittels Sackanhänger gekennzeichnet sein. Der Sackanhänger ist für Reklamationen bei Saatgutmängeln unbedingt aufzubewahren.

Normen und Grenzwerte für die Saatgutanerkennung (Stand 1997 – modifiziert)

	Weizen	Roggen	Gerste	Hafer	Hybridmais
1. Reinheit	99/98	98/98	99/98	99/98	98/98
2. Keimfähigkeit	85/85	85/85	85/85	85/85	85/85
3. Besatz	Flughafer, Taumellolch	0/0	0/0	0/0	0/0
Stück	Hederichfruchtstücke				
	oder Kornrade insgesamt	1/3	1/3	1/3	0/0
in	insgesamt	4/10	4/10	4/10	0/0
	andere Arten als Getreide	3/7	3/7	3/7	0/0
500 g	andere Getreidearten	1/7	1/7	1/7	0/0
4. Wassergehalt	16/16	16/16	16/16	16/16	14/14
5. Mustergröße	1 000 g	1 000 g	1 000 g	1 000 g	1 000 g
Mustergröße nur für Wassergehalt	100 g	100 g	100 g	100 g	150 g

	Erbse	Ackerbohne	Sonnenblume	Raps	Sojabohne
	Norm-/ Grenzwert %	Norm-/ Grenzwert %	Norm- Grenzwert %	Norm-/ Grenzwert %	Norm-/ Grenzwert %
Reinheit	98/98	98/98	98/98	98/98	98/98
Besatz mit anderen Pflanzenarten	0,3/0,5 % Unkraut- und Kultursamen insgesamt	0,3/0,5 % insgesamt	0/0 Flughafer, Seide andere 5/5 Samen in 1 000 g	0,3/0,3 % 0,3/0,3 % Unkraut- und Kultursamen in 1 000 g 0/0 Flughafer, Seide 10/10 Hederich 2/5 Ampfer	0/0 Flughafer, Seide 5/5 andere Samen in 1 000 g
in 1 000 g	0/0 Flughafer 2/5 Ampfer	0/0 Flughafer 2/5 Ampfer			
H_2O-Gehalt	16/16	16/16	10/10	9/9	15/15
Keimfähigkeit	80/80	85/85	85/85	85/85	80/80
Gesundheitszustand	Z 1 5/15 % Brennfleckenkrankheit (Ascochyta spp.) 0 lebende Erbsenkäfer in 400 g (Bruchus pisorum) 20 Rote Nase-Krankheit, Fusarium, Brennflecken	1/3 % Brennfleckenkrankheit (Asochyta fabae) 0 lebende Pferdebohnenkäfer in 400 g	5/5 % Grauschimmel (Botrytis cinerea) in 1 000 g 10 Sklerotien	0/0 10 Sklerotien in 100 g 0/0 Phoma Lingam	15 % Diaporthe phaseolorum

Zur Erklärung der Tabelle:
99/98 bedeutet:
99 = Norm
98 = Grenzwert nach unten

3.6. Fruchtfolge

3.6.1. Geschichtlicher Rückblick

Die ersten Ackerbauern nutzten eine Fläche so lange, als die Erträge noch zufriedenstellend waren und wechselten dann auf Flächen, die noch nicht genutzt wurden (Brandrodung). Mit zunehmender Besiedelungsdichte ging man auf eine regelmäßige Folge von Brache – Winterroggen – Hafer über, um die vorhandene Fläche besser zu nutzen. Im 17. und 18. Jahrhundert wurde die Brache ersetzt, zuerst durch Rotklee, später durch Futterrüben, Kartoffeln, Zuckerrüben sowie durch Öl- und Faserpflanzen.

3.6.2. Wichtige Begriffe

Fruchtfolge: Darunter versteht man den regelmäßigen Wechsel verschiedener Kulturarten auf einem Ackerstandort.

Monokultur: Dies ist der ständige Nacheinanderbau einer Pflanzenart (z. B. ständiger Roggenbau, einseitiger Maisbau). Viele Probleme mit der Bodenfruchtbarkeit sowie mit Krankheiten und Schädlingen sind darin begründet.

Anbauverhältnis: Dies ist der Flächenanteil der einzelnen Kulturen an der gesamten Ackerfläche (in %). Beeinflusst wird es vor allem von den Standortvoraussetzungen, den Arbeitskräften, der Marktsituation u. a. Einflüssen.

Fruchtfolgeschlag: Darunter versteht man jene Fläche, die innerhalb eines Jahres dieselbe Frucht trägt, z. B. Getreide, Hackfrüchte, Alternativkulturen, Feldfutter u. a.

Fruchtfolgesysteme: Diese ergeben sich aus der geregelten Abfolge verschiedener Kulturarten. Ein Fruchtfolgesystem kann zur leichteren Beurteilung auch noch in Fruchtfolgeglieder unterteilt werden – siehe dazu Punkt 5.3.

3.6.3. Einfluss des Standortes auf die Auswahl der Kulturpflanzen

Der Boden: Durch seine unterschiedlichen Eigenschaften und die Ansprüche der einzelnen Kulturpflanzen muss jeder Landwirt die für seinen Betrieb geeignetste Fruchtfolge finden. Zu überlegen ist, ob der Boden geeignet ist für Zuckerrübe, Kartoffel, Gerste, …

Finden Sie dazu weitere Beispiele: ....

Das Klima: Von besonderem Einfluss sind in diesem Zusammenhang

- Niederschlagsmenge und Verteilung,
- Temperaturverlauf und Vegetationszeit sowie
- Luftfeuchtigkeit.

Bei der Fruchtfolgegestaltung ist daher auf die unterschiedlichen Ansprüche der einzelnen Kulturarten einzugehen.

Marktsituation: Hier werden sehr unterschiedliche Gesichtspunkte eine Rolle spielen, z. B.:

- Stadtnähe mit Direktabsatzmöglichkeiten für:

....

- Lieferungen an eine Lebensmittelindustrie, z. B.:

....

- Ab-Hof-Verkauf oder Bauernmarkt ....
- Gesetzlich vorgeschriebener Anbau von Alternativen bzw. Grünbrache. Beispielsweise ....

3.6.4. Pflanzenbauliche Voraussetzungen für die Fruchtfolgegestaltung

Selbstverträglichkeit: Bei mehrmaligem Anbau von Pflanzen, die mit sich selbst nicht verträglich sind, kommt es zu einem deutlichen Ertragsabfall.

Mit sich selbst minder- und unverträgliche Kulturpflanzen

Kulturpflanzen	*Krankheiten und Schädlinge als mögliche Ursachen eines zu häufigen Anbaues*	*Notwendige Anbaupausen in Jahren*
Weizen, Gerste	Fußkrankheiten	2 – 3
Kartoffel	Nematoden	2 – 3
Alexandriner- u. Perserklee		3 – 4
Kreuzblütler (z. B. Raps)	Kohlhernie, Rapskrebs	3 – 4
Pferdebohnen	Pilzkrankheiten	3 – 4
Hafer	Getreidezystenälchen	4 – 5
Inkarnatklee	Kleekrebs	4 – 5
Rüben	Rübenzystenälchen	4 – 5
Erbsen	Welkekrankheit	4 – 5
Rotklee – Luzerne	Kleeälchen, Kleekrebs	5 – 6
Sonnenblumen		5 – 6
Lein		8 – 10

Bei selbstverträglichen Kulturen, wie Mais, Roggen, Sojabohnen, können Krankheiten, Schädlinge und Unkräuter trotzdem eine geregelte Fruchtfolge notwendig machen!

Die Verträglichkeit der Kulturpflanzen untereinander zeigt das Schema auf der nächsten Seite. Bei getreideintensiven Fruchtfolgen ist auf die Aufeinanderfolge der einzelnen Getreidearten besonders zu achten!

Fruchtfolgekrankheiten und Schädlinge – beispielsweise in:

- Getreide: Halmbruchkrankheit sowie Spelzenbräune des Weizens;
- Kartoffel: Schorf, Krebs, Wurzeltöterkrankheit und Nematoden;
- Rübe: Wurzelbärtigkeit, Nematoden und Drahtwurm;
- Alternativkulturen: Sklerotinia, Wurzel- und Stängelfäule.

Die Möglichkeit eines Durchwuchses bei der Saatgutproduktion ist zusätzlich zu beachten!

NACHFRUCHT

VORFRUCHT	W-Roggen	W-Weizen	W-Gerste	S-Gerste	Hafer	Mais	Kartoffel	Z-Rübe	W-Raps	Sonnenblume	Körnerleguminosen	Klee, Luzerne	Lein
W-Roggen	▽	▽	▽	▽	▽	○						▽	
W-Weizen	▽	×▽	○	○	○							▽	
W-Gerste	▽	▽	×▽	×▽	▽								
S-Gerste	▽	▽	×▽	×▽	▽								
Hafer	☒	▽	▽	▽	■		☒	☒	▼			▽	
Mais	▼	▽	▼			▽	▽	☒	▼			☒	▽
Kartoffel	▽○	○□	▼	○	▽	▽	■	×▽	▼		☒	☒	▽
Z-Rübe	▼	▼▽	▼	○	○	▽	☒	■	■	☒	○▽	☒	▽
W-Raps							☒	■	■	■	■	☒	☒
Sonnenblume	▼		▼			☒		☒		■	☒	☒	☒
Körnerleguminosen				▽	▽	▽	▽	■		☒	■	■	■
Klee, Luzerne	▼	○	▼	○	▽		○	■	▼	■	■	■	■
Lein	▼		▼			○		▽	▼	▽	▽	▽	■

□ besonders zu empfehlen

▼ aus zeitlichen Gründen nicht möglich

○ günstig

☒ nicht ratsam (erhöhte Infektionsgefahr wegen Krankheiten und Schädlingen)

▽ möglich

■ abzulehnen

Gebietsbezogene Krankheiten und Schädlinge – besonders wenn einige wenige Kulturen stark betont werden:

- Getreide: Mehltau, Rost- und Brandkrankheiten;
- Kartoffel: Viruserkrankungen, Kraut- und Knollenfäule;
- Rübe: Viruserkrankungen und Blattfleckenkrankheit;
- Mais: Maiszünsler;
- Alternativkulturen: Botrytis, Blattrandkäfer und Rüsselkäfer.

Fruchtfolge und Verunkrautung – die Kulturpflanzen haben eine unterschiedliche Konkurrenzkraft gegenüber Unkräutern:

- Konkurrenzstark sind: Raps, Roggen, Kartoffel und Feldfutter.
- Konkurrenzschwach sind: Zuckerrübe, Mais, Erbse, Soja, Sonnenblumen und Mohn.

Außerdem gibt es noch herbstkeimende Unkräuter, die besonders in Winterungen, und frühjahrskeimende Unkräuter, die vor allem in Sommerungen vorkommen.
Besondere Bedeutung kommt auch der mechanischen Unkrautbekämpfung in den Reihenkulturen, wie Mais, Kartoffel, Zuckerrübe, Soja- und Pferdebohne, zu.

Fruchtfolge und Düngung – folgende Tatsachen muss ein Landwirt bei der Erstellung seiner Fruchtfolge berücksichtigen:

- Die Düngung kann Ertragseinbußen durch Fruchtfolgefehler nicht ausgleichen!
- Die Nitratauswaschung ins Grundwasser kann nur durch eine abwechslungsreiche Fruchtfolge, nach Möglichkeit mit Zwischenfruchtanbau,
- Die Verbesserung der Humusbilanz ist ebenfalls nur durch eine abwechslungsreiche Fruchtfolge mit einem hohen Anteil an humusmehrenden Pflanzen zu erreichen.

  Humusmehrer sind: ....

  Humuszehrer sind: ....

- Der Garezustand des Bodens kann nur dann erhalten bzw. verbessert werden, wenn der Boden möglichst lange eine Pflanzendecke aufweist (Schattengare), häufig tiefwurzelnde Pflanzen gebaut werden und ausreichende Wurzel- und Ernterückstände vorhanden sind!
- Körnerleguminosen den Aufwand an mineralischem Stickstoff reduzieren – siehe Kapitel Düngung.

Fruchtfolgebeispiele

Fruchtwechselwirtschaften: Diese sind durch die Folge Blattfrucht – Halmfrucht gekennzeichnet, sodass der Getreideanteil 50 % beträgt.

Beispiel:	*Raps*	eigenes Beispiel:	....
	Wintergerste		....
	Zuckerrübe		....
	Sommergerste		....

Felderwirtschaften: Hier folgt auf eine Blattfrucht 2- bis 5-mal Getreide, wobei der hohe Getreideanteil bereits besprochene Nachteile mit sich bringt.

Beispiel:	*Verbesserte Dreifelderwirtschaft*		
	Zuckerrübe	eigenes Beispiel:	....
	Winterweizen		....
	Sommergerste		....
Beispiel:	*Vierfelderwirtschaft*		
	Ackerbohne	eigenes Beispiel:	....
	Winterweizen		....
	Sommergerste		....
	Hafer		....

Beispiel: Fünffelderwirtschaft

Kartoffel	eigenes Beispiel:	....
Winterweizen		....
Sommerweizen		....
Wintergerste		....
Roggen		....

Kombinierte Fruchtfolgesysteme – mit unterschiedlichen Folgen von Felder- und Fruchtwechselwirtschaften:

Beispiel: Siebenschlägige Fruchtfolge

Körnermais	eigenes Beispiel:	....
Winterweizen		....
Sommergerste		....
Zuckerrübe		....
Sommergerste		....
Körnererbse		....
Winterweizen		....

Sonstige Fruchtfolgen – z. B. Wechselwirtschaften mit Klee, Überfruchtfolgen (Bl-Bl-H), Gemüse- und Maisfruchtfolgen können der Marktsituation angepasst werden, wenn die grundlegenden Erkenntnisse der Fruchtfolgegestaltung beachtet werden.

Fruchtfolge im ökologischen Landbau: Da hier auf die Anwendung leichtlöslicher Düngemittel und chemischer Pflanzenschutzmittel gänzlich verzichtet wird, kommt der Fruchtfolge und dem Zwischenfruchtbau zentrale Bedeutung im Rahmen dieser Wirtschaftsweise zu. Je nach Art und Intensität der Tierhaltung sind unterschiedliche Fruchtfolgen zu erstellen.

Beispiel Rinderhaltung	*Beispiel viehloser Betrieb*
Kleegras	Brache
Kleegras	Kartoffel
Winterweizen/Kleeuntersaat	Roggen
Hafer/anschl. Stoppelfrucht	Sommergerste
Körnerleguminosen	Erbse
Winterweizen/Kleeuntersaat	Dinkel
Winterroggen/Kleegrasuntersaat	Roggen

Im Rahmen der GRUNDFÖRDERUNG im Öpul 2007 wird auf die Fruchtfolgegestaltung ein besonders großer Einfluss ausgeübt.

Begrünungsvarianten

Das Begrünungsausmaß liegt zwischen 25 % und 40 % (bzw. 50 % beim vorbeugenden Gewässerschutz) der Ackerfläche und kann jährlich flexibel gestaltet werden.

Variante	Anlage bis spätestens	Belassen bis mindestens	Besondere Bedingungen
A1	31. Juli	15. Oktober	Aktive Begrünung zwischen 2 Hauptkulturen, danach Anbau von Wintergetreide verpflichtend
A	20. August	15.November	Neu: Kein Einsatz von Herbiziden (bis Anbau der nachfolgenden Hauptkultur)
B	20. Sep.	1. März	Neu: Verlängerung Begrünungszeitraum
C	15. Okt.	1. März	Nur folgende winterharte Kulturen zulässig: Winterwicke, Perko, Grünschnittroggensorten, englisches Raygras, Winterrüben
C1	15. Okt.	1. März	Nur folgende winterharte Kulturen zulässig: Winterwicke, Perko, Grünschnittroggensorten, englisches Raygras, Winterrüben Neu: Kein Einsatz von Herbiziden (bis Anbau der nachfolgenden Hauptkultur)
D	31. August	1. März	Aktive Begrünung mit mindestens 2 abfrostenden Mischungspartnern, zwischen 2 Hauptkulturen. Aktive Anlage einer Folgekultur im Frühjahr ist erforderlich. Unzulässige Folgekulturen sind mehrjährige Kulturen wie Wechselwiese, Stilllegung, Kleegras Neu: der Anbau der Folgekultur ist zwingend mit Mulch- oder Direktsaat durchzuführen.
D1	31. August	1. März	Aktive Begrünung mit mindestens 2 winterharten Mischungspartnern, zwischen 2 Hauptkulturen. Aktive Anlage einer Folgekultur im Frühjahr ist erforderlich. Unzulässige Folgekulturen sind mehrjährige Kulturen wie Wechselwiese, Stilllegung, Kleegras Neu: Kein Einsatz von Herbiziden (bis Anbau der nachfolgenden Hauptkultur)
H	15. Okt.	Kein Umbruch, sind 2008 Hauptkultur	Winterraps, Wechselwiese, Klee, Kleegras, Luzerne, Futtergräser

Übungs- und Wiederholungsfragen

1. Was bezeichnet man als kleinsten Baustein einer Pflanze?

   ....

2. Nennen Sie die Teile einer Pflanzenzelle!

   ....

   ....

3. Erklären Sie die Aufgaben der Spaltöffnungen!

   ....

   ....

4. Ein Gefäßbündel besteht aus ....

   und ....

5. Nennen Sie die Organe einer Pflanze! ....

   ....

   ....

6. Die Wurzel hat folgende Aufgaben zu erfüllen: ....

   ....

7. Unterscheiden Sie zwischen den zwei Wurzeltypen!

   a) Flachwurzler: ....

   b) Tiefwurzler: ....

8. Nennen Sie Wurzelumbildungen! ....

   ....

9. Nennen Sie die Aufgaben der Sprossachse! ....

   ....

10. Wodurch erfolgt beim Spross das Dickenwachstum? ....

....

11. Nennen Sie Sprossumbildungen! ....

....

12. Welche Aufgaben hat das Palisadengewebe zu erfüllen? ....

....

13. Erstellen Sie eine Einteilung der Pflanzen nach der Anordnung der männlichen und weiblichen Blütenteile! ....

....

....

14. Was versteht man unter „Bestäubung"? ....

....

15. Nennen Sie Beispiele für Streufrüchte! ....

....

....

16. Voraussetzungen für die Keimung sind: ....

....

17. Die Hauptbestandteile der Pflanze sind ....

und ....

18. Erklären Sie den Begriff „Osmose"! ....

....

....

19. Nennen Sie wichtige Arten der ungeschlechtlichen Vermehrung!

....

....

....

20. Welche Stoffe werden bei der Assimilation gebildet? ....

....

21. Was versteht man unter Transpiration? ....

....

....

22. Nennen Sie die Kennzeichen der einkeimblättrigen Pflanzen! ....

....

....

23. Nennen Sie die „Inneren Saatguteigenschaften“! ....

....

24. Erklären Sie den Unterschied zwischen den Begriffen „Fruchtfolge“ und „Monokultur“!

....

25. Nennen Sie Kulturen, die grundsätzlich „selbstverträglich“ sind! ....

....

26. Auf welche Anbaupausen sollte man bei folgenden Kulturen achten?

Gerste .... Jahre Zuckerrübe .... Jahre

Kartoffel .... Jahre Sonnenblume .... Jahre

27. Beschreiben Sie den Unterschied zwischen Fruchtwechselwirtschaften und Felderwirtschaften!

....

....

....

4. Düngelehre

4.1. Bedeutung der Düngung

Die große Bedeutung der Düngung liegt darin, die Ernährung der Bevölkerung zu sichern und gleichzeitig die Ansprüche des Konsumenten an die Qualität des Erntegutes zu erfüllen.
Durch die geänderte Marktsituation gegenüber vergangenen Jahrzehnten hat der Einsatz von Düngemitteln heute sehr gezielt zu erfolgen.
Eine wertvolle Hilfe bietet in diesem Zusammenhang die Broschüre „Richtlinien für die sachgerechte Düngung“.

4.2. Die Pflanzennährstoffe

Die Einteilung der Pflanzennährstoffe

Massennährstoffe	*Kernnährstoffe*	*Notwendige Nährstoffe*	*Spurenelemente*	*Nützliche Nährstoffe*
Wasserstoff (H)	Stickstoff (N)	Eisen (Fe)	Bor (B)	Silizium (Si)
Sauerstoff (O)	Phosphor (P)	Schwefel (S)	Mangan (Mn)	Natrium (Na)
Kohlenstoff (C)	Kalium (K)		Kupfer (Cu)	Chlor (Cl)
	Kalzium (Ca)		Kobalt (Co)	Jod (J)
	Magnesium (Mg)		Zink (Zn)	
			Molybdän (Mo)	

4.2.1. Aufgaben und Bedeutung der Pflanzennährstoffe

Die Massennährstoffe bilden etwa 90 % der Pflanzensubstanz. Eine besondere Bedeutung kommt dem Wasserstoff und dem Sauerstoff, die sich zu Wasser verbinden, zu.
Aber auch der Kohlenstoff, welcher in Form von CO_2 (Kohlendioxid) in der Luft enthalten ist, ist zusammen mit dem Wasser ein wichtiger Faktor beim Aufbau der Kohlenhydrate (Zucker und Stärke).

Die Kernnährstoffe werden dem Boden in beträchtlichen Mengen entzogen, da sie von den Pflanzen in großen Mengen benötigt werden. Die meisten Kernnährstoffe müssen darum dem Boden über die Düngung zugeführt werden.

Nennen Sie die fünf wichtigsten Kernnährstoffe, und geben Sie ihre Bedeutung für das Wachstum der Pflanzen an!

Es ist außerdem zu berücksichtigen, dass jeder Mangel, aber auch jeder Überschuss an einem oder auch an mehreren Kernnährstoffen einen ungünstigen Einfluss auf das Wachstum der Pflanzen und somit auch auf den Ertrag hat.

Stickstoff: Motor des Pflanzenwachstums

Er bewirkt die dunkelgrüne Färbung der Blätter – ein üppiges Pflanzenwachstum – und die Bildung von Eiweiß. Eine einseitige, verspätete oder zu hohe N-Düngung erhöht die Lagergefahr sowie Krankheitsanfälligkeit und führt zu einer Reifeverzögerung.

Phosphor: Energieüberträger

Er ist an allen Zellteilungsvorgängen und somit an den Wachstums- und Fortpflanzungsvorgängen der Pflanzen beteiligt. Er fördert die Jugendentwicklung – das Wurzelwachstum –, die Eiweißbildung und führt zu einer Reifebeschleunigung.

Kalium: Wachstumsregulator

Es reguliert die Wirkung des Stickstoffs – erhöht die Widerstandskraft gegen Krankheiten und Kälte –, erhöht die Halmfestigkeit und ist an der Zucker- und Stärkebildung beteiligt.

Kalk: Bodennährstoff

Er ist die Voraussetzung für die Bildung einer guten Krümelstruktur – er fördert das Bodenleben –, neutralisiert die Bodensäuren und ermöglicht eine gute Wurzelausbildung.

Magnesium: Bestandteil des Blattgrüns

Als Bestandteil des Chlorophylls ist das Magnesium von großer Bedeutung für den Aufbau der Kohlenhydrate. Es wirkt ebenfalls der Bodenversauerung entgegen.

Die notwendigen Nährstoffe

Eisen

Das Eisen ist an der Blattgrünbildung beteiligt. Ein Mangel führt zum Gelbwerden der Blätter (Chlorose). Da im Boden meist ausreichend Eisen vorhanden ist, kann man auf eine Zufuhr verzichten.

Schwefel

Schwefel ist an der Bildung von Eiweiß beteiligt. Da durch die Niederschläge (Schlagwort „Saurer Regen“) und über schwefelhältige Düngemittel eine ausreichende Menge in den Boden kommt, muss er nur bei einem tatsächlichen Mangel gedüngt werden.

Die Spurenelemente

Neben den zehn Hauptnährstoffen gibt es noch eine Reihe von Elementen, die ebenfalls für das gesunde Wachstum der Pflanzen, wenn auch nur in geringen Mengen, notwendig sind.

Bor

Mangel führt bei Rüben zur „Herz- und Trockenfäule", verursacht im Weinbau das „Verrieseln" und im Obstbau das Absterben der Triebspitzen. Im Maisbau ist Bormangel an den unregelmäßigen Kornzeilen am Kolben erkennbar.

Mangan

Mangan ist für den Stoffwechsel der Pflanzen von Bedeutung (Bildung von Chlorophyll und Enzymen).
Manganmangel führt bei Hafer zur Dörrfleckenkrankheit.

Kupfer

Ein Mangel führt bei Getreide zur Urbarmachungskrankheit (Ähren und Blattspitzen verfärben sich weiß). Kupfer ist auch in der Tierernährung von Bedeutung.

Zink

Zinkmangel zeigt sich im Obst-, Wein- und Maisbau durch Kleinblättrigkeit und gestauchten Wuchs.

Nennen Sie jene Spurenelemente, die in der Praxis in zu geringen Mengen vorkommen können!

Molybdän

ist für verschiedene Stoffwechselvorgänge von Bedeutung. Molybdän ist meist in ausreichenden Mengen vorhanden.

Kobalt

Die Knöllchenbakterien benötigen Kobalt zur Bindung des Luftstickstoffs und als Bestandteil des Vitamins B12 ist Kobalt auch für die Ernährung von Bedeutung.

Die nützlichen Nährstoffe

Die Bedeutung dieser Elemente für das Pflanzenwachstum ist gering. Natrium und Jod sind jedoch wichtige Spurenelemente für Mensch und Tier.

Lösen Sie die im Anschluss an das Kapitel „Düngungslehre" folgenden Fragen 1 bis 3!

4.3. Der Nährstoffkreislauf

Die Pflanze entnimmt für ihren Aufbau dem Boden Nährstoffe, um daraus Kohlenhydrate, Eiweiß, Fett und andere Verbindungen zu bilden. Die Tiere zerlegen bei ihrer Verdauung diese Nährstoffe und bauen damit ihren

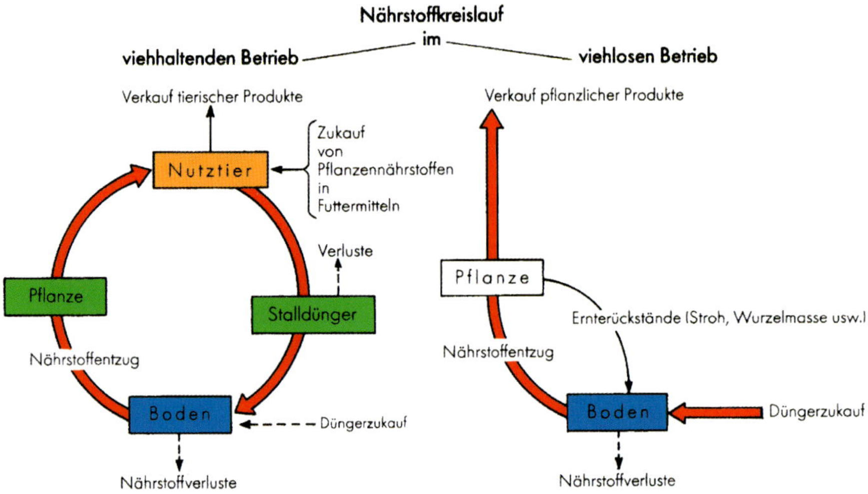

Körper auf. Ein Teil dieser Nährstoffe wird über den Kot und Harn der Tiere wieder ausgeschieden.
Diese Nährstoffe gelangen nun in Form von Stallmist, Jauche oder Gülle wieder in den Boden. Der Nährstoffkreislauf wäre somit geschlossen, würden alle im Betrieb erzeugten Produkte auch in diesem verwertet werden.
Die moderne Landwirtschaft ist jedoch dadurch gekennzeichnet, dass der größte Teil der Erzeugnisse dem Verkauf zugeführt wird und dem Betrieb daher wertvolle Nährstoffe entzogen werden.
Weiters müssen auch Verluste, die durch Auswaschung entstehen, berücksichtigt werden.

Erklären Sie, warum viehhaltende Betriebe weniger Düngemittel zukaufen müssen als viehlose!

Die soeben genannten Nährstoffabgänge sind daher auch der Grund dafür, dass der Zukauf von Nährstoffen in Form von Handelsdüngern unbedingt erforderlich ist, um die Ernährung der Pflanzen zu sichern.
Die Höhe der Nährstoffabgänge ist jedoch nicht in allen Betrieben gleich. Wie die obige Darstellung zeigt, ist der Rückfluss an Nährstoffen in einem viehhaltenden Betrieb wesentlich größer (bis 80 %) als in einem viehlosen.

Es ist durch viele Versuche und praktische Erfahrungen erwiesen, dass nur wenige Böden in der Lage sind, ohne Nährstoffzufuhr hohe Erträge zu liefern!

Es stehen hiezu sowohl wirtschaftseigene Düngemittel als auch Handelsdünger zur Verfügung.

4.4. Die Wirtschaftsdünger

Bei den Wirtschaftsdüngern handelt es sich ausschließlich um organische Stoffe, die die Aufgabe haben, dem Boden

- humusbildende Stoffe und
- Pflanzennährstoffe

zuzuführen.

Wirtschaftsdünger

im engeren Sinn	*im weiteren Sinn*	
Stallmist	Strohdüngung	Kompost
Jauche	Gründüngung	Klärschlamm
Flüssigmist (Gülle)	Ernterückstände	Dünger auf Torfbasis

BEWERTUNG UND BERÜCKSICHTIGUNG DER NÄHRSTOFFE AUS WIRTSCHAFTSDÜNGERN UND ERNTERÜCKSTÄNDEN entnehmen sie dem Tabellenanhang.

4.4.1. Der Stallmist

Stallmist ist ein Gemisch aus Kot, Harn und Einstreu. Seine Zusammensetzung ist abhängig von der Tierart, Fütterung, Art und Menge der Einstreu sowie der Lagerung dieses Gemisches.

Der Jahresanfall an Stallmist beträgt bei geringer Einstreu etwa 8 Tonnen, bei hoher Einstreumenge 13 Tonnen und im Tiefstall bis 16 Tonnen pro Rinder-GVE.

Grundsätze der Stallmistbereitung

Der im Stall anfallende Frischmist wird vorerst auf einer Düngerstätte gelagert, um eine Verrottung durchzumachen. Dieser Vorgang, an dem verschiedene Mikroorganismen beteiligt sind, führt zu einer Zersetzung der organischen Substanz und zur Freilegung wichtiger Pflanzennährstoffe. Erst dieser gut „verrottete" Mist ist als Düngemittel geeignet.
Die Verwendung von Frischmist, besonders wenn dieser strohreich ist, führt zu einer vorübergehenden Stickstofffestlegung im Boden und daher zu einer Unterversorgung der Pflanzen. Deshalb wachsen Pflanzen, die mit frischem, strohigem Mist gedüngt werden, schlecht.

Die richtige Lagerung des Stallmistes

Die fachgerechte Lagerung des Stallmistes ist die Voraussetzung für die Gewinnung eines hochwertigen Düngemittels.
Voraussetzung für eine verlustarme Lagerung ist eine gute Düngerstätte. Der Mist soll auf einer undurchlässigen Unterlage gelagert werden und die anfallende Jauche und das Sickerwasser werden am besten in einer Grube unterhalb der Düngerstätte gesammelt.

Geben Sie die häufigsten Fehler an, die bei der Stallmistbereitung gemacht werden!

Als Lagerfläche für den Stallmist werden bei jährlich zweimaliger Ausbringung ca. 3 m² pro GVE benötigt.

Weiters ist bei der Lagerung des Stallmistes zu beachten:

- Der Mist ist zu „stapeln" und nicht über die gesamte Düngerstätte zu verteilen.
- Der Frischmist ist schichtenweise auf dem Stapel zu verteilen und gut festzutreten.
- Wenn notwendig, ist der Mist zu befeuchten.
- Die Düngerstätte soll sich an einem schattigen, windgeschützten Ort befinden.

Wird der Stallmist nach diesen Gesichtspunkten gelagert, so ist er in zwei bis drei Monaten reif zum Ausfahren.

Die Wirkung der Nährstoffe aus Stallmist, aber auch aus Gülle, beträgt im Anwendungsjahr nur etwa ein Drittel bis zur Hälfte der enthaltenen wirksamen Nährstoffmenge, der Rest steht erst in den nächsten zwei Jahren zur Verfügung.

Stallmist soll bevorzugt zu jenen Früchten gegeben werden, die ihn am besten verwerten können. Dazu zählen Rüben, Kartoffeln, Ölfrüchte, Kohlgemüse und Mais. Weniger gut wird Stallmist von Getreide, Klee und Hülsenfrüchten verwertet.
Dauergrünland ist auf die Zufuhr von Humus nicht angewiesen. Daher ist Stallmist nur in geringen Mengen einzusetzen. Es ist weiters auf eine gute Verteilung zu achten, um eine Verschmutzung des Futters zu vermeiden.
Da unter Einfluss von Luft und Wärme hohe Stickstoffverluste auftreten, ist darauf zu achten, dass das Wetter bei der Ausbringung möglichst kühl ist und der Stallmist raschest in den Boden eingearbeitet wird.

Als mittlere Stallmistgabe pro Hektar werden angenommen: bei Getreide und Grünland 15 bis 20 Tonnen, bei Hackfrüchten und Mais 25 bis 30 Tonnen.

4.4.2. Die Jauche

Jauche ist ein Gemisch aus dem Harn der Tiere und dem Sickerwasser der Düngerstätte. Die Lagerung hat in einer wasserdichten Jauchegrube zu erfolgen, einerseits um eine Grundwasserverschmutzung zu vermeiden, andererseits um den Verlust wertvoller Nährstoffe zu verhindern. Man rechnet bei einer dreimaligen Ausbringung im Jahr mit einem Grubenraumbedarf von 2 m^3 je GVE.
Gut gewonnene Jauche ist ein wertvoller, rasch wirkender Stickstoff-Kali-Dünger.

Es ist zu beachten, dass die Jauche arm an Phosphor und Kalk, jedoch reich an leichtlöslichem Stickstoff und Kali ist.

Erklären Sie, wie man Jauche möglichst verlustarm ausbringen kann!

Bei der Ausbringung der Jauche ist darauf zu achten, dass die Stickstoffverluste bei feucht-kühler Witterung am geringsten sind. Warmes, trockenes und windiges Wetter sowie die Ausbringung auf gefrorenem Boden bringen dagegen beträchtliche Verluste an Stickstoff.
Die Jauche ist ein ausgezeichneter Dünger für das Grünland, darf aber dort nicht einseitig angewendet werden, da sonst die stickstoff- und kalilieben-den Kräuter, wie Löwenzahn, Ampfer, Wiesenkerbel und Bärenklau, überhand nehmen und die wertvollen Futterpflanzen verdrängen.

Die durchschnittlichen Jauchenmengen betragen pro Hektar für alle Kulturen 15 bis 20 m^3 (unverdünnt).

4.4.3. Der Flüssigmist (Gülle)

Flüssigmist, auch Gülle genannt, ist ein Gemisch aus Kot und Harn und, je nach Aufstallungsform, geringen Mengen an Einstreu und Wasser.
Die Gülle ist ein Wirtschaftsdünger der Gebiete mit geringem Einstreuvorkommen (Grünlandgebiete) sowie von Betrieben mit intensiver Schweine-, Rinder- oder Hühnerhaltung.

Der Jahresanfall beträgt im Durchschnitt bei:

Rindergülle, unverdünnt	15 m^3/GVE
Schweinegülle, unverdünnt	0,8m^3/Tier/Mastperiode
Hühnergülle, unverdünnt	0,07m^3/Tier

Wird Gülle mit Wasser verdünnt, so wird das durch das Verhältnis von Gülle zu Wasser ausgedrückt, z. B.: 1 : 0,5. Dies bedeutet, dass zu einem Teil Gülle ein halber Teil Wasser zugesetzt wird.

Bei der Gewinnung von Flüssigmist unterscheidet man drei unterschiedliche Verfahren:

- Das Schwemmmistverfahren – bei diesem System wird das Kot-Harn-Gemisch in einem Kanal aufgestaut und alle drei bis fünf Tage mit Wasser in die Güllegrube gespült.
- Das Fließmistverfahren – hier fließt das Kot-Harn-Gemisch kontinuierlich über eine Staustufe in die Güllegrube ab. Ein Wasserzusatz erübrigt sich bei diesem Verfahren.
- Das Speicherverfahren – bei diesem Verfahren befindet sich der Lagerraum für die Gülle unterhalb des Vollspaltenbodens.

Beschreiben Sie das Flüssigmistverfahren des eigenen oder eines Betriebes, den Sie kennen!

Der Nährstoffgehalt von Flüssigmist kann große Schwankungen aufweisen, je nach der zugesetzten Wassermenge, dem Einstreuanteil und dem Einfluss der Fütterung.

Um die Qualität der Gülle hinsichtlich einer Verbesserung der Pumpfähigkeit und einer geringen Geruchsentwicklung zu erhöhen sowie die Stickstoffverluste zu verringern, stehen weitere Möglichkeiten zur Verfügung, wie z. B.:

- Belüftung der Gülle sowie
- Verwendung von Zusätzen (Agriben, Didin).

Die Anwendung von Flüssigmist ist heute in Grünland- und Ackerbaubetrieben allgemein üblich.
Im Grünlandbetrieb kann die Gülle zu jedem Futteraufwuchs gegeben werden. Eine Verdünnung im Verhältnis 1 : 1 ist jedoch anzustreben, um eine Futterverschmutzung oder Krustenbildung zu vermeiden.
Im Ackerbaubetrieb wird die Gülle zur Grunddüngung, vorteilhafterweise zusammen mit Strohrückständen, oder zur Kopfdüngung, hier aber im Verhältnis 1 : 1 verdünnt, verwendet.

Erläutern Sie die Vorteile des Wasserzusatzes zur Gülle!

Die Höhe der Güllegabe ist von der Kulturart abhängig und soll folgende Werte nicht überschreiten:

Kulturart	*m^3 Gülle unverdünnt pro ha*	*Kulturart*	*m^3 Gülle unverdünnt pro ha*
Weizen, Hafer	30	Körnermais	60
Roggen, Futtergerste	20	Silomais	100
Zuckerrübe, Kartoffel	40	Raps	20
Futterrübe	80	Grünland pro Nutzung	30

Für die Ausbringung der Gülle gelten dieselben Grundsätze, die auch für die Jauche Anwendung finden. Es ist jedoch zusätzlich zu berücksichtigen, dass die Gülle möglichst gleichmäßig auf die ganze Betriebsfläche aufgeteilt wird. Dies ist besonders in Grünlandbetrieben wichtig, da sich hier der Pflanzenbestand bei einseitiger Gülleanwendung nachteilig verändern kann.
Auf dem Ackerland ist für eine möglichst rasche Einarbeitung des Flüssigmistes zu sorgen, um die Stickstoffverluste in Grenzen zu halten.

4.4.4. Die Strohdüngung

In viehlosen oder viehschwachen Betrieben kann die Strohdüngung als Stallmist- oder Flüssigmistersatz betrachtet werden. Das Stroh liefert das Ausgangsmaterial für die Humusbildung, wenn folgende Voraussetzungen gegeben sind:

Erläutern Sie die Notwendigkeit eines Stickstoffausgleichs zur Strohdüngung!

- ausreichende Bodenfeuchtigkeit,
- genügend Wärme,
- gut gelockerter Boden,
- kurz gehäckseltes und gleichmäßig verteiltes Stroh,
- Stickstoffausgleichsdüngung mit etwa 30 bis 50 kg Reinstickstoff aus Wirtschafts- oder Mineraldüngern,
- intensive Vermischung des Strohhäcksels mit der obersten Bodenschichte.

Das Verbrennen des Strohs ist in Trockengebieten oft eine Notwendigkeit, da hier die Verrottung nur sehr langsam stattfindet. Es sind jedoch die Vorschriften für das Abbrennen von Stroh unbedingt zu beachten!

4.4.5. Die Gründüngung

Unter Gründüngung verstehen wir den Anbau von Zwischenfrüchten, deren Grünmasse in den Boden eingearbeitet wird. Sie ist vor allem eine Humusdüngung, die eine besondere Bedeutung in viehschwachen Getreidebaubetrieben hat.

Als Gründüngungspflanzen werden verwendet:

Stickstoffsammelnde Pflanzen: Kleearten, Erbsen, Wicken, Ackerbohne.
In Kombination mit einer Strohdüngung kann hier auf eine Stickstoffausgleichsdüngung verzichtet werden.

Nichtstickstoffsammelnde Pflanzen: Raps, Senf, Perko, Sonnenblume, Ölrettich, Grünmais, Phacelia u. a.

Erklären Sie, warum man bei der Verwendung von Leguminosen auf eine N-Ausgleichsdüngung verzichten kann!

Arten der Gründüngung

Gründüngung als Hauptfrucht – diese Art ist nur im Weinbau üblich.

Gründüngung als Untersaat – die Saat erfolgt im Frühjahr in Winter- oder Sommergetreidebeständen. Es eignen sich hiezu die Kleearten.

Gründüngung als Stoppelsaat – die Gründüngungspflanzen werden möglichst bald im Anschluss an den Stoppelsturz angebaut.

Voraussetzung für das Gelingen der Gründüngung:

- genügend Niederschläge im Sommer,
- eine ausreichende Vegetationsdauer,
- eine zusätzliche Stickstoffdüngung (50 bis 60 kg Reinstickstoff pro Hektar), außer zu Leguminosen!

Die Wirkung einer Gründüngung:

- Verminderung der Nachteile einer einseitigen Getreidefruchtfolge;
- Zufuhr organischer Stoffe zur Humusbildung und zur Ernährung der Bodenlebewesen;
- Verbesserung der Krümelstruktur durch Beschattung und intensives Wurzelwachstum;
- Verbesserung der Bearbeitbarkeit;
- Nährstoffe aus tiefer liegenden Schichten werden wieder nutzbar gemacht.

4.4.6. Ernterückstände

Die Versorgung des Ackerbodens mit organischer Substanz erfolgt in erheblichem Maß auch durch verschiedene Ernterückstände. Dazu zählen:

- oberirdische Rückstände, wie Blätter und Stoppeln, sowie
- Wurzelrückstände.

Werden z. B. Rübenblätter eingearbeitet, so entspricht dies etwa einer gut gelungenen Gründecke mit einer Stickstoffnachlieferung von 40 bis 60 kg Reinstickstoff.

4.4.7. Landwirtschaftliche Kompostierung

Unter „Kompostierung“ versteht man die Zerlegung organischer Stoffe durch eine große Anzahl diverser Bakterien und Pilze.

Beschreiben Sie die Anlage eines Komposthaufens in Ihrem Schulgarten!

Zum Kompostieren sind geeignet: alle Arten von Mist, Gülle, Stroh, Futterreste, Laub, Rasenschnitt, Küchenabfälle (Biotonne) und organische Abfälle aus der Lebensmittelindustrie (Obst und Gemüse).

Nicht geeignet sind: Klärschlamm, Fleisch und Knochen, Glas, Metalle, Kunststoffe, Haushaltschemikalien, Lacke, Medikamente und Batterien.

Ablauf des Rottevorganges

1. Sammlung der organischen Stoffe und „Heißverrottung“ auf einer baurechtlich genehmigten Sammelstätte.
2. Haupt- und Nachverrottung in einer fachmännisch angelegten Kompostmiete: Dazu ist eine Untersuchung des Kompostmaterials auf seinen TS-Gehalt erforderlich, um das richtige Mischungsverhältnis, z. B. mit Stroh, ermitteln zu können. Danach wird die Miete in Dreiecksform aufgesetzt (2 bis 2,5 m breit, 1,5 bis 2 m hoch). Diese wird dann 2- bis 3-mal mit einem speziellen Umsetzgerät gewendet, um die Mikroorganismen mit Sauerstoff zu versorgen (Temperaturkontrolle notwendig). Ein Abdecken der Miete mit einem geeigneten Vlies ist in Gebieten mit höheren Niederschlägen erforderlich (Vermeidung einer Sickerwasserbildung)! Unter günstigen Rottebedingungen ist der Kompost in 9 bis 12 Wochen fertig und kann, nach einer eventuell notwendigen Siebung, mit dem Kompoststreuer ausgebracht werden. Die Kompostreife kann mit einem einfachen „Kressetest“ bestimmt werden.

Anwendung von Kompost

Durchschnittliche Aufwandmengen liegen bei 15 bis 25 m^3 je Hektar. Auf eine gleichmäßige Verteilung dieses wertvollen Düngers ist zu achten.
Auf Ackerland ist ein seichtes Einarbeiten vorteilhaft. Da die Nährstoffe im Kompost organisch gebunden sind, ist mit einer raschen Wirkung, wie bei Handelsdüngern, nicht zu rechnen!

Zur Beachtung: Kompostiert ein Landwirt organische Stoffe, die nicht aus seinem Betrieb stammen, so hat er seine Sachkenntnis durch eine anerkannte Kursbestätigung nachzuweisen.

4.4.8. Klärschlamm und Müllkompost

Klärschlamm fällt bei der Reinigung von Abwässern von Kläranlagen an, Müllkompost entsteht bei der Kompostierung von Hausmüll.
Sie enthalten wertvolle Pflanzennährstoffe, aber auch unterschiedlich hohe Mengen an Schwermetallen (Zink, Cadmium, Quecksilber, Blei u. a.).

Durchschnittlicher Nährstoffgehalt eines Klärschlammes mit 5 % TS

Organ. Substanz:	**50 %**	Gesamt-P_2O_5:	**3 %**
Gesamt-N:	**4 %**	Gesamt-K_2O:	**0,5 %**

Die folgende Übersicht enthält auszugsweise die wichtigsten Punkte der NÖ-Klärschlammverordnung von 1988:

- Die Betreiber von Abwasserbeseitigungsanlagen sind verpflichtet, für ihren Klärschlamm bzw. Müllkompost ein Unbedenklichkeitszeugnis erstellen zu lassen, in dem auch die Ausbringungshöchstmengen angegeben sein müssen. Es dürfen im Abstand von zwei Jahren auf Grünland nicht mehr als 25 dt und auf Ackerland 50 dt TS nicht überschritten werden.
- Sie haben auch durch ein Gutachten nachzuweisen, dass das Grundstück für die Ausbringung geeignet ist.

- Verboten ist die Ausbringung von Klärschlamm und Müllkompost:
  zu Gemüse, Beerenobst, Heilkräutern und im Wald;
  in Naturschutzgebieten, Mooren sowie auf verkarsteten Flächen;
  bei Abschwemmungsgefahr, auf gefrorenen, schneebedeckten oder vernässten Böden.
- Auf Grünland erst nach der jeweiligen Nutzung ausbringen.
- Klärschlamm muss frei von gefährlichen Krankheitserregern sein.

Die genannten Einschränkungen und weitere gesetzliche Bestimmungen lassen deutlich die Problematik des Klärschlammeinsatzes erkennen. Der Landwirt muss daher sehr sorgfältig überlegen, ob er die Ausbringung der genannten Stoffe in seinem Betrieb gestatten soll, denn die Gefahr einer Anreicherung der gefährlichen Schwermetalle im Boden ist nicht auszuschließen.

4.4.9. Dünger auf Torfbasis

Diese Dünger entstammen zwar nicht landwirtschaftlichen Betrieben, dienen jedoch den Obst-, Wein- und Gartenbaubetrieben zur Verbesserung der Bodenfruchtbarkeit (Ersatz für Stallmist oder Gründüngung).

Das Angebot des Handels an Humusdüngern ist sehr umfangreich. Wir können sie folgendermaßen einteilen:

- reiner Torf (Torfmull, Weißmoostorf) – ohne Nährstoffe;
- Torfkultursubstrate und Humuserden zur Pflanzenanzucht – mit Nährstoffen angereichert; sowie
- Biomull – stammt aus städtischen Abfällen und ist mit Nährstoffen angereichert.

4.4.10. Fermentationsrückstände

Im Bereich der Biogasproduktion aus nachwachsenden Rohstoffen ist es ein vorrangiges Ziel, Stoffflüsse möglichst geschlossen zu halten. Das heißt, dass Nährstoffe, die von Flächen zur Bioenergieproduktion in eine Anlage gebracht werden, möglichst im gleichen Umfang wieder auf dieselben Flächen zurückgeführt werden sollen. Auf diese Weise ist sicher zu stellen, dass es einerseits zu keinem „Aushungern", andererseits aber auch zu keinem ökologisch bedenklichen „Überladen" der Produktionsflächen kommt. In diesem Zusammenhang ist es wichtig, dass Fermentationsrückstände (Biogasgülle und Gärrückstand) nicht in ihrer Gesamtheit als „Dung" im Sinn des Nitrat-Aktionsprogramms gesehen werden, sondern nur der tatsächliche Anteil an tierischen Ausscheidungen, der an Hand der Aufzeichnungen heraus zurechnen ist.

Definitionen:
Biogasgülle: Vergorenes flüssiges Substrat aus dem Biogasprozess, welches landwirtschaftlich verwertet werden kann und Ausgangsmaterialien aus land- und forstwirtschaftlicher Urproduktion enthält.

Gärrückstand: Vergorenes flüssiges Substrat aus dem Biogasprozess, welches landwirtschaftlich verwertet werden kann und als Ausgangsmaterialien Rückstände der Be- und Verarbeitung landwirtschaftlicher Produkte und/oder andere biogene Reststoffe enthält.

Im Bereich der Stickstoffdüngung soll die ökologisch verträgliche Stickstoffdüngung auf Bioenergie-Produktionsflächen auf folgenden zwei Säulen beruhen:

a) auf einem Bilanzierungssystem für die Biogasanlage,
b) auf einem Bilanzierungssystem für alle Betriebe, die Fermentationsrückstände abnehmen.

Nennen Sie torfhältige Dünger, die im Schulgarten Verwendung finden!

Lösen Sie die im Anschluss an das Kapitel „Düngungslehre" folgenden Fragen 4 bis 14!

4.5. Die Mineraldünger

Mineraldünger sind zwar Düngemittel, die nicht im landwirtschaftlichen Betrieb hergestellt werden, die Nährstoffe, die sie enthalten, haben jedoch die gleiche Wirkung wie jene, die in den Wirtschaftsdüngern enthalten sind.

Da die im Boden vorhandenen Nährstoffe, und in der Regel auch die Nährstoffe aus den Wirtschaftsdüngern, nicht ausreichen, um hohe Erträge bei guter Qualität zu erzielen, ist der Einsatz dieser Mineraldünger heute unerlässlich.

Da die Mineraldünger jedoch kein Ersatz für die Wirtschaftsdünger sein können, lautet der Leitsatz für die Düngung:

Nicht „Wirtschaftsdünger oder Mineraldünger", sondern „Wirtschaftsdünger und Mineraldünger".

Da man Mineraldünger aus natürlichen Rohstoffen, die dem Boden oder der Luft entnommen werden, herstellt, ist es sinnvoller, nicht von „Kunstdüngern" zu sprechen, sondern die Begriffe „Mineral- oder Handelsdünger" zu verwenden!

Die Einteilung der Mineraldünger kann wie folgt getroffen werden:

Einzeldünger – Zweinährstoffdünger – Mehrnährstoffdünger.

4.5.1. Die Einzeldünger

Diese Dünger enthalten jeweils nur einen Nährstoff. Wir unterscheiden daher:
Stickstoff-, Phosphat-, Kali-, Kalk- und Magnesiumdünger.

4.5.1.1. Die Stickstoffdünger

Der Stickstoff wird in den Düngern in unterschiedlicher Form angeboten. Wir teilen daher die Stickstoffdünger ein in:

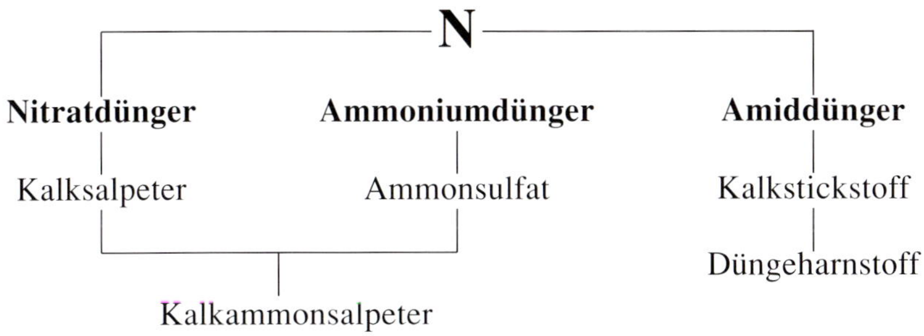

Kalksalpeter: Enthält 15 % Stickstoff (N) und ist granuliert. Er enthält zusätzlich 26 % CaO und ist rasch wirksam; Verwendung vorwiegend noch in Gartenbaubetrieben.

Nennen Sie einen Handelsdünger, der Stickstoff enthält und in Ihrem Betrieb Verwendung findet!

Ammonsulfat: Enthält 21 % N und 24 % S. Er ist kristallin und ein langsam wirkender Dünger. Er soll nur auf neutralen Böden und vor dem Anbau gedüngt werden.

Kalkammonsalpeter (Nitramoncal): Enthält je nach Herkunft 27–28 % N, je zur Hälfte in der rasch wirkenden Nitratform und in der langsamer wirkenden Ammoniumform. Zusätzlich ist ca. 12,5 % CaO enthalten. Er wird sowohl zum Anbau als auch zur Kopfdüngung eingesetzt.

ENTEC 26: Enthält 26 % N und 13 % S.

Nitramon S: Enthält 26 % N und 13 % S. Er wird zu schwefelbedürftigen Kulturen wie z. B. Raps, insbesondere auf leichten, humusarmen Böden eingesetzt.

Kalkstickstoff: Enthält 20 % N und ca. 60 % CaO. Er ist ein langsam wirkender Dünger, der zusätzlich eine bodenentseuchende und unkrautbekämpfende Wirkung aufweist. Eingesetzt wird er vorwiegend in Gartenbaubetrieben und zur Kompostbereitung.

AHL (Ammonnitrat-Harnstoff-Lösung): Enthält 27 % N in 100 kg bzw. 34 % in 100 Liter. Er wird zur flüssigen Kopfdüngung in verschiedenen Kulturen eingesetzt.

Düngeharnstoff: Er enthält 46 % N in Amidform und kommt „geprillt" in den Handel. Es ist ein hochkonzentrierter, wasserlöslicher Dünger, der oft in Kombination mit Pflanzenschutzmaßnahmen als Blattdünger verwendet wird.

Harnstoff gelangt auch als granulierter Dünger in den Handel.

Um unnötige Auswaschungsverluste zu vermeiden, ist ein gezielter Stickstoffdüngereinsatz erforderlich. Besonders im Getreidebau ist die Teilung der Düngegaben vorteilhaft!

4.5.1.2. Die Phosphatdünger

Die Einteilung der Phosphatdünger erfolgt nach ihrem Löslichkeitsgrad und Kalkgehalt.
Ihre Eignung als Düngemittel hängt daher von den Boden- und Niederschlagsverhältnissen ab.

kalkfrei (wasserlöslich)	P	kalhaltig (säurelöslich)
Superphosphat Triplephosphat		Thomasphosphat Hyperphosphat Hyperkorn

Nennen Sie einen phosphorhältigen Mineraldünger, der in Ihrem Betrieb verwendet wird!

Superphosphat: Enthält 18 % P_2O_5 und 12 % S. Er wirkt sehr rasch aber auch nachhaltig. Superphosphat ist für kalkhältige Böden in niederschlagsärmeren Gebieten zu empfehlen. Er kann im Herbst, im Frühjahr, aber auch als Kopfdünger gegeben werden.

Triplephosphat: Er ist mit 45 % P_2O_5 ein hochkonzentrierter Dünger der hinsichtlich Eigenschaften und Anwendung dem Superphosphat entspricht.

Hyperkorn, DC-Naturphosphat: Enthalten 26 % P_2O_5 und 40 % CaO.

Hyperphosphat – enthält 29 % P_2O_5 und ebenfalls 40 % CaO.
Alle drei Düngemittel wirken alkalisch, nachhaltig und werden bevorzugt auf eher sauren Böden eingesetzt.

Dolophos: Enthält 15% P_2O_5 sowie 40% CaO. Eine Mischung aus weicherdigem Rohphosphat und Dolomitkalk; nachhaltige Wirkung.

Erklären Sie, warum das Phosphat nur schwer aus dem Boden ausgewaschen werden kann!

Da das Phosphat, im Gegensatz zum Stickstoff, kaum ausgewaschen wird, kann dieser Nährstoff auch auf Vorrat gedüngt werden. Die Auswahl des richtigen Phosphatdüngers hat nach dem Kalkgehalt im Zusammenhang mit der Bodenreaktion zu erfolgen.
Mehlfeine Phosphatdünger können auch im Stall verwendet werden. Man streut sie auf den hinten gelegenen Teil der Rinderstände (ca. ein halbes Kilogramm), wodurch man eine Verbesserung des Stallklimas und die Verringerung von Stickstoffverlusten durch die Bindung von Ammoniak erreicht!

4.5.1.3. Die Kalidünger

Bei den Kalidüngern wird zwischen chlorhältigen und chlorfreien Produkten unterschieden. Da manche Pflanzen nicht chlorverträglich sind, ist dies bei der Auswahl der Düngemittel zu beachten.

K

chloridhältig	chloridfrei
40 %iges Kali	Patentkali
60 %iges Kali	schwefelsaures Kali
Magnesia-Kainit	

40er Kali: Ist feinkristallin oder granuliert und enthält 40 % Kali (K_2O), bis 25 % Kochsalz ($NaCl$) und manche Sorten bis zu 5 % Magnesium (MgO).
Auf Grund des Chloridgehaltes ist die Anwendung von 40er Kali bei Tabak, Kartoffeln und Obstgehölzen nicht zu empfehlen.
Der hohe Natriumgehalt ist in der Grünlanddüngung erwünscht, da das Futter mit Natrium angereichert wird. Auf Ackerland wirkt es jedoch strukturverschlechternd.

Nennen Sie landw. Kulturpflanzen und Gemüsearten, die chlorempfindlich sind!

60er Kali: Ist granuliert und enthält 60 % Kali (K_2O). Dieser Dünger wird vorwiegend auf Ackerland bei chlorunempfindlichen Kulturen angewendet. Besonders dankbar sind Futter- und Zuckerrüben.

Magnesia-Kainit: Ist ein Kalirohsalz, welches 11% Kali (K_2O), 5 % Magnesium (MgO) und 20 % Natrium enthält. Wegen dieser Zusammensetzung eignet sich dieser Dünger speziell für das Grünland.

Patentkali (Kalimagnesia): Ist granuliert, mit 30 % Kali (K_2O) und 9 % Magnesium (MgO). Für alle chlorempfindlichen Kulturen, wie Obst, Wein, Gemüse, Tabak und Kartoffeln, geeignet; ebenso für Böden, die unter Magnesiummangel leiden.

Kalisulfat: Enthält 50 % Kali und ist chloridfrei. Es eignet sich besonders für Böden mit ausreichender Magnesiumversorgung.

Die Kalidünger sind im Boden leicht löslich. Eine Auswaschung ist jedoch nur auf Sand- und Schotterböden bei hohen Niederschlägen zu erwarten.

Auf allen übrigen Böden können die Kalidünger auf Vorrat gegeben werden!

4.5.1.4. Die Kalkdünger

Die Hauptbedeutung der Kalkzufuhr liegt in der Verbesserung der Bodenstruktur und der Erhöhung des pH-Wertes. Die Kalkdünger werden folgendermaßen eingeteilt:

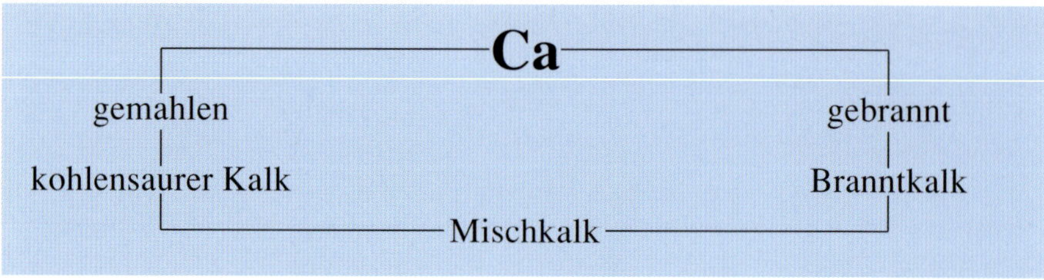

Kohlensaurer Kalk (Kalksteinmehl)**:** Enthält ca. 54 % wirksamen Kalk (CaO). Dieser Dünger wirkt langsam und nachhaltig und eignet sich besonders für Grünland und leichte Ackerböden.

Kohlensaurer Magnesiumkalk: Enthält 54 % CaO und mindestens 7 % Magnesium (MgO). Er ist günstig für leichte Böden, die neben einem Kalk- auch einen Magnesiumbedarf haben.

Beschreiben Sie die Wirkung des Kalkes im Boden!

Branntkalk (gemahlen, gekörnt): Enthält 95 % CaO, ist rasch wirkend und für schwere Böden geeignet.

Mischkalk: Enthält 60 % oder 65 % wirksamen Kalk, ist rasch und nachhaltig wirksam und daher auf alle Böden und zu allen kalkbedürftigen Kulturen einsetzbar.

Magnesium-Mischkalk: Enthält ebenfalls 60 % bzw. 65 % CaO und zusätzlich >10 % Magnesium.

Carbokalk (70 % TM): Dieser erdfeuchte Kalkdünger ist ein Nebenprodukt der Zuckerindustrie, enthält 30 % CaO und geringe Mengen an Stickstoff, Phosphor, Kalium und Magnesium.

4.5.2. Die Zweinährstoffdünger

Diese Düngemittel sind granuliert und enthalten mindestens zwei Nährstoffe. Das angegebene Nährstoffverhältnis erfolgt immer in der Reihenfolge N : P_2O_5 : K_2O, z. B. 0 : 15 : 30.

- **Phosphat-Kali-Dünger (PK-Dünger)**

Nennen Sie Zweinährstoffdünger, die im eigenen Betrieb in Verwendung sind!

Thomaskali: 0 : 10 : 20 + 3 % MgO + 24 % CaO. Dieses Düngemittel auf Thomasphosphatbasis ist chloridhältig und eignet sich besonders für saure Grünlandflächen.

Hyper-Kali: 0 : 18 : 18 oder 0 : 22 : 10. Diese Düngemittel auf Hyperphosphatbasis sind chloridhältig und ebenfalls für Grünland mit niedrigem pH-Wert geeignet.

DC 45 neu: 0 : 12 : 20 + 8 % S. Dieser Dünger auf Superphosphatbasis ist chloridhältig und universell einsetzbar.

DC 44 spezial: 0 : 10 : 30 + 3 % MgO + 11 % S. Dieser Dünger ist chloridarm und somit zur Düngung chlorempfindlicher Kulturen wie Wein, Obst und Gemüse und im Forst einzusetzen.

- **Stickstoff-Phosphat-Dünger (NP-Dünger)**

Diammonphosphat: 18 : 46 : 0
Diese Düngemittel können zu allen Kulturen zur Phosphatdüngung und einer Stickstoffteilgabe eingesetzt werden.

Linzer Max: 18 : 28 : 0. Dieser Dünger wird bei unzureichender P-Versorgung des Bodens, speziell zu Mais, eingesetzt.

4.5.3. Die Volldünger (NPK-Dünger)

Nennen Sie einen Handelsdünger, der Stickstoff enthält und in Ihrem Betrieb Verwendung findet!

Wegen ihrer hohen Nährstoffgehalte bringen diese Dünger Vorteile bei Transport, Lagerung und Ausbringung. Da sie kalkfrei sind, sollte bei häufiger Anwendung der Kalkhaushalt des Bodens in Ordnung sein!
Die Auswahl des passenden Volldüngers erfolgt nach dem erforderlichen Nährstoffverhältnis. Dieses ergibt sich einerseits aus dem Ergebnis der Bodenuntersuchung und andererseits aus den Ertragserwartungen und den anfallenden Wirtschaftsdüngermengen. Eine allgemeine Empfehlung ist daher nicht möglich.
Es werden auch eine Reihe ausländischer Volldünger mit einem ähnlichen Nährstoffverhältnis wie die folgenden österreichischen Produkte angeboten:

Nennen Sie Volldünger, die in Ihrem Betrieb verwendet werden!

Linzer Star: 15 : 15 : 15 + 3 S

Linzer Plus: 20 : 8 : 8 + 3 MgO + 4 S

Entec perfekt: 14 : 7 : 17 + 2 MgO + 11 S

Entec vino: 12 : 7 : 18 + 3 MgO + 10 S

Nitrophoska perfekt: 15 : 5 : 20 + 2 MgO + 8 S
Von diesem Düngemittel stehen noch 3 unterschiedliche Formulierungen zur Verfügung

DC 4 x 12 : 12 : 12 : 12 + 12 S

DC 37 : 12 : 10 : 15 + 12 S

DC 15 : 5 : 5 + 18 S

DC – Frucht 12 : 5 : 15 + 18 S

DC – Rot 10 : 8 : 20 + 13 S + 0,1 B

DC – Bor – Start 6 : 10 : 16 + 0,1 B

NPK 13 : 6 : 16 + 9 S

NPK 12 : 12 : 17 + 9 S

Werden Zweinährstoffdünger (außer NP-Dünger) bzw. DC Start eingesetzt, so ist die erforderliche Düngermenge nach dem Phosphatbedarf zu berechnen. Werden jedoch Volldünger verwendet, so richtet sich die Menge, die gestreut werden soll, nach dem Stickstoffbedarf!

4.5.4. Spurenelementdünger und Bodenverbesserer

Bei den Spurenelementdüngern werden häufig kupfer- zink- eisen- und manganhältige Sulfate verwendet, die häufig als Blattdünger eingesetzt werden, z.B.: Solubor, Combilinz u.a.

Als Mittel zur Bodenverbesserung werden Dünger eingesetzt die entweder organische Substanzen in Verbindung mit Kalk enthalten oder kieselsäurehältige Gesteinsmehle sind, z.B.: Agrobiosol, Basalit u.a. Diese Mittel werden vorwiegend im Biolandbau verwendet.

Die Düngemittel müssen also so ausgewählt werden, dass sie den betriebswirtschaftlichen und pflanzenbaulichen Anforderungen entsprechen. Eine regelmäßig durchgeführte Bodenuntersuchung schafft die Voraussetzungen dazu.

Lösen Sie die im Anschluss an das Kapitel „Düngungslehre" folgenden Fragen 15 bis 21!

4.6. Die Technik der Düngung

Darunter verstehen wir die Beschaffung, den Zeitpunkt und die Ausbringung der Düngemittel.

4.6.1. Beschaffung der Düngemittel

Die Mineraldünger werden gesackt (Plastiksäcke) und lose angeboten.
Der Vorteil bei gesacktem Dünger ist, dass dieser auch über längere Zeit im Freien gelagert werden kann. Bei der „Lose-Dünger-Kette" spart man die Sackkosten und bei entsprechender Mechanisierung auch die aufwendige Handarbeit.
Es ist weiters zu beachten, dass bei Frühbezug entsprechende Preisnachlässe gewährt werden!

4.6.2. Zeitpunkt der Düngung

Für den Zeitpunkt der Düngung sind der zeitliche Nährstoffbedarf der Pflanzen, das Verhalten der Nährstoffe im Boden und arbeitswirtschaftliche Überlegungen ausschlaggebend.

Nach dem Zeitpunkt unterscheiden wir:

/ \

Grunddüngung und Kopfdüngung

Nennen Sie jene Handelsdünger, die zur Grunddüngung verwendet werden!

Die *Grunddüngung* ist die Düngung vor dem Anbau mit allen Nährstoffen. Sie kann als Stoppeldüngung nach der Getreideernte oder als Herbst- bzw. Frühjahrsdüngung gegeben werden. Die Düngemittel müssen gut mit dem Boden vermischt werden.

Die *Kopfdüngung* ist die Düngung auf die wachsende Pflanze. Sie darf jedoch nicht auf Kosten der Grunddüngung erfolgen, da sich ein Nährstoffmangel im Jugendstadium der Pflanzen nachteilig auf den Ertrag auswirkt. Die Kopfdüngung kommt hauptsächlich für Stickstoff in Frage, der, ganz besonders bei Getreide, zu bestimmten Entwicklungsabschnitten gegeben wird.

Nennen Sie jene Handelsdünger, die zur Kopfdüngung verwendet werden!

4.6.3. Die Ausbringung der Düngemittel

Nach der Art der Ausbringung unterscheidet man:

- Die Flächendüngung
  Sie ist die heute am häufigsten angewendete Düngungstechnik, die neben einer gleichmäßigen Verteilung des Düngers auch eine hohe Flächenleistung ermöglicht. Man verwendet hiezu Schleuderstreuer, Pendelrohrstreuer und Großflächenstreuer.
  Auf ein richtiges Übergreifen der nur schwach gedüngten Streuränder ist zu achten!
  In intensiven Getreidebaubetrieben ist das Anlegen von „Fahrgassen" eine wichtige Maßnahmen, um Fehler bei Pflanzenschutzmaßnahmen und bei der Kopfdüngung zu vermeiden.

Erklären Sie die Vorteile der Fahrgassen!

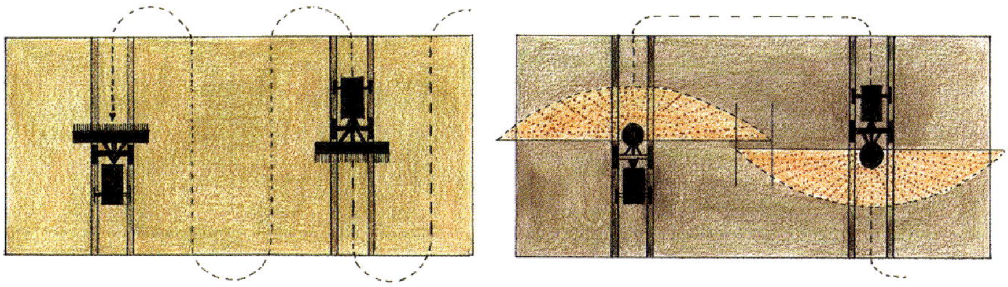

Die Anlage von Fahrgassen ermöglicht ein exaktes Verteilen von Dünge- und Spritzmitteln.

- Die Reihendüngung
  Sie hat bei jenen Kulturen Bedeutung, welche einen größeren Reihenabstand haben (Hackfrüchte). Da sie nur auf nährstoffarmen Böden Vorteile gegenüber der Flächendüngung bringt, wird sie heute nur noch selten durchgeführt.
- Die Blattdüngung
  Die Pflanze kann auch über die Blätter Nährstoffe aufnehmen. Für diese Form der Düngung eignen sich jedoch nur voll wasserlösliche Dünger. Die Blattdüngung wird häufig in Kombination mit einer Unkraut- oder Schädlingsbekämpfung durchgeführt. Sie kann jedoch nicht als Ersatz für die Grunddüngung, sondern nur als zusätzliche Düngungsmaßnahme betrachtet werden.

4.7. Die Berechnung des Düngemittelaufwandes

Düngungsempfehlungen werden heute vorwiegend in Reinnährstoffen angegeben. Die zu den einzelnen Kulturen erforderlichen Düngemittelmengen muss man selbst berechnen.

Man verwendet dazu folgende Formel:

Geben Sie die zu düngende Menge an Nitramoncal an, die auf Grund einer Düngungsempfehlung von 120 kg Rein-N zu geben ist!

$$\textbf{kg Düngemittel} = \frac{\textbf{kg Reinnährstoffe x 100}}{\textbf{\%-Gehalt des Düngemittels}}$$

Eine andere Möglichkeit ist die Verwendung der „Umrechnungstabelle von Reinnährstoffen auf Düngemittel“, die im Tabellenanhang zu finden ist.

4.7.1. Hinweise für den richtigen Einsatz der Mineraldünger

Werden die Mineraldünger sachgemäß eingesetzt, so ist, wie viele wissenschaftliche Untersuchungen beweisen, die Qualität der Nahrungsmittel einwandfrei.

Auf einige Fehlerquellen soll jedoch trotzdem hingewiesen werden, um Ertrags- und Qualitätseinbußen zu vermeiden.

- Überdüngung – vor allem mit Stickstoff – kann zu erhöhten Nitratgehalten in grünen Pflanzen führen (Schwierigkeiten in der Fütterung). Die Qualität von Braugerste und Zuckerrübe wird ebenfalls negativ beeinflusst!
- Zu geringe oder einseitige Nährstoffversorgung führt neben einer Ertragsverringerung u. U. auch zu einer Verschlechterung der Qualität der Ernteprodukte.
- Nährstoffauswaschung in stehende und fließende Gewässer führt zu einem übermäßigen Algenwachstum und in der Folge zu Sauerstoffarmut. Die Wasserqualität wird dadurch zunehmend verschlechtert.
  Obwohl die Anreicherung der Gewässer mit Phosphat und Stickstoff überwiegend durch Abwässer hervorgerufen wird, soll der Landwirt trotzdem durch eine richtige Bemessung der Düngegaben und Ausbringung zur rechten Zeit versuchen, einen Beitrag zur Reinhaltung der Umwelt zu leisten!

4.8. Tabellenanhang

4.8.1 Umrechnungstabelle von Reinnährstoffen auf Düngemittel

Nährstoffgehalt des Düngers in %	Empfohlene Düngung in kg Reinnährstoff/ha											
	20	40	60	80	100	120	140	160	180	200	240	280
	Empfohlene Düngung in kg Düngemittel/ha											
6	330	670	1000	1330	1670	2000	2330	2670	3000	3330	4000	4670
9	220	440	670	890	1100	1330	1550	1780	2000	2220	2670	3110
10	200	400	600	800	1000	1200	1400	1600	1800	2000	2400	2800
12	170	330	500	670	830	1000	1160	1330	1500	1670	2000	2330
13	150	310	460	620	770	920	1080	1230	1380	1540	1850	2150
14,5	140	280	410	550	690	830	970	110	1240	1380	1660	1930
15	130	270	400	530	670	800	930	1060	1200	1330	1600	1870
18	110	220	330	440	560	670	780	890	1000	1110	1330	1560
20	100	200	300	400	500	600	700	800	900	1000	1200	1400
21	95	190	290	380	480	570	670	760	860	950	1140	1330
26	77	150	230	310	385	460	540	620	690	770	920	1080
27	71	140	210	280	360	430	500	570	640	720	860	1000
30	65	130	200	270	330	400	470	540	600	670	800	930
29	63	125	190	250	310	375	440	500	560	625	750	875
40	50	100	150	200	250	300	350	400	450	500	600	700
45	50	100	140	190	240	290	330	380	430	480	570	670
46	43	87	130	170	220	260	300	350	390	430	520	610
50	40	80	120	160	200	240	280	320	360	400	480	560
60	33	67	100	130	170	200	230	270	300	330	400	470

Gebrauchsanweisung: Zahlenkolonne unter der empfohlenen Düngung in kg Reinnährstoffen so weit nach unten verfolgen, bis links der Nährstoffgehalt der gewünschten Konzentration des Düngers auf gleicher Höhe ist. Zahl im Schnittpunkt ist Menge in kg Düngemittel.

Beispiel:
Empfohlene Menge = 60 kg P_2O_5
Wird ein 18 %iges Düngemittel verwendet, müssen 330 kg ausgebracht werden.

Neue Berechnungsgrundlagen für die Nährstoffe Phosphor und Kalium

Um Düngeempfehlungen auch international vergleichen zu können, ist von der derzeit in Österreich üblichen Form der Nährstoffangabe in Oxidform (P_2O_5 bzw. K_2O) abzugehen und die Angaben, so wie bei Stickstoff (N) bereits üblich, in Form von **P** und **K** zu tätigen.

Die gewünschten Werte lassen sich durch eine einfache Umrechnung ermitteln:

Gegeben	Gesucht	Multiplikationsfaktor
P (Phosphor)	$\mathbf{P_2O_5}$	2,291
$\mathbf{P_2O_5}$ (Phosphat)	**P**	0,436
K (Kalium)	$\mathbf{K_2O}$	1,205
$\mathbf{K_2O}$	**K**	0,830

In der Broschüre „Richtlinien für die sachgerechte Düngung“ werden derzeit beide Angaben gemacht!

Bewertung der Ernterückstände

Neben dem Einsatz von Wirtschaftdüngern spielt auch die Menge und Art der Ernterückstünde für die Bemessung der Düngung eine wesentliche Rolle.

Bewertung der Ernterückstände und Vorfruchtwirkung für die unmittelbare Folgekultur – Stickstoff (GB…Grünbranche)

Wirkung	**Vorfrucht**	**Verminderung der N-Gabe (kg/ha)**
Ernterückstände	Rübenblatt Rapsstroh	0–30 0–30
Stroh- und Vorfruchtwirkung	Ackerbohne Körnererbse Sojabohne	20–40 20–50 0–20
Vorfruchtwirkung – Stoppeln und Wurzeln nach Umbruch	Leguminosenzwischenfrucht Futterleguminosen (einjähr.) Futterleguminsoen (mehrjähr.) Wechselgrünland	10–30 20–40 40–80 30–50
Vorfruchtwirkung Grünbranche (GB) – Mulch, Stoppeln und Wurzeln nach Umbruch	GB einjährig (Leguminosenanteil >60 %) GB einjährig (Leguminosenanteil 10–60 %) GB einjährig (Leguminosenanteil <10 %) GB mehrjährig (Leguminosenanteil >60 %) GB mehrjährig (Leguminosenanteil 10–60 %) GB mehrjährig (Leguminosenanteil <10 %)	40–80 20–40 0–20 60–100 30–50 15–25

Bewertung der Ernterückstände und Vorfruchtwirkung – Phosphor und Kalium

	P_2O_2	K_2O Ertragslage **niedrig**	**mittel**	**hoch**
Getreidestroh	10	40	50	60
Kartoffelkraut	10	40	60	70
Maisstroh	20	90	120	150
Rapsstroh	20	90	120	150
Rübenblatt	40	120	150	180
Sonnenblumenstroh	20	120	150	180
Ackerbohne	10	30	40	50
Erbse	10	30	40	50
Sojabohne	10	30	40	50

Die Düngung mit Phosphor und Kalium im Ackerbau

Die Düngeempfehlung für Phosphor und Kalium basiert auf der Einstufung der pflanzenverfügbaren Gehalte im Boden.

Empfehlung für die Düngung mit Phosphor und Kalium bei Gehaltsstufe C (Angaben in kg/P_2O_2 bzw. K_2O/ha und Jahr)

Kultur		P_2O_2	K_2O
Getreide (Weizen, Durum – Weizen, Roggen, Wintergerste, Dinkel, Triticale, Hafer, Sommergerste (Futter- und Braugerste)		55	80
Hackfrüche	Mais (CCM, Körnermais)	85	90
	Silomais	90	225
	Zuckerrübe	85	320
	Futterrübe	85	320
	Speise- und Industriekartoffel	65	200
	Früh- und Pflanzkartoffel	60	180
Öl- und Eiweißpflanzen	Körnererbse	65	100
	Ackerbohne	65	120
	Sojabohne	65	90
	Körnerraps	75	200
	Sonnenblume	65	200
Zwischenfrucht, futterbau	mit und ohne Leguminosen	25	80
Sonderkulturen	Mohn	55	100
	Kümmel	60	80
Feldfutter als Teil der Fruchtfolge im Ackerbau	kleebetont (über 40 Flächen %)	65	190
	gräserbetont	70	205
	Gräserreinbestände	70	225
Sämereienvermehrung	Alpingräser	60	120
	Gräser für das Wirtschaftsgrünland	80	160
	Rotklee	100	200

Anmerkungen (ausgenommen Feldfutter und Sämereienvermehrung):

Gehaltsstufe A: Zuschlag von 50 % bei P_2O_5- und K_2O-Düngemenge.
Gehaltsstufe B: Zuschlag von 25 % bei P_2O_5- und K_2O-Düngemenge.
Gehaltsstufe D: mineralische P_2O_5-Düngung unterbleibt, ausgenommen bei niedriger Wasserlöslichkeit: von 50 % bei der K_2O-Düngemenge (bei Getreide unterbleibt die Kaliumdüngung).
Gehaltsstufe E: weitere Nährstoffzufuhr nicht zu empfehlen.
Gehaltsstufe D und E: Nährstoffe aus hofeigenen Wirtschaftsdüngern bis zur Höhe des Pflanzenentzuges tolerierbar.

Beim Einsatz von Wirtschaftsdüngern sind die Phosphat/Kalium-Düngeempfehlungen im Mittel von 5 Jahren einzuhalten.

Die Stickstoffdüngung nach Richtwerten

Bei der Stickstoffdüngeempfehlung handelt es sich um Richtwerte, die nach der Ertragslage, aufgrund der Bodendauereigenschaften (Gründigkeit, Bodenschwere, Wasserverhältnisse, Grobanteil) und des standörtlichen Stickstoffmineralisierungspotenzials (Bewertung durch die anaerobe Mineralosation oder den Humusgehalt) zu korrigieren sind.

Empfehlungsgrundlage für die Stickstoffdüngung kg N/ha bei mittlerer Ertragswartung

		kg N/ha
Getreide	Weizen	110–130
	Roggen	80–110
	Dinkel	60–80
	Wintergerste	100–120
	Triticale	90–110
	Sommerfuttergerste	80–110
	Sommerbraugerste	50–70
	Hafer	70–90
Hackfrüchte	Mais (CCM. Körnermais)	120–140
	Silomais	140–160
	Zuckerrübe	90–110
	Futterrübe	120–140
	Speise- und Industriekartoffel	110–1130
	Früh- und Pflanzkartoffel	90–110
Öl- und Eiweißpflanzen	Körnererbsen, Ackerbohne	0–60
	Sojabohne	0–60
	Körnerraps	120–140
	Sonnenblume	40–60
Zwischenfrucht(futter)-bau	ohne Leguminosen	40–80
	mit Leguminosen	0–40
Sonderkulturen	Mohn	50–80
	Kümmel (Anbaujahr)	30–40
	Kümmel (Erntejahr)	60–80
Feldfutter als Teil der Fuchtfolge im Ackerbau	kleebetont (über 40 Flächen %)	0–40
	gräserbetont	140–180
	Gräserreinbestände	160–200
Sämereienvermehrung	Alpingräser	70–100
	Gräser für das Wirtschafts-grünland	90–110
	Rotklee	0–20

Die Anpassung der N-Düngung an die unterschiedlichen Standortfaktoren kann durch Zu- und Abschläge gemäß der Richtlinien für die sachgerechte Düngung vorgenommen werden.

Übersicht zum durchschnittlichen Gehalt an Trockenmasse und organischer Substanz sowie zum durchschnittlichen Nährstoffgehalt der wichtigsten Wirtschaftsdünger

Durchschnittswerte in kg/t oder kg/m³ bei flüssigen Wirtschaftsdüngern

	TM-Gehalt	N	N	P_2O_5	K_2O	org. Substanz
Art der Tiere und des Wirtschaftsdüngers	**Gew %**	**kg/m³**				
Rinder						
Milchkühe (inkl. Nachzucht)						
Rottemist	25–40	4,4	4,0	4,2	9,1	129
Stallmistkompost	35–60	2,1	1,9	2,0	4,4	62
Stallmist (einstreuarm)	20–25	3,2	2,9	2,5	4,2	145
Jauche (unverdünnt)	3	3,4	3,0	0,2	9,5	13
Gülle (1+1 verdünnt)	5	2,0	1,7	1,0	3,3	38
Gülle (unverdünnt)	10	3,9	3,4	2,0	6,5	76
Mastrinder (Maissilage)						
Gülle (unverdünnt)	10	5,2	4,5	2,5	5,0	75,0
Mastkälber						
Gülle (unverdünnt)	5	6,1	5,3	2,5	4,0	35,0
Schafe (inkl. Lämmer)						
Tiefstallmist	25–30	4,3	3,9	2,1	4,9	140
Pferde						
Stallmist	25–30	2,3	2,1	1,5	3,0	113
Schweine (bei Phasenfütterung bzw. N- und P-reduzierter Fütterung sind entsprecheden N- und P_2O_2-Gehalte um 20 % zu reduzieren)						
Zuchtsauen						
Stallmist	25	4,2	3,8	5,5	3,6	182
Jauche	2	3,9	3,4	1,0	3,0	8
Gülle (1+1 verdünnt)	5	3,2	2,8	2,2	2,0	38
Gülle (unverdünnt)	10	6,4	5,6	4,4	4,0	76
Mastschweine						
Gülle (Futtergrundlage MKS-CCM)	5	5,2	4,5	3,5	3,5	35
Gülle (Futtergrundlage Getreide)	10	6,9	6,0	5,0	4,0	75
Tiefstallmist	30	7,4	6,7	4,6	7,3	–
Geflügel						
Legehennen						
Frischkot (= unverd. Gülle)	10	2,6	2,3	2,5	1,5	38
Trockenkot	50	8,5	7,7	12,0	7,0	180
Masthähnchen (Broiler)						
Festmist	60	9,2	8,4	10,0	8,0	250
Puten						
Festmist	50	7,7	7,0	10,0	8,0	190

Empfehlungsgrundlage für die Stickstoffdüngung in kg/ha und Jahr im Grünland, Feldfutter und in der Sämereienvermehrung

Nutzungsformen	Ertragslage niedrig	Ertragslage mittel	Ertragslage hoch
	kg N/ha	kg N/ha	kg N/ha
Dauer- und Wechselwiese			
1 Schnitt	0–20	20–30	–
2 Schnitte	30–50	50–70	–
3 Schnitte kleereich	60–80	80–100	100–120
3 Schnitte gräserbetont	–	100–120	120–150
4 Schnitte kleereich	–	100–120	130–150
4 Schnitte gräserbetont	–	140–160	170–200
5 Schnitte gräserbetont	–	160–200	210
6 Schnitte gräserbetont	–	–	210
Mähweide			
1 Schnitt + 1 bis 2 Weidegänge	40–60	70–90	–
2 Schnitte + 1 Weidegang	–	90–110	120–140
2 Schnitte + 2 oder mehr Weidegänge	–	100–120	150–170
Dauerweiden			
Ganztagsweide (mehr als 12 Std.)	40–60	70–100	130–150
Kurztagsweide (weniger als 12 Std.)	50–70	90–110	130–150
Hutweiden	–	–	–

Empfehlungen für die PK-Düngung des Grünlandes bei Gehaltsstufe C (Angaben in kg P_2O_5/P und K_2O/K/ha und Jahr)

Nutzungsformen	Ertragslage niedrig				mittel				hoch			
	P_2O_5	P	K_2O	K	P_2O_5	P	K_2O	K	P_2O_5	P	K_2O	K
Dauer- und Wechselwiese												
1 Schnitt	15	7	45	37	30	13	80	66	–	–	–	–
2 Schnitte	30	13	80	66	45	20	120	100	–	–	–	–
3 Schnitte	45	20	130	108	65	28	170	141	80	35	215	178
4 Schnitte	–	–	–	–	80	35	205	170	90	39	260	216
5 Schnitte	–	–	–	–	85	37	230	191	105	46	300	249
6 Schnitte	–	–	–	–	–	–	–	–	120	52	340	282
2 Schnitte + 1 bis 2 Weidegänge	–	–	–	–	60	26	190	158	80	35	225	187
2 Schnitte + 2 oder mehr Weideg.	–	–	–	–	80	35	215	178	100	44	290	241
Dauerweiden[2]												
Kulturweiden												
Ganztagsweide (über 12 Std.)	10	4	20	17	15	7	30	25	25	11	40	33
Kurztagsweide (unter 12 Std.)	35	15	90	75	60	26	160	133	70	31	200	166
Hutweiden	10	4	20	17	20	9	35	29	–	–	–	–

Übungs- und Wiederholungsfragen

1. Nennen Sie die zwei wichtigsten Aufgaben der Düngung!

   a) ....

   b) ....

2. Teilen Sie die Pflanzennährstoffe nach Gruppen ein in:

   ....

   ....

   ....

   ....

3. Nennen Sie je drei wichtige Aufgaben der folgenden Kernnährstoffe!

   Stickstoff – ....

   Phosphor – ....

   Kalium – ....

4. Die Verwendung von frischem, strohreichem Stallmist hat einen günstigen Einfluss auf den Boden und die Pflanzen!

   Ist diese Aussage ❍ richtig? ❍ falsch?

5. Tragen Sie die anfallenden Wirtschaftsdüngermengen ein!

   Rind, pro GVE und Jahr: Stallmist .... t

   Gülle, unverdünnt .... m^3

6. Nennen Sie den durchschnittlichen Nährstoffgehalt in kg/t oder m^3!

	N	P_2O_5	K_2O
Rindermist			
Ringergülle, unverdünnt			
Schweinegülle, unverdünnt			
Hühnertrockenkot			

7. Nennen Sie jene Früchte, die den Stallmist am besten verwerten!

....

8. Die Jauche ist reich an .... und

...., jedoch arm an

.... und

....

9. Nennen Sie die drei Verfahren der Flüssigmistgewinnung!

a) ....

b) ....

c) ....

10. Wodurch kann die Qualität der Gülle noch verbessert werden?

a) durch ....

b) durch ....

11. Nennen Sie die Voraussetzungen für die Strohdüngung!

....

....

12. Teilen Sie folgende Gründüngungspflanzen ein in stickstoffsammelnde und nichtstickstoffsammelnde Pflanzen (ankreuzen)!

Gründüngungspflanzen	*Leguminosen*	*nichtstickstoffsammelnde Pflanzen*
Rotklee	❑	❑
Raps	❑	❑
Sonnenblume	❑	❑
Perko	❑	❑
Erbsen	❑	❑
Senf	❑	❑
Phacelia	❑	❑
Ölrettich	❑	❑
Ackerbohne	❑	❑

13. Die Einarbeitung von Rübenblättern ergibt eine Stickstoffnachlieferung in der

Höhe von .... bis .... kg/ha.

14. Nennen Sie Stoffe, die den Klärschlamm für eine Anwendung in der Landwirtschaft ungeeignet machen!

....

15. Der Leitsatz in der Düngung lautet:

Nicht „Wirtschaftsdünger oder ....",

sondern „Wirtschaftsdünger und ....".

16. Ordnen Sie der angegebenen Stickstofform die entsprechenden Dünger zu!

Stickstoffform	*Bezeichnung des Düngers*
Nitrat	....
Ammonium	....
$^1/_2$ Nitrat + ...	....
$^1/_2$ Ammonium	....
Amid	....

17. Ordnen Sie die Phosphatdünger nach ihrem Kalkgehalt!

kalkfrei: ....

kalkhaltig: ....

18. Teilen Sie die Kalidünger nach ihrem Chloridgehalt ein in:

chloridfrei	chloridhältig
....	....
....	....
	....

19. Nennen Sie mindestens vier der bekannten Zweinährstoffdünger!

....

....

20. Die Angabe des Nährstoffverhältnisses in den Volldüngern erfolgt immer in der Reihenfolge:

☐ : ☐ : ☐

(Richtige Kurzbezeichnungen einsetzen!)

5. Allgemeiner Pflanzenschutz

5.1. Begriff

Ziel des Pflanzenschutzes ist es, die Kulturpflanzen zu schützen, die Qualität des Ernteproduktes zu sichern und bei der Lagerung zu erhalten.

5.2. Bedeutung des Pflanzenschutzes

Um die Ernährung der Menschen sicherzustellen, ist Pflanzenschutz notwendig. Die Verluste durch tierische Schädlinge, Pflanzenkrankheiten, Unkräuter und sonstige Ursachen werden in Österreich auf 15 bis 20 % geschätzt. Eine weitere Aufgabe des Pflanzenschutzes ist aber auch die Erhaltung der Qualität der pflanzlichen Produkte, um eine gesunde Ernährung zu gewährleisten.

5.3. Pflanzenschäden

Schäden an Pflanzen zeigen sich durch eine Abnormität in der Entwicklung der Pflanzen, die ein jeweils typisches Krankheitsbild aufweisen.
Hervorgerufen werden diese Störungen durch:

Unbelebte Schadensfaktoren	*Belebte Schadensfaktoren*
Klima bzw. Witterung	tierische Schädlinge
Boden	Krankheitserreger
Nährstoffe	Schadpflanzen
Umwelt	

5.3.1. Unbelebte Schadensfaktoren (= nichtparasitär)

Beispiele für unbelebte Schadensfaktoren:

- Klima bzw. Witterung: Frost, Hitze, ...
- Boden: Bodenverdichtungen, ...
- Nährstoffe: falsche Düngung, ...
- Umwelt: Luftverschmutzung, ...

Schreiben Sie weitere Beispiele dazu!

5.3.2. Belebte Schadensfaktoren (= parasitär)

5.3.2.1. Tierische Schädlinge

- Insekten
- Nematoden (Älchen od. Fadenwürmer)
- Milben
- Weichtiere
- Nagetiere
- Vögel

Insekten verursachen die meisten Schäden. Kennzeichnend für die Insekten ist einerseits ihre Vielfalt, andererseits die Tatsache, dass sowohl das Vollinsekt wie auch bereits die Larven Schäden hervorrufen und letztlich mehrere bis sehr viele Generationen in einem Jahr auftreten können. Die Vermehrung der Insekten wird durch Trockenheit und Wärme gefördert.

Entwicklung: Sie ist durch eine Verwandlung (Metamorphose) gekennzeichnet, die durch verschiedene Hormone (z. B. Juvenilhormone) gesteuert wird.

Man unterscheidet dabei Insekten mit vollkommener (z. B. Käfer, Schmetterlinge, Fliegen) und unvollkommener (z. B. Blattläuse, Thripse, Werren) Verwandlung.

Stufen der Insektenverwandlung

vollkommen	*unvollkommen*
↓	↓
Ei	Ei
↓	↓
Larve	Larve
↓	↓
Puppe	Vollinsekt
↓	
Vollinsekt	

Nach der Ausbildung der Mundwerkzeuge und der daraus entstehenden Schädigung unterscheidet man:

Fressende Insekten

Sie verursachen Fraßschaden an allen Pflanzenteilen.

Schädigung durch Vollinsekt und Larve:

Schreiben Sie weitere Beispiele dazu!

z. B. Maikäfer – Engerling, ...

Schädigung durch Larven:

z. B. Schmetterlingsraupen, ...

Saugende Insekten

Sie saugen mittels eines „Rüssels“ Pflanzensaft aus den Zellen. Die Pflanze reagiert auf diese Schädigung mit Verunstaltungen und Missbildungen (z. B. Einrollen der Blätter oder „bärtige Wurzeln“).

Hierher gehören:

Blattläuse, z. B. Grüne Pfirsichblattlaus, ...

Schildläuse, z. B. San-José-Schildlaus, ...

Blasenfüße oder Thripse, z. B. Getreidethripse, ...

Wanzen, z. B. Getreidewanze, ...

Nematoden (= Älchen), z. B. bei Kartoffel, ...

Milben, z. B. Rote Spinne, ...

Ergänzen Sie durch eigene Beispiele!

- Weichtiere, z. B. Schnecken
- Nagetiere, z. B. Feldmaus, Hamster
- Vögel, z. B. Tauben, Krähen

5.3.2.2. Krankheitserreger

Pilze: können sich auf Grund ihres einfachen Baues (Zellfäden, Fadengeflecht, kein Chlorophyll) nicht selbst ernähren, sondern entnehmen der „Wirtspflanze" die Nahrung. Die Vermehrung der Pilze wird durch feuchten und warmen Witterungsverlauf gefördert. Hiezu gehören:

Mehltaupilze, ...

Bakterien: sind im Zusammenhang mit dem Entstehen von Pflanzenkrankheiten von untergeordneter Bedeutung.

Viren (lat. = Gift): sind ein Eiweißstoff, der nur in anderen Lebewesen zu wachsen vermag; Erreger ansteckender Krankheiten bei Mensch, Tier und Pflanze.

Die Übertragung von Pflanze zu Pflanze erfolgt durch:

Blattläuse, z. B.: ....

mechanische Übertragung, z. B.: ....

vegetative Vermehrung von Pflanzenteilen, z. B.: ....

Eine direkte Bekämpfung ist derzeit nicht möglich.

Indirekte Bekämpfungsmaßnahmen sind: ....

....

....

5.3.2.3. Schadpflanzen

Sie entziehen unseren Kulturpflanzen Wasser, Nährstoffe, Licht und Standraum, erhöhen den Pflegeaufwand, beeinflussen die Qualität des Ernteproduktes und bringen oft Schwierigkeiten bei der maschinellen Ernte.

5.4. Methoden des Pflanzenschutzes

Dazu gehören:

- Kulturmaßnahmen,
- biologischer Pflanzenschutz,
- mechanischer bzw. physikalischer Pflanzenschutz,

- chemischer Pflanzenschutz sowie
- integrierter Pflanzenschutz.

5.4.1. Kulturmaßnahmen

Alle Kulturmaßnahmen, die zur Gesunderhaltung der Pflanzen dienen, werden mit „Pflanzenhygiene“ bezeichnet.
Zu diesen Kulturmaßnahmen zählen:

- Standortwahl: Das Ziel ist, der Kulturpflanze einen ihren Ansprüchen entsprechenden Standort (Boden, Klima) anzubieten.
- Bodenbearbeitung: Richtige Bodenvorbereitung ist gegen manche „bodenbürtigen“ Krankheitserreger eine wirksame und billige Vorbeugung. Außerdem sind hier auch die mechanische Unkrautbekämpfung und die garefördernde Bodenbearbeitung besonders wichtig.
- Düngung: Auf eine harmonische, dem Bedarf angepasste Mineraldüngung und organische Düngung ist besonderer Wert zu legen. Bei fehlendem Stallmist sollten Strohdüngung und eventuell Gründüngung angewendet werden.
- Fruchtfolge: Ausreichend lange Anbaupausen von Wirtspflanzen können Fruchtfolgekrankheiten und -schädlinge „aushungern“. Ebenso werden viele Unkräuter durch eine richtige Fruchtfolgegestaltung unterdrückt.
- Sortenwahl: Die Auswahl widerstandsfähiger Sorten erspart eine Anwendung chemischer und oft nicht mehr rentabler Pflanzenschutzmittel.
- Saat- und Pflanzengut: Die Verwendung von gesundem, gut keimfähigem, leistungsfähigem und auch unkrautfreiem Saatgut ist eine wichtige Maßnahme.
- Saattechnik und Saatzeit: Saattiefe und Saatstärke können durch das entstehende Mikroklima eine frühzeitige Vermehrung von Krankheitserregern fördern. Zu frühe oder zu späte Saat begünstigt ebenfalls die Entwicklung verschiedener Krankheiten und Schädlinge.

5.4.2. Biologischer Pflanzenschutz

Unter „biologischem Pflanzenschutz“ versteht man alle Maßnahmen, die darauf ausgerichtet sind, die Lebensgemeinschaft unserer Kulturlandschaft zu schonen, damit die noch vorhandenen natürlichen Gegenspieler von Schadorganismen wirksam werden können.

Die Ziele des biologischen Pflanzenschutzes werden erreicht durch:

- Schonung und Förderung von Nützlingen,
- Zucht und Einbürgerung von Nutzinsekten,
- Einsatz von Krankheitserregern sowie
- biotechnische Maßnahmen.

Schonung und Förderung von Nützlingen

Die Nützlinge sollen durch richtigen Einsatz chemischer Pflanzenschutzmittel (Auswahl, Dosierung, Anwendungszeitpunkt) erhalten und gefördert werden. Weiters sollen die Nützlinge durch die Erhaltung von Gebüsch, Neuanlagen von Windschutzgürteln u. dgl. in ihrer Entwicklung gefördert werden.

Zu den heimischen Nützlingen zählen:

- Vögel – Rebhühner ....
- Säugetiere – Igel ....
- Kriechtiere u. Lurche – Eidechsen ....
- Insekten – Marienkäfer ....
- Spinnentiere – Kreuzspinne ....

Führen Sie weitere Nützlinge an!

Zucht und Einbürgerung von Nutzinsekten

Ein Beispiel dafür stellt die Maiszünslerbekämpfung mittels Schlupfwespen der Gattung Trichogramma dar. Für die Zucht und den Verkauf gibt es einige deutsche Firmen.

Einsatz von Krankheitserregern

Bakterien, Viren und Pilze werden ähnlich wie chemische Mittel ausgebracht und rufen bei Schadorganismen Erkrankungen hervor, die zum Tod des Schädlings führen. Derzeit sind Erfolge nur mit einem Sporenpulver von Bazillus Thuringiensis gegen die Raupen des Kohlweißlings einsetzbar. Diese Präparate sind für Menschen und sonstige Lebewesen unschädlich.

Beispiele: ....

Biotechnische Maßnahmen

- Anwendung von Abschreckstoffen und Hemmstoffen,
- Selbstvernichtung durch Sterilisation,
- Anwendung von Insekten-Lock- und Duftstoffen sowie
- Anwendung von Insektenhormonen.

Beispiele: ....

5.4.3. Mechanischer bzw. physikalischer Pflanzenschutz

Die Methoden zählen zu den ältesten Verfahren, haben aber, aus arbeitswirtschaftlichen Gründen, an Bedeutung verloren. Sie sind in Sonderfällen aber auch heute noch unentbehrlich.

Zu den mechanischen Methoden zählen:

- Abschütteln ....
- Einsammeln ....
- Fangen von Schädlingen ....
- Entfernung kranker Pflanzenteile ....
- Bekämpfung von Unkräutern durch Ausreißen oder Hacken ....
- Umzäunung gegen Wildverbiss ....
- Errichtung von Vogelscheuchen und Lärm erzeugenden Geräten ....

Schreiben Sie Beispiele dazu!

Zu den physikalischen Methoden zählen:

- Anwendung von Wärme, Kälte, Strahlen u. dgl. ....
- Sterilisation von Erde durch Dämpfen ....
- Warmwasserbehandlung von Samen und vegetativen Pflanzenteilen

  ....
- Abflammen von Unkräutern ....

5.4.4. Chemischer Pflanzenschutz

Unter chemischem Pflanzenschutz versteht man die Anwendung chemischer Substanzen, die meist in geringen Mengen hoch wirksam sind.

5.4.4.1. Bestandteile eines chemischen Pflanzenschutzmittels

Wirkstoff

Darunter versteht man die Substanz, die über den Anwendungsbereich (Abtötung von Insekten, Pilzen usw.) entscheidet. Eine Kombination mehrerer Wirkstoffe ist möglich.

Begleitstoffe

In den chemischen Mitteln können noch Zusätze wie

Schreiben Sie die Aufgaben der einzelnen Begleitstoffe dazu!

- Haftmittel ....
- Lösungsmittel ....
- Netzmittel ....
- Stabilisatoren ....
- Farb- bzw. Warnstoffe .... und
- Füllstoffe ....

enthalten sein.

Nach der Wirksamkeit der chemischen Stoffe werden die Mittel in Gruppen eingeteilt:

Verwenden Sie ein Fremdwörterlexikon!

Insektizide wirken gegen ....

Fungizide wirken gegen ....

Bakterizide wirken gegen ....

Herbizide wirken gegen ....

Rodentizide wirken gegen ....

Akarizide wirken gegen ....

Molluskizide wirken gegen ....

Nematizide wirken gegen ....

Ovizide wirken gegen ....

Daneben gibt es noch Mittel zur Saat- und Pflanzgutbehandlung, Wild- und Vogelabschreckung, Keimhemmung und Wachstumsregelung.

Diese Vielfalt der Anwendungsbereiche und der chemischen Substanzen erfordert einen besonders sinnvollen, überlegten und verantwortungsbewussten Einsatz der chemischen Substanzen. Bei unsachgemäßer Anwendung eines Pflanzenschutzmittels können Gefahren auftreten, die sich auf folgende Bereiche erstrecken:

- Gesundheitsgefährdung des Anwenders,
- Gesundheitsgefährdung des Verbrauchers,
- Schädigung der Kulturpflanze,
- Schädigung des Bodens,
- Gefährdung verschiedener Tiere (Bienen) und
- Belastung der Umwelt.

Neben allen gefährdeten Bereichen gibt es aber auch Vorteile bei der Anwendung von Pflanzenschutzmitteln:

- meist sichere, schnelle und nachhaltige Wirkung;
- arbeitswirtschaftlich: Einsparung von Zeit und Arbeitskräften, Möglichkeit der Vollmechanisierung;
- Absicherungs- und Korrekturverfahren in allen Intensivkulturen sowie
- Erhaltung der Arbeitsproduktivität bei gezielter Anwendung.

Bei Verwendung eines chemischen Pflanzenschutzmittels sollten nicht nur die Vorteile, sondern auch die Gefahren, die durch den Einsatz eines Pflanzenschutzmittels entstehen können, beachtet werden. Werden Pflanzenschutzmittel unter den Gesichtspunkten der Erhaltung einer gesunden Umwelt angewendet, so wird dies auch als „Ökologischer Pflanzenschutz“ bezeichnet.

5.4.4.2. Wirkungsweise chemischer Pflanzenschutzmittel

Man unterscheidet systemische und nichtsystemische Pflanzenschutzmittel.

S y s t e m i s c h e P f l a n z e n s c h u t z m i t t e l

Diese Mittel gehen in den Saftstrom der Pflanze über, sie werden in der Pflanze weitertransportiert und üben dann in der gesamten Pflanze eine „innertherapeutische“, oft sehr lang anhaltende Wirkung aus, die sich jedoch im Allgemeinen nur gegen saugende Schädlinge nutzen lässt.

Unterscheiden Sie zwischen systemischer und nichtsystemischer Wirkung eines Pflanzenschutzmittels!

N i c h t s y s t e m i s c h e P f l a n z e n s c h u t z m i t t e l

Sie wirken über die Pflanzenoberfläche, haben meist eine rasche Anfangswirkung, aber eine geringere Dauerwirkung. Häufig enthalten diese Mittel Giftstoffe, die für Mensch und Tier gefährlich sind (Nervengifte). Die meisten Pflanzenschutzmittel werden auf chemischem Weg künstlich hergestellt (= synthetisiert). Es gibt aber auch einige wenige auf natürlichem Weg, aus Pflanzenextrakten hergestellte Mittel (z. B. Pyrethrum), die für Mensch und Tier ungefährlich sind.

5.4.4.3. Anwendung chemischer Pflanzenschutzmittel

Bei der Anwendung chemischer Mittel ist auf verschiedene Faktoren vor, während und nach der Anwendung zu achten.

- Gezielte Anwendung – hinsichtlich der Mittelauswahl, des Anwendungszeitpunktes und der Brühezubereitung (richtige Dosierung!).
- Giftigkeit der Mittel
  Besonders gefährliche Mittel und Gifte sind auf der Originalpackung mit einem Totenkopf gekennzeichnet und unterliegen Bezugsbeschränkungen. Minder gefährliche Gifte und ungefährliche Stoffe sollten bevorzugt werden.
  Bienengefährliche Mittel (Bg) und minder bienengefährliche Mittel (mBg) unterliegen ebenfalls Anwendungsbeschränkungen. Die Bienengefährlichkeit muss auf der Verpackung deutlich angegeben sein.
  Für Bienen ungefährliche Mittel sind nicht besonders gekennzeichnet und können in allen Kulturen laut Gebrauchsanweisung angewendet werden. Anwendungsverbote für bestimmte Mittelgruppen sind zu beachten (z. B. DDT, Aldrin).

Siehe Gemüsebau!

- Die vorgeschriebenen Karenzzeiten sind unbedingt einzuhalten! Die Karenzzeiten werden in arabischen Ziffern angegeben (1, 2, 3, ...).
  Diese Angabe bedeutet, dass zwischen der letzten Anwendung eines Pflanzenschutzmittels und der Ernte die Anzahl der angegebenen Wochen dazwischenliegen muss.
  Römische Ziffern bei der Angabe (V, VI, ...) bedeuten Tage und sind bei Kulturen, wo die Ernte nach und nach über einen längeren Zeitraum erfolgt, zu finden (z. B. Gurken, Tomaten, Paprika).

Erklären Sie den Begriff „Karenzzeit“!

Siehe Gemüsebau!

- Geschmacksbeeinträchtigung ist bei manchen Mitteln möglich, das heißt, es liegt eine Gefährdung des Ernteproduktes vor, wodurch sich ebenfalls Anwendungsbeschränkungen ergeben.
- Auf Gefahr der Abtrift und Schädigung der Nachbarkultur ist zu achten.
- Vorsichtsmaßnahmen im Umgang mit Pflanzenschutzmitteln müssen beachtet werden.
- Auf richtige Ausbringung ist zu achten (Spritzen, Sprühen, Stäuben, Streuen, Beizen, Begasen, Nebeln, Räuchern, Inkrustieren).

5.4.5. Integrierter Pflanzenschutz

Verwenden Sie die Beratungsschrift 43 „Integrierter Pflanzenschutz“ des BM f. Land- u. Forstwirtschaft u. d. BA f. Pflanzenschutz!

Unter integriertem Pflanzenschutz versteht man die richtige Abstimmung aller wirtschaftlichen, ökologischen und toxikologisch vertretbaren Methoden, um Schadorganismen unter der wirtschaftlichen Schadschwelle zu halten.

Im integrierten Pflanzenschutz spielen folgende Faktoren eine Rolle:

- Schutz und Schonung nützlicher Tiere;
- Züchtung und Anbau widerstandsfähiger Pflanzen und Sorten;
- Warndienst einschließlich Prognose (Vorhersage des Auftretens von Schadorganismen);
- Einsatz nützlingsschonender und selektiver Pflanzenschutzmittel sowie
- Auswahl der miteinander zu verknüpfenden Abwehrverfahren, wie: biotechnische Methoden und/oder Einsatz chemischer Mittel.

5.5. Wichtige Maßnahmen des Gesetzgebers

5.5.1. Gegenüberstellung der wichtigsten Vorschriften zur Erlangung der Giftbezugslizenz bzw. -schein

Voraussetzung	*Giftbezugslizenz*	*Giftbezugsschein*
normale Gültigkeitsdauer	bis 5 Jahre	bis 3 Monate
Voraussetzung für die Erteilung	vollendetes 19. Lebensjahr	vollendetes 19. Lebensjahr
	Ausnahmen gibt es für selbständige Land- und Forstwirte; hier genügt die Erreichung der Volljährigkeit	
	Verlässlichkeit (geistige Eignung, Sachkundigkeit)	
	Notwendigkeit des wiederholten Bezuges, besondere Kenntnisse über Maßnahmen der „Ersten Hilfe im Vergiftungsfall“	Notwendigkeit des Bezuges
Umfang der Berechtigung	mehrmaliger Bezug einer unbestimmten Menge eines oder mehrerer Gifte	einmaliger Bezug einer bestimmten Menge eines oder mehrerer Gifte

Anträge sind bei der jeweiligen Bezirksverwaltungsbehörde zu stellen, wobei jeweils Verwaltungskosten anfallen.

Gefahrensymbole, Kennbuchstaben und Gefahrenbezeichnungen für Chemikalien (Pflanzenschutzmittel)

T +
Sehr giftig

T
Giftig

Xn
Mindergiftig

Xi
Reizend

C
Ätzend

E
Explosionsgefährlich

O
Brandfördernd

F
Leichtendzündlich

F +
Hochendzündlich

5.5.2. Entsorgung

Der Einsatz chemischer Mittel kann, wie schon öfter erwähnt, Probleme für die Menschen und ihre Umwelt mit sich bringen. Die gesetzgebenden Körperschaften (Nationalrat und Landtage) haben daher verschiedene Bundes- und Landesgesetze (derzeit insgesamt 13) erlassen, die mit dem Pflanzenschutz im mittelbaren und unmittelbaren Zusammenhang stehen. Eines dieser Gesetze ist das „Abfallwirtschaftsgesetz“, das die Entsorgung von Problemstoffen regelt.

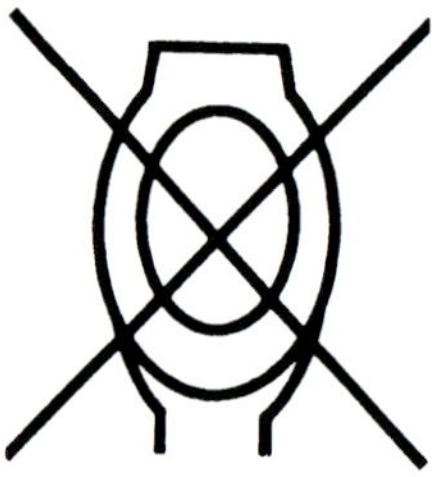

Verbot der Beseitigung über die Kanalisation
Reste nicht in den Ausguss oder das WC leeren, sondern mit dem Hausmüll entsorgen.
Reste nicht in den Ausguss oder das WC leeren, sondern Abgeber/Verkaufsstelle/Sonderabfallsammler/Problemstoffsammelstelle übergeben.

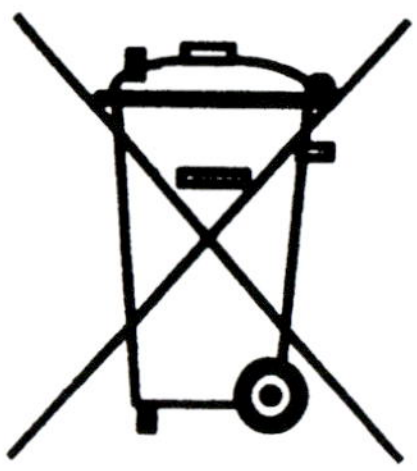

Sonderabfall, Problemstoff
Nicht mit dem Hausmüll entsorgen.
Sonderabfallsammler übergeben.
Zu Problemstoffsammelstelle bringen.
Gifte dem Abgeber/der Verkaufsstelle zurückgeben.

Hausmüll
Kann mit dem Hausmüll entsorgt werden.

5.6. Erste Hilfe bei Pflanzenschutzmittelvergiftungen

Kommt es durch Nichteinhaltung der Anwendungsvorschriften zu Vergiftungserscheinungen, so ist eine sofortige Hilfe notwendig, wobei folgendes beachtet werden sollte:

- sofortige Verständigung des Arztes;
- Entfernung des Vergifteten aus dem Giftmilieu – frische Luft;
- durchnässte und verschmutzte Kleidung entfernen;

- Reinigung der Haut mit Wasser und Seife;
- Vergifteten bei kaltem Wetter warm einpacken;
- Vergifteten zum Erbrechen bringen;
  (warmes Salzwasser einflößen – 1 Esslöffel Salz auf 1 Glas Wasser);
- Verabreichung von Medizinalkohle verhindert die weitere Resorption der Gifte im Magen-Darm-Trakt (2 bis 3 Esslöffel in 1 l Wasser verrühren);
- keine Anwendung althergebrachter Hausmittel wie Milch, Rizinusöl u. dgl., da diese gegenteilige Wirkung haben (Förderung der Resorption).

Für alle Vergiftungsfälle ist folgende Stelle zuständig:

Vergiftungsinformationszentrale für Österreich:
1. Medizinische Universitätsklinik,
1090 Wien, Lazarettgasse 14,
Telefon: 01/406 43 43

Übungs- und Wiederholungsfragen

1. Nennen Sie Pflanzenschäden:

durch unbelebte Schadensfaktoren	durch belebte Schadensfaktoren
....	....
....	....

2. Die Vermehrung der Insekten wird durch

   und .... gefördert!

3. Die Vermehrung der Pilze wird durch

   und .... gefördert!

4. Nennen Sie Methoden des Pflanzenschutzes!

   ....

   ....

5. Wodurch werden die Ziele des biologischen Pflanzenschutzes erreicht?

   ....

   ....

6. Nennen Sie die Bestandteile eines chemischen Pflanzenschutzmittels!

   ....

   ....

7. Erklären Sie die Wirkung systemischer Pflanzenschutzmittel!

   ....

   ....

8. Erklären Sie den Begriff „Karenzzeit“!

   ....

   ....

9. Was versteht man unter „Abtrift"?

....

....

10. Welche Faktoren spielen im integrierten Pflanzenschutz eine Rolle?

....

....

6. Getreidebau

6.1. Bedeutung des Getreidebaues

Ein Großteil der Ackerfläche Österreichs wird mit Getreide bebaut.

6.1.1. Anbaufläche der Getreidearten in Österreich (ha)

	19......	19......	20......
Weizen	....	....	....
Roggen	....	....	....
Gerste	....	....	....
Hafer	....	....	....

6.1.2. Vorteile und Schwächen des Getreidebaues

Vorteile

- geringe Arbeitsintensität,
- sehr gute Mechanisierbarkeit sowie
- Möglichkeit der Zwischenackernutzung durch Unter- oder Stoppelsaaten.

Schwächen

- geringer Vorfruchtwert,
- Sinken der Bodenfruchtbarkeit bei wiederholten einseitigem Getreidebau,
- begrenzte Düngungsmöglichkeit sowie
- geringe Nährstofferträge im Vergleich zu Hackfrüchten.

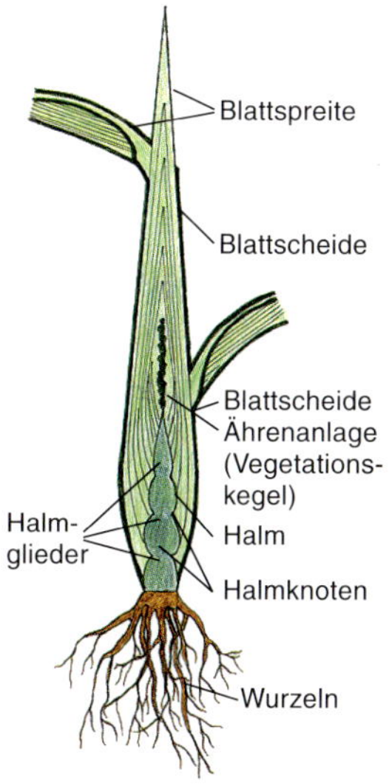

Längsschnitt durch eine junge Roggenpflanze.

6.2. Botanische Merkmale

Unsere Getreidearten gehören zur Klasse der einkeimblättrigen Pflanzen und hier zur Familie der echten Gräser.

Die Getreidepflanzen bestehen aus den Organen:
- Wurzel,
- Halm,
- Blätter,
- Blütenstand und
- Getreidekorn.

6.2.1. Wurzel

Die Getreidearten sind Büschelwurzler, das heißt, sie besitzen keine Haupt- oder Pfahlwurzel. Die Hauptwurzelmasse befindet sich zwischen 15 und 25 cm Bodentiefe. Bei langer Trockenheit dringen so genannte „Wassersucher" bis in 1,5 m Bodentiefe vor. Je größer die Wurzelmasse ist, umso größer ist das Nährstoffaneignungsvermögen. Dieses ist bei Hafer am größten. Es folgen Roggen, Weizen und Gerste.

6.2.2. Halm

Der meist hohle Getreidehalm ist in Knoten (= Nodien) und Zwischenknotenstücke (= Internodien) gegliedert. Die Abstände der Halmknoten werden von unten nach oben größer.
Für die Praxis interessant sind standfeste, eher kurzstrohige Getreidesorten. Dieser Anforderung wird durch die Züchtung Rechnung getragen. Durch eine gute Kaliversorgung und durch Anwendung von Halmverkürzern wie CCC (Chlorcholinchlorid) kann der Landwirt die Standfestigkeit verbessern.

6.2.3. Blätter

Die Getreideblätter sind parallelnervig und bestehen aus Blattspreite und Blattscheide. Blattstiele fehlen. Am Übergang von Blattspreite und Blattscheide befinden sich Blattöhrchen und Blatthäutchen. Die Ausformungen dieser Blatteile dienen als Unterscheidungsmerkmale bei jungen Getreidepflanzen. Die Blattspreite von Hafer weist eine Linksdrehung, die von Weizen, Roggen, Gerste eine Rechtsdrehung auf.

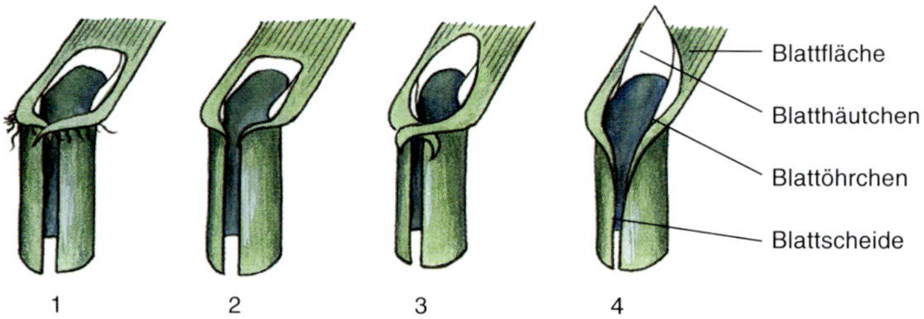

1: Weizen (bewimperte „bärtige" Blattöhrchen) – 2: Roggen (höchstens kleine Öhrchen, kurzes Blatthäutchen) – 3: Gerste (krallenartige Öhrchen, unbewimpert) – 4: Hafer (kleine Öhrchen, langes Blatthäutchen) und schematischer Aufbau eines Grasblattes.

Die Blätter stellen neben dem Halm die Hauptassimilationsfläche dar. Das oberste Blatt heißt „Fahnenblatt" und ist für Kornfüllung und Kornreifung von besonderer Bedeutung.

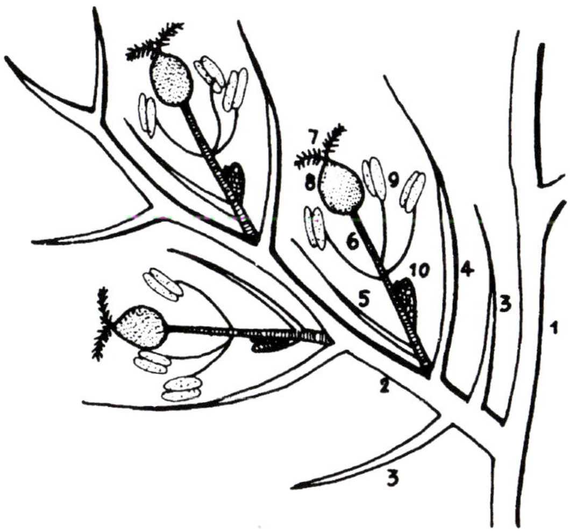

Aufbau eines Getreideährchens.

1 = Achse des Blütenstandes
2 = Achse des Ährchens
3 = Hüllspelzen
4 = Deckspelze (oft mit Granne)
5 = Vorspelze
6 = Blütenachse
7 = Narben
8 = Fruchtknoten
9 = Staubblätter
10 = Schwellkörper

6.2.4. Blütenstand

Weizen, Roggen und Gerste haben eine Ähre als Blütenstand, Hafer eine Rispe. Die Blüten des Getreides sind einhäusig zwittrig.

Siehe Pflanzenkunde!

Jede Ähre besteht aus einer Ährenspindel mit den darauf befindlichen Ährchen, welche je nach Getreideart ein- bis mehrblütig sind. Im Ährchen sind der Fruchtknoten mit zwei federförmigen Narben und drei Staubbeuteln. Diese Blütenbestandteile sind von einer Vorspelze, einer Deckspelze und einer Hüllspelze umgeben. Im Blütchen befindet sich noch der Schwellkörper, der zur Blütezeit Wasser aufnimmt und Narbe sowie Staubbeutel freigibt. Die Deckspelzen können begrannt (= Bartweizen) und unbegrannt (= Kolbenweizen) sein. Die Grannen bieten einen Verdunstungsschutz und Schutz vor Kornausfall zur Zeit der Reife.

6.2.5. Getreidekorn

Das Getreidekorn ist eine Grasfrucht, die einsamig ist und bei der Frucht- und Samenschale untereinander verwachsen sind. Frucht- und Samenschale umgeben den Mehlkörper, in dem der Keimling eingebettet ist. Das Schildchen verbindet den Keimling mit dem Mehlkörper und übernimmt die Wasser- und Nährstoffversorgung, bis die Wurzeln ausgebildet sind.

Aufbau eines Getreidekornes – siehe Abb. S. 69.

6.2.6. Entwicklungsabschnitte der Getreidearten

- Keimung und Auflaufen
- Bestockung
- Schossen
- Ährenschieben
- Blüte und Kornausbildung
- Reifestadien

Entwicklungsstadien des Getreides

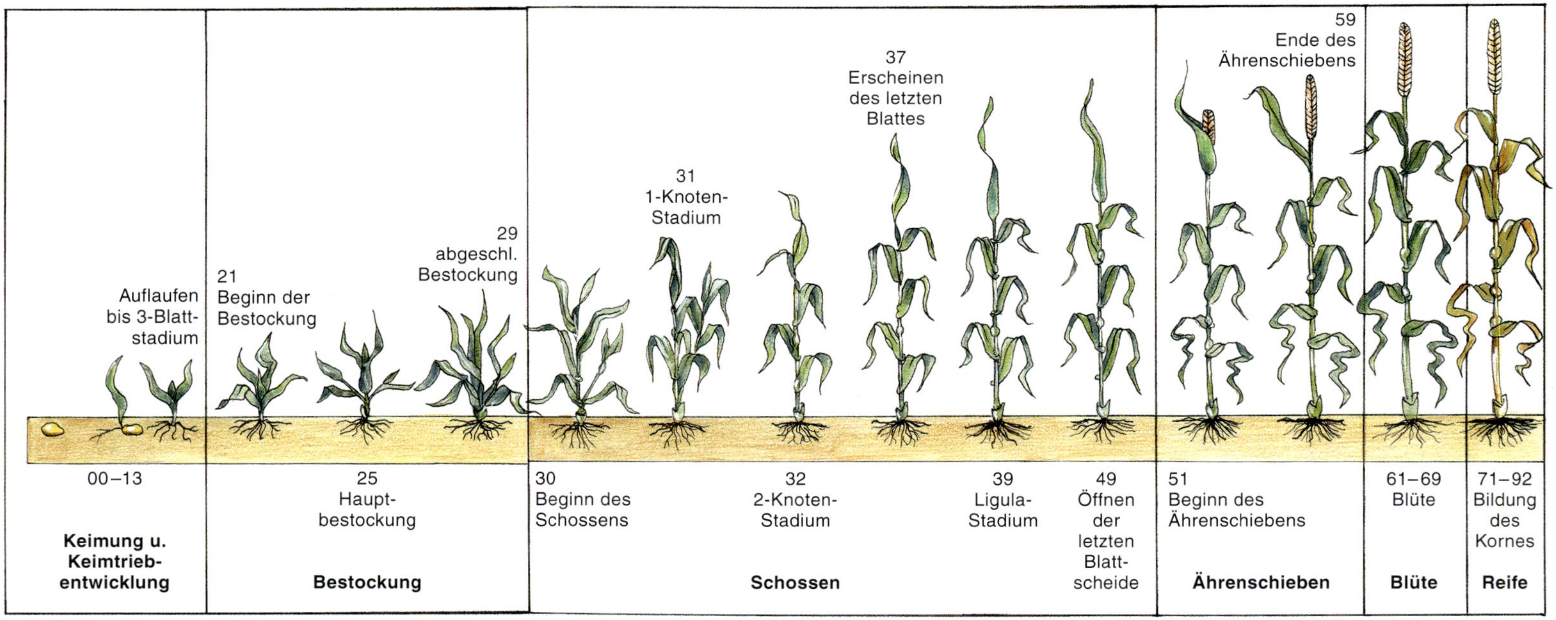

6.2.6.1. Keimung und Auflaufen

Für die Keimung sind Luft, Wasser und eine für jede Getreideart typische Keimtemperatur nötig. Zuerst nimmt das Samenkorn etwa die Hälfte seines Gewichtes an Wasser auf (= Quellung). Wirkstoffe lösen die Reservestoffe des Mehlkörpers für die Ernährung des Keimlings.
Dann werden die Keimwurzeln gebildet. Erst dann tritt das Erstlingsblatt, das noch von der Keimscheide geschützt ist, hervor. Solange die Keimscheide das Erstlingsblatt schützt, spricht man von „Spitzen des Getreides". Bis zum Spitzen und dann erst nach der Ausbildung des dritten Blattes kann das Getreide gestriegelt werden, ohne dass es Schaden erleidet.

Links: Keimung von Getreide (Roggen) – Rechts: Auflaufen von Getreide bis zum Dreiblattstadium.

6.2.6.2. Bestockung

Unter Bestockung versteht man, dass aus den untersten Halmknoten (Bestockungsknoten) zusätzliche Halme gebildet werden. So werden neue Halme und Nebenwurzeln (= Kronenwurzeln) gebildet. Die Bestockung ist mitentscheidend für die Zahl der ährentragenden Halme je m^2 (= Bestandesdichte). Wintergetreide bildet in trockenen Lagen zwei bis drei Halme, in feuchten Lagen vier bis fünf Halme, Sommergetreide ein bis zwei Halme pro Pflanze aus.

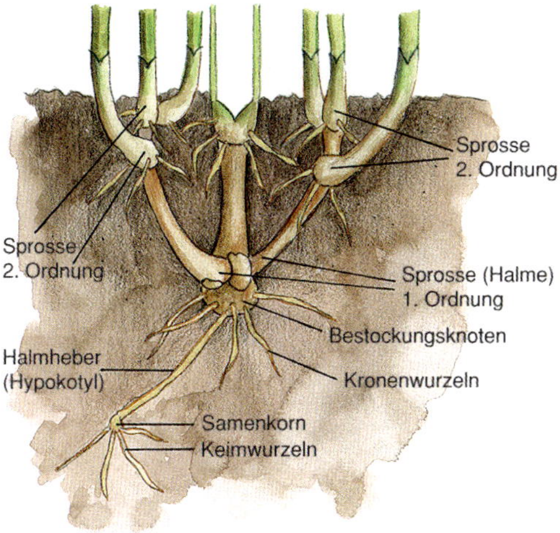

Bestockung des Getreides.

Roggen bestockt sich in geringer Tiefe. Liegt das Samenkorn zu tief, wird der Bestockungsknoten durch den „Halmheber“ in die günstigste Lage gebracht. Der „Halmheber“ ist also das Verbindungsstück zwischen den Keimwurzeln und den Kronenwurzeln. Die Halmheber können abreißen (= Auswinterung!).

Die Bestockung wird durch folgende Faktoren gefördert:

- genügend Standraum,
- gute Nährstoff- und Wasserversorgung,
- Eggen und Striegeln,
- niedrige Temperatur,
- ausreichend Licht und
- geringe Saattiefe.

6.2.6.3. Schossen

Unter Schossen versteht man die Streckung der Pflanze infolge einer starken und schnellen Zellteilung, bis zur Ausbildung der Blütenstände. Die Phase des Schossens dauert ca. vier Wochen. In diesem Entwicklungsstadium benötigt die Pflanze viel Wasser und Nährstoffe.

6.2.6.4. Ährenschieben

Unter Ährenschieben versteht man den Austritt des Blütenstandes aus der obersten Blattscheide. Nicht alle bei der Bestockung gebildeten Halme kommen zum Ährenschieben, da viele steril bleiben. Die Zahl der ährentragenden Halme liegt je nach Getreideart und Sortentyp zwischen 400 und 800 pro m^2.

6.2.6.5. Blüte und Kornausbildung

Während der Blüte des Getreides soll Schönwetter herrschen. Roggen ist ein ausgesprochener Fremd- und Windbestäuber (fliegender Blütenstaub der Roggenfelder). Aus diesem Grund kann bei Roggen bei ungünstigem Witterungsverlauf während der Blüte (Regen, kalte Tage) „Schartigkeit“ auftreten.
Weizen, Hafer und Gerste sind Selbstbestäuber.
Die Blühdauer eines Bestandes erstreckt sich auf ca. 10 bis 14 Tage, da die Blütchen nicht alle gleichzeitig abblühen.
Für die nun folgende Kornausbildung ist die Funktionstüchtigkeit des obersten Getreideblattes (= Fahnenblatt) besonders wichtig. Damit sich Kornfüllung und Kornreifung langsam und ungestört vollziehen können, sind genügend Feuchtigkeit, viel Licht und Wärme notwendig.

6.2.6.6. Reifestadien

Die Reife beginnt, nachdem das Korn sein größtes Volumen erreicht hat. Es sind vier Reifestadien zu unterscheiden:

Erkennungsmerkmale der Reifestadien bei Getreide

Reifestadium	*Erkennungsmerkmale*	*Wassergehalt des Getreidekorns*
Milch- oder Grünreife	Halm und Blätter unten gelb, sonst noch grün, Körner prall mit milchigem Inhalt. Das späte Stadium der Milchreife heißt Teigreife (Silomaisernte).	ca. 50 %
Gelbreife (= physiologische Reife)	Halm und Blätter gelb, Halm ist noch geschmeidig und zäh, Korn zäh, lässt sich über Nagel brechen. Körner sind erst nach Feldnachtrocknung lagerfähig.	ca. 30 %
Vollreife	Halm völlig ausgetrocknet, Korn hart, lässt sich nicht mehr über den Nagel brechen. Getreide ist mähdruschfähig, aber noch nicht voll lagerfähig.	ca. 20 %
Totreife (= Mähdruschreife)	Stroh ist spröd und brüchig, Körner voll lagerfähig, Korn fällt leicht heraus, Bestand „knistert".	14–16 %

6.3. Spezieller Getreidebau

6.3.1. Weizen

6.3.1.1. Bedeutung

Weizen ist die Hauptbrotfrucht der Erde und steht auf dem Weltmarkt an erster Stelle aller landwirtschaftlichen Produkte.

Nennen Sie Verwertungsmöglichkeiten des Weizens!

....

....

Die Urheimat des Weizens ist wahrscheinlich Ostasien.
Weizen ist in seinen Formen sehr vielfältig. Für die Praxis von Bedeutung sind zwei Formen. Die eine Form stammt aus Afghanistan und ist der Brotweizen = gewöhnlicher Weizen = Vulgare-Weizen.
Die zweite Form stammt aus Äthiopien und ist der Hartweizen = Durum-Weizen.

6.3.1.2. Ansprüche an Boden und Klima

Weizen stellt an den Boden sehr hohe Ansprüche und gedeiht auf schweren bis mittelschweren Böden am besten. Die Böden müssen ein entsprechendes Speichervermögen für Wasser- und Nährstoffe aufweisen. Die Bodenreaktion soll neutral bis alkalisch sein (pH 6,5 bis 7,5). Humusarme, leichte Sandböden und saure Böden sind für Weizenanbau weniger geeignet. Stark verunkrautete Felder und Neurisse scheiden für den Weizenanbau ebenfalls aus.
An das Klima stellt Weizen im Vergleich mit anderen Getreidearten die höchsten Ansprüche. Winterweizen braucht bis zur Reife eine Wärmesumme von 2 000 bis 2 200° C, Sommerweizen ca. 1 600° C. Weizen keimt bei einer Mindesttemperatur von 3 bis 4° C und verträgt Kahlfröste bis zu –22° C.
Der Wasserbedarf des Weizens liegt bei etwa 430 l pro kg zu bildende Trockenmasse (= Transpirationskoeffizient). Der Weizen benötigt also warmes, nicht zu trockenes Klima. Ausreichende Niederschläge im Mai bis Juni sowie Sonne und Wärme bringen auch eine entsprechende Qualitätsleistung.

6.3.1.3. Fruchtfolge

Dem Weizen sollte in der Fruchtfolge besondere Beachtung geschenkt werden, da er auf falsche Vorfrüchte empfindlich reagiert. Weizen ist mit sich selbst unverträglich und mit Gerste nur schlecht verträglich. Gute Vorfrüchte für Weizen sind Klee, Hülsenfrüchte, Hackfrüchte, aber auch Roggen und Hafer. Ein hoher Weizenanteil in der Fruchtfolge führt zum Auftreten der weit verbreiteten „Fußkrankheit“ wie etwa Halmbruch.

Beispiele für Fruchtfolgen mit Weizen:

Kartoffel – Winterweizen – Sommergerste
Zuckerrübe – Winterweizen – Sommergerste
Klee/Erbse/Bohne – Winterweizen – Sommergerste

6.3.1.4. Düngung

Als Grundlage für die Bemessung der Düngegaben gelten die vom Fachbeirat für Bodenfruchtbarkeit und Bodenschutz herausgegebenen Empfehlungen (siehe Seite 113 ff).
Die Stickstoffdüngung wird dem Weizen in Teilgaben verabreicht, wobei für die Termine der einzelnen Gaben der Vegetationsablauf berücksichtigt wird.

Als Termine kommen in Frage:

- Grunddüngung: vor der Saat eventuell 30 kg N/ha. Dient bei schlechter Vorfrucht zur Beschleunigung der Jugendentwicklung.
- Bestockungsdüngung: im Frühjahr sofort nach dem Abtrocknen der Felder, ca 30 bis 60 kg N/ha. Die Menge richtet sich nach dem Überwinterungszustand.
- Schossdüngung: ca. 30 bis 50 kg N/ha, im Trockengebiet in der ersten Schosshälfte, im Feuchtgebiet in der zweiten Schosshälfte.
- Vorblütendüngung (= Spätdüngung = Qualitätsdüngung): fallweise 15 bis 30 kg N/ha, wirkt qualitätsfördernd. Die Ausbringung ist schwierig und erfolgt meist mit Hilfe von Fahrgassen oder als Blattdüngung mit Harnstoff.

6.3.1.5. Sortenwahl

Für die Sortenwahl entscheidend ist das Nutzungsziel: Derzeit gibt es vier Formen von Anbau- und Lieferkontrakten:

- Premiumweizen und Qualitätsweizen
- Mahlweizen
- Futterweizen
- Durum-Weizen

Die Anbau- und Lieferkontrakte sichern die Versorgung des heimischen Marktes mit qualitativ hochwertigem Weizenmehl und erhöht die Exportchancen bei Überproduktionen. Bei diesem Anbau sind die jeweils vorgesehenen Richtlinien zu beachten. Ebenso sollte beachtet werden:

- gegebene Klima- und Bodenverhältnisse sowie
- physiologische Leistungen wie: Ertrag, Standfestigkeit, Krankheitsresistenz, Winterfestigkeit, Reifezeit usw.

Heute verwendete Sorten:

....

....

Informationsquellen: „Sortenbeschreibung landwirtschaftlicher Kulturpflanzen“ und „Zusammenfassung mehrjähriger Versuchsergebnisse“ des Bundesamtes für Forschung und Landwirtschaft in 1226 Wien, Spargelfeldstraße 191; Sortenratgeber verschiedener Stellen.

6.3.1.6. Bodenvorbereitung, Anbau und Pflege

Die Bodenvorbereitung für den Weizenanbau umfasst mehrere Arbeitsvorgänge:

Bei Hackfrüchten als Vorfrucht:	Bei Getreide als Vorfrucht:
Saatfurche	Stoppelbearbeitung
Eggen und Krümeln	Saatfurche
	Eggen und Krümeln

Die Saatfurche soll 20 bis 25 cm tief sein und zeitgerecht (ca. 8 Tage vor dem Anbau) durchgeführt werden.
Saatzeit im Feuchtgebiet: Ende September bis Anfang Oktober. Im Trockengebiet in der ersten Oktoberhälfte, bei starkem Getreideanteil in der Fruchtfolge und Gefahr von Fußkrankheiten auch noch später.
Saatmenge richtet sich nach Sorte, Keimfähigkeit, Tausendkorngewicht sowie Anbauzeitpunkt und liegt bei 150 bis 200 kg/ha; Saattiefe 2 bis 4 cm.

Die Saatmenge lässt sich aus folgenden Daten errechnen:

Anzubauende Körner/m²: ca. 300 im Feuchtgebiet, ca. 380 im Trockengebiet

Tausendkorngewicht: ø 44 g

Keimfähigkeit 85 % (Normwert für Saatgutanerkennung)

Berechnen Sie mit obigen Angaben die Saatgutmenge für Ihr Gebiet!

$$\textbf{Saatstärke} = \frac{\textbf{Anzubauende Körner/m}^2 \textbf{ x Tausendkorngewicht}}{\textbf{Keimfähigkeit}} =$$

= Saatstärke (= Saatmenge) = kg/ha

Als Pflegemaßnahmen kommen in Frage:

- Striegeln: im Frühjahr nach dem Abtrocknen und der Bestockungsdüngung. Man erreicht dadurch eine Vernichtung der Unkräuter, eine Beseitigung von Oberflächenverkrustungen, eine Einbringung von Kopfdüngern und eine Förderung der Bestockung durch leichtes Verletzen der Weizenpflanze.
- Anwalzen: Der Bodenschluss wird bei zu lockerem und aufgefrorenem Boden wiederhergestellt.

Weitere Pflegemaßnahmen sind:

- Chemische Unkrautbekämpfung
  Anwendung von Halmverkürzungsmitteln (CCC)
  Einsatz chemischer Mittel gegen Krankheiten und Schädlinge
- Beregnung: Als Beregnungstermine kommen in Frage:
  Bestockung — vor der Blüte
  Schossen — zur Kornfüllung

6.3.1.7. Ernte und Ertrag

Siehe Berichte des Österr. Statistischen Zentralamtes!

Die Kornausbildung und Stoffeinlagerung ist zur Zeit der Gelbreife abgeschlossen. Die Mähdruschreife tritt erst nach dem Absinken des Wassergehaltes (16 % oder weniger) ein. Mit Erreichung der Mährdruschreife erhöht sich die Gefahr des Kornausfalles.

Gute Durchschnittserträge liegen bei 50 bis 60 dt/ha.

Österr. Durchschnittsertrag: .... dt/ha

Landesdurchschnitt: .... dt/ha

Erträge im eigenen Betrieb: .... dt/ha

Hektolitergewicht: 75 bis 85 kg

Strohertrag: das 1,1- bis 1,4fache des Kornertrages

....

....

....

....

6.3.1.8. Qualität

Die Norm- und Grenzwerte können nicht allgemein angegeben werden, sie sind im Einzelfall verschieden, je nachdem, ob es sich

- um die Interventionskriterien (Mindest oder Standard),
- um die Börsenusancen oder
- um die Kriterien in Anbau- und Lieferverträgen
  handelt.

Qualitätskriterien für Weizen

	Futter-weizen*	Intervent.-weizen**	Mahl-weizen	Qualitäts-weizen	Premium-weizen
Feuchtigkeit max.	14 % (14,5 %)	14 % (14,5 %)	14 % (14,5 %)	14 % (14,5 %)	14 % (14,5 %)
Besatz max.		12 %	7,5 %	7,5 %	7,5 %
davon höchstens: Bruchkorn		3 % (5 %)	3 %	3 %	3 %
Kornbesatz	7 %	5 % (7 %)	5 %	5 %	5 %
Schwarzbesatz	3 %	1 % (3 %)	1 %	1 %	1 %
Auswuchs max.	10 %	2,5 % (4 %)	1 %	1 %	1 %
kg/hl min.	70	76 (73)	79	80	80
Fallzahl min.		220 Sek.	220 Sek.	250 Sek.	250 Sek.
Rohprotein min.		10 %	12,5 %	14 %	15 %
Feuchtkleber min.			28 %	30 %	34 %
Sedimentations-wert min.		22	35	50	55

Sortenreine Partien „RENAN“ und „CAPO“:
werden für die Stufen Qualitäts- resp. Premiumweizen getrennt erfasst: Sortenreinheit mind. 90 %.

* laut Börseusancen
** laut EU-Verordnung 824/2000 (mit Minderwert)

6.3.1.9. Sommerweichweizen

Für den Sommerweizenanbau sprechen:

- Anbau in klimatisch rauen Lagen möglich,
- Stellung in der Fruchtfolge.

Bei Sommerweizenanbau ist zu beachten:

- rechtzeitig (= möglichst frühe) Saat im Frühjahr,
- Verwendung höherer Saatmengen, wegen geringerer Bestockungskraft (220 bis 250 kg/ha),
- gute Versorgung mit leicht verfügbaren Nährstoffen.

Das Stickstoffangebot von 50 bis 100 kg N/ha wird meist in zwei Teilgaben verabreicht – 20 bis 40 kg N vor dem Anbau, 30 bis 60 kg N zum Schossen.

Informations-
quellen wie bei
Winterweizen!

Heute verwendete Sorten sind:

....

....

6.3.1.10. Sommerhartweizen = Durum-Weizen

Bei Durum-Weizen sind heute nur Sommerweizen auf dem Markt. Sie sind begrannt, der Halm ist im oberen Drittel markerfüllt, die Körner sind lang, glasig und bernsteinfarben.
Durum-Weizen braucht die besten Weizenböden und einen trocken-warmen Klimaraum (Osten Österreichs).
Die Saatmenge ist auf Grund der geringen Bestockungskraft sehr hoch – 190 bis 260 kg/ha.
Durum-Weizen ist für gute Vorfrüchte wie Blattfrüchte, Hackfrüchte, Feldfrüchte u. a. sehr dankbar.
Durum-Grieße und Durum-Mehle werden ausschließlich zur Herstellung von Teigwaren verwendet. Eine Mindestglasigkeit von 75 % wird gefordert.
Stickstoff darf wegen der sortenbedingten Standfestigkeit nur vorsichtig angewendet werden – 50 bis 75 kg N/ha zur Saat, 25 bis 50 kg N/ha zum Schossen.

Informations-
quellen wie bei
Winterweizen!

Heute verwendete Sorten sind:

....

....

Qualitätskriterien für Durum-Weizen:

	Interventionsdurum	**Mahldurum**
Feuchtigkeit max.	14 % (14,5 %)	14 % (14,5 %)
Besatz max.	12 %	7,5 %
davon höchstens: Bruchkorn	3 % (6 %)	3 %
Kornbesatz	2 % (5 %)	2 %
davon fleckige und/oder fusariumbefallene Körner	5 %	5 %
davon fusarienbefallen	1,5 %	1 %
Schwarzbesatz	0,5 % (3 %)	0,5 %
Auswuchs max.	2,5 % (4 %)	1 %
kg/hl min.	78	80
Fallzahl min.	220 Sek.	250 Sek.
Amylogramm min.		400 A.E.
Rohprotein min.	11,5 %	13,5 %
nichtglasige Körner max.	20 % (27 %)	20 % (25 %)

6.3.2. Roggen

6.3.2.1. Bedeutung

Roggen ist in Ost-, Mittel- und Nordeuropa in den Gebäcken anteilsmäßig immer noch von Bedeutung. Allerdings weist die Anbaufläche durch den allgemein sinkenden Schwarzbrotverzehr eine abnehmende Tendenz auf.

Die Urheimat des Roggens ist Kleinasien (Türkei). Bei Roggen gibt es sehr viele Formen. In unseren Anbaugebieten haben die Winter- und Sommerformen des Kulturroggens Bedeutung, wobei Sommerroggen gegenüber dem Winterroggen von untergeordneter Bedeutung ist. Für die Grünfutternutzung gibt es speziell gezüchtete Roggensorten. Diese sind im Unterschied zu Körnerroggen im Frühjahr rasch entwickelnde, feinhalmigere, grün- und trockenmassereichere Sorten.

6.3.2.2. Ansprüche an Boden und Klima

Roggen stellt an den Boden keine sehr hohen Ansprüche. Auf Grund seiner guten Wurzelleistung und seiner langen Vegetationszeit kann er auch karge Standorte gut ausnützen. Die Bodenreaktion kann in einem weiten Bereich schwanken. Roggen ist die Getreideart der leichten Sandböden. Roggen ist trockenresistent und nützt die Winterfeuchtigkeit sehr gut aus. Unter den Getreidearten verträgt Roggen die tiefsten Temperaturen (–26° C). Roggen ist allerdings gegen lang liegende Schneedecken und Nässe empfindlich.

Roggenanbau ist praktisch in allen Gegenden und auf allen Böden möglich.

Zur Blütezeit benötigt Roggen eine warme, trockene Witterung, da es sonst leicht zu „schartigen" Ähren kommen kann (Fremdbestäuber).

Für die Bildung von 1 kg Trockensubstanz (= Transpirationskoeffizient) benötigt Roggen ca. 380 l Wasser. Die Mindestkeimtemperatur liegt bei 2° C. Vom Aufgang bis zur Ernte benötigt Roggen eine Wärmesumme von 1 800° C.

6.3.2.3. Fruchtfolge

Roggen ist mit sich selbst verträglich, wodurch auch ein „ewiger Roggenbau" möglich ist. Roggen stellt an die Vorfrüchte keine Ansprüche. Es muss aber eine zeitgerechte Ernte der Vorfrüchte gewährleistet sein, da für Roggen ein früher Anbau sichergestellt sein muss. Roggen ist aber eine gute Vorfrucht für alle anderen Getreidearten. Er überträgt keine Fußkrankheiten, ist kampfstark gegen Unkräuter und eine Feindpflanze der Älchen. Roggen sollte in getreidestarken Fruchtfolgen immer zu finden sein.

6.3.2.4. Düngung

Als Grundlage für die Bemessung der Düngegaben gelten die vom Fachbeirat für Bodenfruchtbarkeit und Bodenschutz herausgegebenen Empfehlungen (siehe Seite 113ff).

Die Stickstoffdüngung wird ähnlich wie bei Weizen in Teilgaben verabreicht. Erste Teilgabe als Bestockungsdüngung im Herbst, zweite Teilgabe als Schossdüngung im Frühjahr, Gesamtmenge: 60 bis 110 kg N/ha.

6.3.2.5. Saatgut und Sortenwahl

Bei Roggen ist ein ständiger Saatgutwechsel notwendig (Fremdbestäuber!). Es gibt bei den Roggensorten locker- und dichtährige Sorten. Ebenso kann die Farbe der Körner verschieden sein. Sorten mit grünlichen Körnern werden bevorzugt. Roggensorten, die speziell für ein Anbaugebiet gezüchtet werden, lassen eine höhere Ertragssicherheit erwarten als Universalsorten.

Informationsquellen wie bei Weizen!

Bekannte „Normalroggensorten" sind: ....

Bekannte „Hybridsorten": ....

6.3.2.6. Bodenvorbereitung, Anbau und Pflege

Die Bodenvorbereitung für den Roggen erfordert etwas mehr Sorgfalt als für den Weizenanbau. Roggen benötigt ein feines Saatbett mit ausreichendem Bodenschluss – Saatfurche ca. 3 Wochen vor dem Anbau!
Der Anbau erfolgt Mitte September bis Anfang Oktober. Die Saatmengen liegen bei 120 bis 180 kg/ha.

Berechnen Sie die Saatmenge für Ihr Gebiet! (Siehe Weizen!)

Anzubauende Körner/m^2: ca. 380 im Feuchtgebiet
ca. 420 im Trockengebiet
Tausendkorngewicht: 25 bis 40 g (ø 35 g)
Die Saattiefe des Roggens ist gering – 1 bis 3 cm: „Roggen will den Himmel sehen!"

Auf Grund der guten Kampfkraft gegen Unkräuter ist der Pflegebedarf des Roggens sehr gering. Ein Anwalzen des Bodens zur Herstellung des Bodenschlusses kann sowohl im Herbst, besonders aber im Frühjahr notwendig sein.

6.3.2.7. Ernte und Ertrag

Roggen wird zum Zeitpunkt der Totreife, die er relativ spät erreicht, geerntet. Bei Roggen besteht eine sehr hohe Auswuchsgefahr!
Gute Durchschnittserträge liegen bei 40 bis 50 dt/ha.

Siehe Berichte des Österr. Statistischen Zentralamtes!

Österr. Durchschnittsertrag: .... dt/ha

Landesdurchschnitt: .... dt/ha

Erträge im eigenen Betrieb: .... dt/ha

Hektolitergewicht: 65 bis 75 kg

Strohertrag: das 1,5- bis 2fache des Kornertrages

6.3.2.8. Qualität

Die Kennwerte für die Verarbeitung von Roggenmehlen sind die „Amylogrammwerte". Es sind relative Messzahlen, die über die Verkleisterungskraft des Roggenmehles Auskunft geben.

Qualitätskriterien für Roggen

	Futterroggen	Interventionsroggen	Mahlroggen
Feuchtigkeit max.	14 % (14,5 %)	14 % (14,5 %)	14 % (14,5 %)
Besatz max.		12 %	7,5 %
davon höchstens: Bruchkorn		3 % (5 %)	3 %
Kornbesatz	5 %	3 % (5 %)	3 %
Schwarzbesatz	3 %	1 % (3 %)	1 %
Auswuchs max.	10 %	2,5 % (4 %)	2 %
kg/min.	65	70	72
Fallzahl min.		120 Sek.	150 Sek.
Amylogramm min.			500 A.E.

6.3.3. Gerste

6.3.3.1. Bedeutung

Die Gerste liegt bei den Getreidearten im Weltanbau hinter dem Weizen an zweiter Stelle. Gerste wird einerseits als Futtergerste, andererseits in der technischen Verarbeitung (Braugerste, Rollgerste, Kaffeegerste, Brennereigerste) verwertet. Die Gerste aus Trockengebieten wird hauptsächlich für die Biererzeugung, aus Feuchtgebieten für die Verfütterung verwendet.
Gerste ist vermutlich die älteste Getreideart. Sie wurde nachweislich vor ca. 6 000 Jahren bereits angebaut. Die Urheimat der Gerste ist Vorder- und Ostasien (Tibet, Hindukusch, Pamir).
Die Vielzahl der Gerstenformen lässt sich in zwei Reihen einordnen:
mehrzeilige Gersten – 4 und 6 Kornzeilen – sind fast ausschließlich Futtergersten;

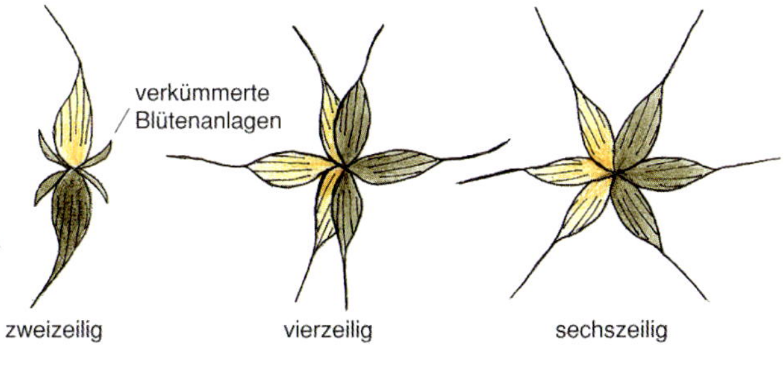

Verschiedene Gerstenformen (Ähre von oben gesehen).

zweizeilige Gersten – mit aufrechten und nickenden Ähren – sind meist Sommergersten und liefern Qualitätsgersten.

6.3.3.2. Ansprüche an Boden und Klima

Die zweizeiligen Sommergersten stellen nach Sommerweizen die höchsten Ansprüche an den Boden. Am besten eignen sich neutrale bis alkalische Lehme mit gutem Nährstoff- und Wasserspeichervermögen. Der typische Braugerstenboden ist die Schwarzerde. Futtergerste bzw. Wintergerste stellt geringere Ansprüche.

Neuumbruch, anmoorige, sehr sandige und saure Böden scheiden für den Gerstenanbau aus.
Mit Ausnahme der Braugerste sind die Klimaansprüche nicht sehr hoch. Gerste gedeiht in trockenen Lagen und bei Verwendung standfester Sorten auch in Feuchtgebieten. Gerste kann selbst dort angebaut werden, wo Hafer nicht mehr ausreift.
Der Wasserbedarf liegt bei ca. 320 l/kg Trockenmasse.
Durch die kurze Vegetationszeit der Sommergerste genügt eine Wärmesumme von 1 200° C. Die Mindestkeimtemperatur liegt bei 3 bis 4° C. Auf Grund der geringen Wuchshöhe eignet sich Gerste auch als Deckfrucht für Untersaat wie Klee u. dgl.

6.3.3.3. Fruchtfolge

Gerstenmonokulturen in England!

Gerste ist mit sich selbst, mit dem Weizen und dem Hafer nur schlecht verträglich. Eine mehrmalige Aufeinanderfolge von Gerste ist nur unter bestimmten Bedingungen möglich.
Braugerste steht meist nach Blattfrüchten.

Beispiele:
Frühkartoffel – Wintergerste – Winterroggen
Zuckerrübe – Sommergerste – Winterweizen
Sommergerste stellt an die Vorfrucht höhere Ansprüche als Wintergerste.

6.3.3.4. Düngung

Als Grundlage für die Bemessung der Düngegaben gelten die vom Fachbeirat für Bodenfruchtbarkeit und Bodenschutz herausgegebenen Empfehlungen (siehe Seite 113ff).

6.3.3.5. Saatgut und Sortenwahl

Kriterien für die Auswahl einer Gerstensorte sind:

- Nutzungsrichtung – Braugerste, Futtergerste;
- Qualität – Kornsortierung, Extraktausbeute;
- Standfestigkeit;
- Krankheitsresistenz – besonders gegen Mehltau.

Bekannte Sommergerstesorten:

Informationsquellen wie bei Weizen!

....

....

6.3.3.6. Bodenvorbereitung, Anbau und Pflege

Die Tiefe der Saatfurche im Herbst liegt bei ca. 25 cm. Ein grobes Einebnen im Herbst (Schleppe – Eggenkombination) wird auf manchen Böden zielführend sein. Sehr grobschollige Böden sollen in „rauer Furche" in den Winter gehen.
Im Frühjahr soll mit möglichst wenig Arbeitsgängen ein mittelfeines Saatbett hergerichtet werden (Schleppe – Egge; Egge – Stegwalzenkrümler). Gerste wird nach Sommerweizen und Hafer möglichst früh in einer Tiefe von 3 bis 4 cm angebaut.

Die Saatmenge beträgt 140 bis 180 kg/ha.
Anzubauende Körner/m²: ca. 300 im Feuchtgebiet
ca. 400 im Trockengebiet
Tausendkorngewicht: 35 bis 50 g (ø 44 g)
Gerste verträgt ein „Einschmieren" auf bindigen Böden nur sehr schlecht. Ebensowenig verträgt sie Oberflächenverkrustungen und Untergrundverdichtungen. Ein Striegeln der Gerste ist bis zum „Spitzen" und erst nach Ausbildung des vierten Blattes möglich. Sommergerste besitzt nur eine sehr geringe Kampfkraft gegen Unkräuter. Ein Einsatz chemischer Mittel ist daher meist unumgänglich.

Berechnen Sie die Saatmenge für Ihr Gebiet! (Siehe Weizen!)

6.3.3.7. Ernte und Ertrag

Die Ernte erfolgt zum Zeitpunkt der Totreife.

Gute Durchschnittserträge liegen bei 50 bis 55 dt/ha.

Österr. Durchschnittsertrag: .... dt/ha

Landesdurchschnitt: .... dt/ha

Erträge im eigenen Betrieb: .... dt/ha

Hektolitergewicht: um 65 kg schwankend

Strohertrag: das 0,8- bis 1,3fache des Kornertrages

Siehe Berichte des Österr. Statistischen Zentralamtes!

6.3.3.8. Qualität

Braugerstenqualität liefern nur die zweizeiligen Sommergersten.
Bei der Beurteilung der Brauqualität gelten in Österreich derzeit folgende Grenzwerte:

Qualitätskriterien Futtergerste

	Futtergerste
Feuchtigkeit max.	14 % (14,5 %)
Besatz max.	12 %
davon höchstens: Bruchkorn	3 % (5 %)
Kornbesatz	5 % (12 %)
Schwarzbesatz	1 % (3 %)
Auswuchs max.	2,5 % (6 %)
kg/min.	64 (62)

Qualitätskriterien für Braugerste

	Braugerste*
Feuchtigkeit max.	14 % (14,5 %)
Sortierung > 2,5 mm min.	90 % (88 %)
Ausputz max.	2 %
Eiweiß max.	11 % (12 %)
Eiweiß min.	9,5 %
Keimfähigkeit min.	95 % (93 %)
Wintergerste max.	2 % (4 %)
aufgeplatzte Körner max.	2 %

* laut Übernahmekriterien der Mälzereien (mit Minderwert/Stoßgrenze)

Braugerste mit mehr als 1 Gewichtsprozent Bruch und/oder beschädigten (angefressenen) Körnern, mehr als 1 Gewichtsprozent Auswuchs sowie mehr als 1 Gewichtsprozent Besatz wird nicht übernommen.

Sortenreinheit mindestens 95 %

6.3.3.9. Wintergerste

- Höhere Ertragsleistung – bei guter Überwinterung ca. 10 % mehr im Vergleich zur Sommergerste;
- günstigere Arbeitsverteilung – durch Frühreife;
- gute Erträge auch auf schlechteren Standorten.

Die Saatmengen liegen bei ca. 150 bis 220 kg/ha. Der Anbau sollte ab Mitte September erfolgen, da sich die Wintergerste im Herbst bestocken muss. Wintergerste besitzt eine gute Kampfkraft gegen Unkräuter.
Alle derzeitigen Wintergerstensorten sind gegen längere Kahlfröste und lang liegende Schneedecken empfindlich.

Informationsquellen wie bei Weizen!

Bekannte Wintergerstensorten: ....

....

6.3.4. Hafer

6.3.4.1. Bedeutung

Die Bedeutung des Hafers liegt in der Fütterung von Zuchttieren. Als Industriehafer wird er in geschältem und gequetschtem Zustand zu Haferflocken und Hafermark verarbeitet.
Die Heimat des Hafers liegt in Asien. Sein Hauptanbaugebiet liegt heute in Nordeuropa.
Die heutigen Hafersorten sind die rohfaserreicheren Industriehafersorten (Weißhafer) und die rohfaserärmeren Futterhafersorten (Gelbhafer) sowie Nackthafersorten (für Biobetriebe).
Die Rispen des Hafers können verschieden ausgeformt sein.

6.3.4.2. Ansprüche an Boden und Klima

Hafer stellt an den Boden nur geringe Ansprüche. Die Wasserspeicherung muss aber gut sein. Hafer gedeiht auch auf Wiesenumbruch, Moor- und schlechten Lehmböden. Auch auf Böden mit einer sauren Bodenreaktion gedeiht Hafer.
Der Wasserbedarf des Hafers ist hoch – pro kg Trockenmasse 550 l Wasser. Die Wasserversorgung muss besonders während des Keimens und Schossens sichergestellt sein. Die Temperatursumme von Aufgang bis zur Vollreife beträgt 1 600° C. Hafer verträgt Nebel- und Bewölkungshäufigkeit, ist eine ausgesprochene Langtagpflanze und hat die längste Wachstumszeit der Sommergetreidearten.

6.3.4.3. Fruchtfolge

Hafer ist mit sich selbst nicht verträglich. Auf Grund des Befalles durch Haferälchen sind mindestens 4-jährige Anbaupausen notwendig. An die Vorfrucht stellt Hafer nur geringe Ansprüche, hat aber selbst die beste Vorfruchtwirkung unter den Getreidearten.

Beispiele: Klee – Hafer – Kartoffel
Kartoffel – Hafer – Roggen
Weizen – Hafer – Mais

6.3.4.4. Düngung

Als Grundlage für die Bemessung der Düngegaben gelten die vom Fachbeirat für Bodenfruchtbarkeit und Bodenschutz herausgegebenen Empfehlungen (siehe Seite 113 ff).
Der Stickstoffbedarf wird häufig in zwei Teilgaben gegeben – Anbau, Schossen.

6.3.4.5. Saatgut und Sortenwahl

Weißhafersorten werden meist als Industriesorten, Gelbhafer als Futterhafersorten verwendet.

Bekannte Sorten:

Weißhafer: ....

Gelbhafer: ....

Schwarzhafer: ....

Nackthafer: ....

6.3.4.6. Bodenvorbereitung, Anbau und Pflege

Hafer stellt an die Saatbettvorbereitung geringe Ansprüche, verlangt aber eine möglichst frühe Saat – „Maihafer ist Spreuhafer".
Saattiefe: ca 3 cm
Saatmenge: 150 bis 180 kg/ha
Anzubauende Körner/m^2: ca. 330 bis 450
Tausendkorngewicht: 25 bis 40 g (ø 35 g)

6.3.4.7. Ernte und Ertrag

Die Ernte erfolgt zum Zeitpunkt der Vollreife. Bei Hafer ist Vorsicht geboten, da das Korn früher ausreift als das Stroh. Kornausfall tritt häufig auf!

Gute Durchschnittserträge liegen bei 35 bis 45 dt/ha.

Österr. Durchschnittsertrag: .... dt/ha

Landesdurchschnitt: .... dt/ha

Erträge im eigenen Betrieb: .... dt/ha

Hektolitergewicht: um 50 kg schwankend

Strohertrag: das 13fache des Kornertrages

6.3.5. Dinkel (Spelzweizen)

6.3.5.1. Ansprüche an Boden und Klima:

Dinkel kann in rauen Lagen wegen seiner Robustheit, Anspruchslosigkeit und Winterhärte angebaut werden. Auch auf flachgründigen Gesteinsböden sind noch zufriedenstellende Erträge zu erzielen.

6.3.5.2. Fruchtfolge

In der Fruchtfolge ist Dinkel wie alle anderen Getreidearten einzureihen.

6.3.5.3. Düngung

Der Nährstoffbedarf entspricht etwa dem des Weizens. Bei Dinkel, der einen Wuchs zeigt, der anfangs kriechend ist, einen Halm aufweist, der ab dem Schossen dünnwandig und hohl ist und stark behaarte Blätter besitzt, ist bei der Stickstoffdüngung wegen der Lagergefahr besondere Vorsicht geboten.

6.3.5.4 Bodenbereitung, Anbau und Pflege

Die Saatbettvorbereitung sollte etwas tiefer erfolgen, da die Saattiefe 4 bis 5 cm beträgt. Der ideale Saatzeitpunkt liegt zwischen Anfang bis Mitte Oktober. Dinkel kann sich auch im Frühjahr bestocken, sodass ein späterer Saattermin bei Erhöhung der Saatstärke nur minimale Ertragseinbußen bewirkt. Die Saatstärke sollte in Abhängigkeit vom Saattermin etwa 200 bis 250 kg je ha ungeschälter Dinkel (= Vesen) betragen.

Saattiefe: ca. 3 cm
Saatmenge: 200 bis 250 kg/ha
Anzubauende Körner/m^2: 350 bis 450
Tausendkorngewicht: 90 bis 130 g

Unkrautbekämpfung: Es können ähnliche Maßnahmen wie bei Weizen getroffen werden.
Krankheiten und Schädlinge: Ebenfalls wie bei Weizen. In höheren Lagen wird Dinkel selten von Blattkrankheiten befallen. In tiefen Lagen ist aber auf Mehltaubefall besonders zu achten.

6.3.5.5 Ernte und Ertrag

Der Erntezeitpunkt liegt zwischen Mitte Juli und Ende August. Beim Drusch sollte der Dreschkorb weiter geöffnet werden. Ebenso ist die Trommeldrehzahl und der Wind zu drosseln, um Ernteverluste zu vermeiden. Dinkel wird in der menschlichen Ernährung besonders zur Teigwaren- und Brotherstellung verwendet.

6.3.6. Triticale

Triticale ist eine Kreuzungszüchtung (= Bastard) zwischen Roggen und Weizen und nimmt daher eine Zwischenstellung zwischen beiden ein. Auf nicht weizenfähigen Böden kann Triticale eine interessante Alternative zum Weizenanbau sein. Die neueren Sorten, die kurzstrohiger sind, sind eher dem Weizen ähnlich, wodurch der Wert der Auflockerung in der Fruchtfolge geringer wird. Auf guten Standorten soll wegen der Lagergefahr eher verhalten gedüngt werden. Triticale kann in der Tierhaltung (höherer Futterwert als Roggen) und zur Brotherstellung verwendet werden.

Saattiefe: ca. 3 cm
Saatmenge: 130 bis 190 kg/ha
Anzubauende Körner/m²: 350 bis 400
Tausendkorngewicht: 38 bis 47 g

6.3.7. Vertragsanbau bei Getreide

Bei Getreide – Brotgetreide, Durum-Weizen und teilweise bei Braugerste – gibt es einen Vertragsanbau. Richtlinien dazu werden jährlich von den zuständigen Vertragspartnern herausgegeben und sind unbedingt zu beachten. Besorgen Sie sich diese Richtlinien jeweils zeitgerecht vor dem Anbau!

6.4. Pflanzenschutz im Getreidebau

6.4.1. Wichtige Krankheiten

Sie werden bei Getreide durch Pilze hervorgerufen.

6.4.1.1. Samenbürtige Pilzkrankheiten

Weizensteinbrand	Haferflugbrand
Gerstenhartbrand	Gerstenflugbrand
Streifenkrankheit der Gerste	Weizenflugbrand

Die Pilze überdauern am oder im Korn und bewirken eine Keimlings- oder Blüteninfektion.
Samenbürtige Krankheiten sind durch Saatgutbeizung bekämpfbar!

6.4.1.2. Samen- und bodenbürtige Pilzkrankheiten

Schneeschimmel	Braunfleckigkeit der Gerste
Zwergsteinbrand	Braunfleckigkeit des Hafers
Spelzenbräune des Weizens	Ährenfusariose
Netzfleckenkrankheit der Gerste	

Die Pilze überdauern am Korn oder im Boden. Infektionen in den verschiedenen Entwicklungsstadien des Getreides; Samen- und bodenbürtige Krankheiten sind durch Saatgutbeizung meist ausreichend bekämpfbar!

6.4.1.3. Bodenbürtige (windbürtige) Pilzkrankheiten

Fußkrankheiten

Halmbruchkrankheit
Schwarzbeinigkeit

Rostarten

Schwarzrost des Hafers, Roggens und Weizens
Braunrost des Roggens und Weizens
Zwergrost der Gerste
Kronenrost des Hafers
Gelbrost

Ansatzpunkte von Schädlingen und Krankheiten an einer Pflanze

Krankheiten

Braunrost (windbürtig)

Pfirsichblattlaus

Flugbrand

Schneeschimmel

Zwergsteinbrand

Drahtwurm

Mit den heute zur Verfügung stehenden Beizen wie Baytan, Raxil, Subitol oder Gaucho sind all diese Erreger hervorragend zu kontrollieren.

Getreidemehltau

Getreideschwärze

Bodenbürtige (windbürtige) Krankheiten sind durch Saatgutbeizung meist nicht bekämpfbar. Häufig müssen Fungizide und zur Verbesserung der Standfestigkeit auch zusätzliche Halmverkürzungsmittel eingesetzt werden.

Zur allgemeinen Vorbeugung gegen Pilzkrankheiten und vor dem Einsatz chemischer Mittel sollten folgende Punkte beachtet werden:

- Einhaltung gesunder Fruchtfolgen,
- Auswahl resistenter Sorten,
- ausreichende Humusversorgung,
- harmonische Düngung,
- richtige Bodenbearbeitung und Pflegemaßnahmen zur Förderung der Pflanzenentwicklung sowie
- eventuelle Beseitigung verseuchter Rückstände.

6.4.2. Wichtige Schädlinge

6.4.2.1. An oberirdischen Organen lebende Schädlinge

Fritfliege
Getreidewanzen
Getreidewickler
Getreidehähnchen
Gerstenminierfliege
Getreideblattläuse
Getreidethrips

6.4.2.2. Im Boden lebende Schädlinge

- Drahtwurm
- Hafernematode (= Älchen)
- Getreidelaufkäfer

Verwenden Sie zur weiteren Information und zur Übung im Erkennen sowie in der Bekämpfung die Broschüre „Wichtige Krankheiten und Schädlinge im Getreidebau“ und die Sondernummer 2 – „Der Pflanzenarzt“ – der Bundesanstalt für Pflanzenschutz in Wien.

6.4.3. Unkrautbekämpfung

Ziel der Unkrautbekämpfung ist die Vernichtung oder Unterdrückung von Schadpflanzen. Im Sinne des integrierten Pflanzenschutzes sind kulturtechnische und chemische Maßnahmen sinnvoll einzusetzen.

6.4.3.1. Kulturtechnische Maßnahmen

In den letzten Jahren wurden kulturtechnische Maßnahmen häufig zugunsten der chemischen Bekämpfung vernachlässigt.
Die mechanische Unkrautbekämpfung im Getreide beginnt mit der Bodenbearbeitung nach der Ernte der Vorfrucht. Der Einsatz „wühlender“ Geräte (z. B. Schwergrubber) ist für die Bekämpfung von Wurzelunkräutern, die in einem empfindlichen Stadium getroffen werden, besonders gut geeignet. Ebenso können Samenunkräuter, die auflaufen, durch die wiederholte Bearbeitung mit Eggenkombinationen zumindest teilweise vernichtet werden.
Mit Egge und Striegel lassen sich Samenunkräuter bis zum Spitzen des

Getreides und dann wieder ab dem 3-Blatt-Stadium bis zur Bestockung bekämpfen.

6.4.3.2. Chemische Maßnahmen

Genügen kulturtechnische Maßnahmen und die Kampfkraft des jeweiligen Getreides nicht, müssen chemische Mittel eingesetzt werden. Dies bedeutet:

- arbeitswirtschaftliche Vorteile,
- Vereinfachung der Fruchtfolge sowie
- günstige Bedingungen für den Mähdreschereinsatz.

Vor der Auswahl eines Herbizides ist der Feldbestand zu besichtigen, wobei folgende Gesichtspunkte zu beachten sind:

- Welche Unkräuter sind zu bekämpfen – (z. B. sind sie einkeimblättrig oder zweikeimblättrig usw.)?
- In welchem Entwicklungsstadium befinden sich die Unkräuter?

Einkeimblättrige Unkräuter	*Zweikeimblättrige Unkräuter*
Keimstadium	Keimstadium
Keimblattstadium	Keimblattstadium
Kleines Büschelstadium (2 bis 4 Blatt)	Kleines Rosettenstadium
Großes Büschelstadium (4 bis 6 Blatt)	Großes Rosettenstadium

- Ob Unkraut schwer oder leicht bekämpfbar ist?
- Nähe der empfindlichen Kulturen (Abtriftschäden vermeiden!)
- Bekämpfungswürdigkeit der Unkräuter
- Kombinationsmöglichkeiten bei der Unkrautbekämpfung – z. B. Kombinationen von
  Herbizid + Blattdünger,
  Herbizid + Halmverkürzungsmittel (CCC),
  Herbizid + Fungizid sowie
  Herbizid + Fungizid + Halmverkürzungsmittel.

Übungs- und Wiederholungsfragen

1. Nennen Sie die Organe einer Getreidepflanze!

   ....

   ....

2. Zählen Sie drei Arten von Winterschäden auf!

   ....

   ....

3. Stellen Sie die Auswirkungen von Hitze und Trockenheit den Feuchtigkeitsschäden an Getreide gegenüber!

Hitze- und Trockenschäden:	Feuchtigkeitsschäden:
....	....
....	....
....	....

4. Berechnen Sie folgendes Beispiel!

   Gegeben sind: BD: 400 ährentragende Halme/m^2
   durchschnittliche Kornzahl pro Ähre: 28
   TKG: 45 g

   a) Wie hoch ist der Ertrag in kg/ha?

   b) Welche Ertragsminderung ergibt sich, wenn pro Ähre vier Körner fehlen?

   ....

   ....

5. Nennen Sie die Entwicklungsabschnitte des Getreides!

   ....

   ....

6. Nennen Sie Faktoren, die die Bestockung des Getreides fördern!

   ....

   ....

7. Nennen Sie je ein Kennzeichen der Reifestadien!

Reifestadium:	Kennzeichen:
....	....
....	....
....	....

8. Beurteilen Sie die Stellung des Weizens in der Fruchtfolge!

....

....

9. Nennen Sie die Formen des Vertragsanbaues bei Weizen!

....

10. Nennen Sie die Arbeitsgänge der Bodenvorbereitung für Weizenanbau!

Vorfrucht: Hackfrucht	Vorfrucht: Getreide
....	....
....	....
....	....

11. Nennen Sie die Ansprüche des Roggens an den Boden!

....

....

12. Wann kann es bei Roggen zu „schartigen" Ähren kommen?

....

13. Geben Sie die Saattiefe des Roggens an! .... cm

14. Unterscheiden Sie zwischen zweizeiligen und mehrzeiligen Gersten!

....

....

15. Nennen Sie Kriterien für die Auswahl einer Getreidesorte!

....

....

16. Zählen Sie die Rispenformen des Hafers auf!

....

....

17. Warum sind bei Hafer Anbaupausen notwendig?

....

18. Nennen Sie für Hafer a) Saattiefe: .... cm, b) Saatmenge: .... kg!

19. Wie werden samenbürtige Getreidekrankheiten bekämpft?

....

20. Nennen Sie im Boden lebende Getreideschädlinge!

....

7. Hackfruchtbau

7.1. Bedeutung

Unter Hackfrüchten versteht man alle Pflanzen, bei denen der Boden während der ersten Zeit ihres Wachstums noch bearbeitet wird. Hiezu zählen Mais, Kartoffel und Rübe.

Die Bedeutung der Hackfrüchte liegt in:

- der Einhaltung einer geordneten Fruchtfolge,
- der Verwendbarkeit in der Fütterung und menschlichen Ernährung,
- den Grundprodukten für technische Verarbeitung (wie zu Zucker, Spiritus, verschiedene Kartoffelprodukte u. dgl.),
- den hohen Flächen- und Nährstofferträgen,
- der guten Mechanisierbarkeit von Anbau, Pflege und Ernte.

7.2. Mais

7.2.1. Bedeutung

In vielen Ländern der Welt wird Mais als Hauptfrucht angebaut. Im nordamerikanischen Maisgürtel ist Mais vorherrschend (in fünf Staaten wachsen ca. 25 % der Welternte). Nach der Entdeckung Amerikas kam der Mais nach Europa – über die Türkei (Kukuruz) und Italien (Welschkorn) auch nach Österreich.
Die Bedeutung des Maises liegt sicherlich auch in seinen vielfachen Nutzungsformen:
Körnermais: Das ausgereifte Korn oder der gesamte Kolben wird geerntet. Die Verwertung erfolgt in der Verfütterung, in der Industrie (Stärke) und als Saatgut.
Silomais: ist „Körnermais in der Teigreife", das heißt, es erfolgt eine frühere Ernte als bei Körnermais mit anschließender Konservierung durch Silierung. Silomaisanbau ist auch in ungünstigeren Anbaulagen möglich.
Grünmais: wird im grünen Zustand geerntet und verfüttert.
Mit Einführung und Züchtung von frühreifen Hybridmaissorten hat sich die Anbaufläche in Österreich stark ausgeweitet, da dadurch ein Anbau auch in klimatisch ungünstigeren Gegenden möglich wurde.

Anbaufläche in Österreich

Siehe Berichte des Österr. Statistischen Zentralamtes!

	Körnermais	Silo- und Grünmais	Gesamt
19..................	....	....	....
19..................	....	....	....
20..................	....	....	....

7.2.2. Botanische Merkmale

Mais gehört zur Klasse der einkeimblättrigen Pflanzen und hier zur Familie der echten Gräser. Er ist eine einjährige, einhäusige und getrenntgeschlechtliche Pflanze.

Benennen Sie die Organe einer Maispflanze!

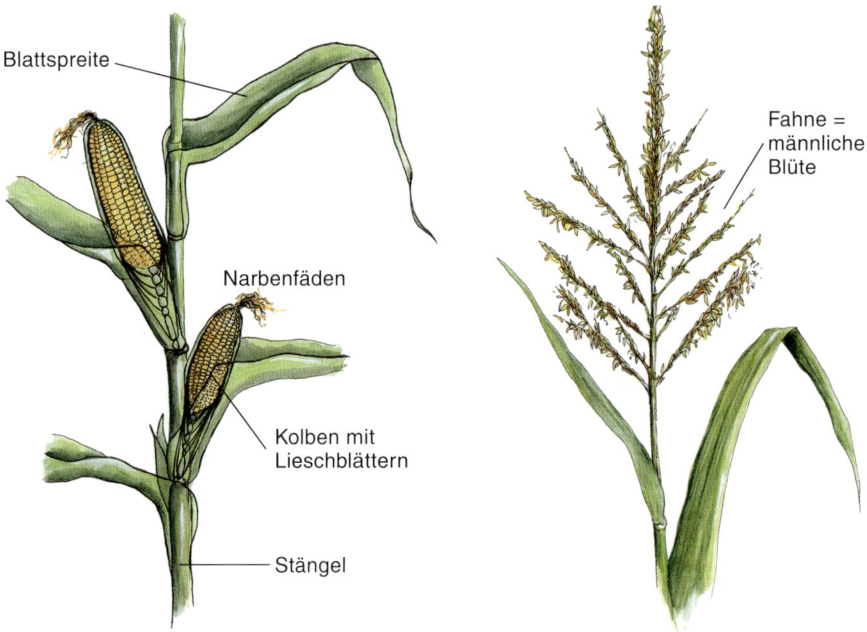

Der männliche Blütenteil ist die Rispe oder Fahne, die weibliche Blüte der Kolben in den Blattachseln. An der Spitze des Kolbens hängen die fadenförmigen Narbenfäden aus den Lieschblättern heraus. Mais ist ein Fremd- und Windbestäuber. Der Maisstängel ist in Knoten und Zwischenknotenstücke gegliedert. Die Blätter besitzen keine Fett-Wachs-Schichte und fühlen sich rau an. Mais besitzt ein kräftiges Büschelwurzelsystem, das ein hohes Aneignungsvermögen für Nährstoffe aufweist. Mais ist eine Kurztagpflanze mit einem hohen Wärmebedarf.

Wichtige Maisformen

- **Hartmais:** ist ein wertvoller Kreuzungspartner in der Züchtung. Er besitzt eine rasche Jugendentwicklung, verträgt aber Trockenheit kaum.
- **Zahnmais:** Der Name leitet sich vom Aussehen des Kornes ab, das auf dem Korngipfel eingebuchtet ist. Er besitzt eine langsame Jugendentwicklung und ist gegen Trockenheit weniger empfindlich.

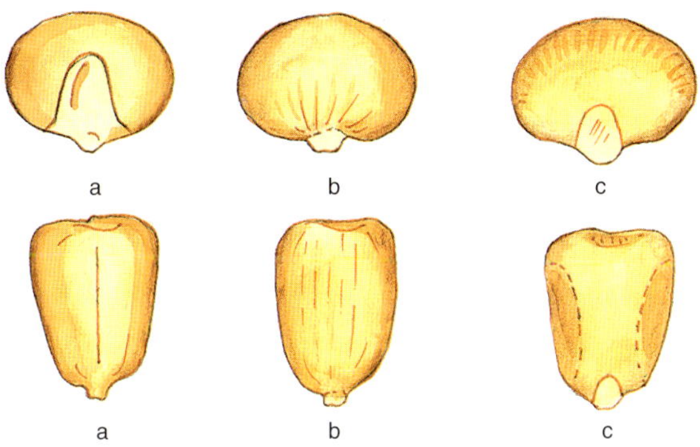

Verschiedene Maisformen:

Hartmais (oben), Zahnmais (unten);

a, b = Vorder- und Rückseite.
c = Querschnitt (glasig-verhornte Teile gestrichelt).

- **Puffmais:** Anbaufläche ist in Österreich gering. Beim Erhitzen des Kornes quillt das Endosperm heraus (= „Popcorn").
- **Zucker- oder Süßmais:** Wird in der Milchreife geerntet, schmeckt süß und findet als Speisemais frisch oder eingelegt in Konserven Verwendung.

7.2.3. Ansprüche an Boden und Klima

Mais stellt an den Boden keine besonderen Ansprüche. Er bevorzugt aber neutrale, lockere, warme Böden, die genügend Wasser speichern können. Schwach saure Böden verträgt der Mais. Kalte, schlecht durchlüftete, stark versauerte oder verkrustete Böden scheiden für den Maisanbau aber aus. An das Klima stellt Mais sehr hohe Ansprüche. Nicht nur die Summe der Niederschläge, sondern auch eine gleichmäßige Belichtung und Wärme (Sonnenscheindauer und -intensität) sind für den erfolgreichen Maisbau notwendig. Die Keimung des Maises erfolgt erst, wenn sich der Boden auf ca. 8° C erwärmt hat.
Als wärmeliebende Pflanze braucht Mais während der Vegetationszeit genügend Wärme und zwar von Mai bis September eine Durchschnittstemperatur von 13,5° C und eine Sonnenscheindauer von 950 Stunden. Die frostfreie Vegetationszeit muss 150 bis 160 Tage betragen.
Zur Bildung von 1 kg Trockensubstanz sind ca. 320 l Wasser erforderlich. Auf Grund der hohen Trockenmasseerträge bei Mais pro Hektar ist daher eine Jahresniederschlagsmenge von 450 bis 650 mm erforderlich.

7.2.4. Fruchtfolge

Mais ist mit sich selbst verträglich und kann wiederholt angebaut werden. Bei wiederholtem Anbau muss mit einer Zunahme des Auftretens bestimmter Krankheiten (Maisbeulenbrand, Stängelbruch durch Fusarium) und Schädlingen (Maiszünsler) gerechnet werden. Eine einseitige Verunkrautung durch Resistenzbildung wurde in der Praxis häufig beobachtet (Hirsearten, zurückgekrümmter Fuchsschwanz).
An die Vorfrüchte stellt Mais keine besonderen Ansprüche, ist aber selbst eine gute Vorfrucht für alle anderen Kulturen.

Beispiele für Fruchtfolgen

Winterweizen – Körnermais – Sommergerste
Sommergerste – Silomais – Winterweizen

Siehe Düngerlehre!

7.2.5. Düngung

Als Grundlage für die Bemessung der Düngegaben gelten die vom Fachbeirat für Bodenfruchtbarkeit und Bodenschutz herausgegebenen Empfehlungen (siehe Seite 113 ff).
Phosphat und Kali werden als Grunddüngung im Herbst oder vor dem Anbau ausgebracht. Die Stickstoffdüngung wird in einer oder in zwei Teilgaben verabreicht. Bei Durchführung einer Kopfdüngung ist eine Verätzung der Pflanze leicht möglich.
Mais verwertet Wirtschaftsdünger sehr gut. Die Nährstoffwirkung der Wirtschaftsdünger muss bei der Bemessung der mineralischen Düngergaben berücksichtigt werden.

7.2.6. Bodenbearbeitung

Die Pflugfurche im Herbst sollte ordnungsgemäß und ca. 25 cm tief durchgeführt werden. Eine Pflugfurche im Frühjahr sollte vermieden werden. Die Herbstfurche bleibt über den Winter in der Regel „rau“ liegen. Im Frühjahr sollte die erste Bearbeitung möglichst früh erfolgen, wobei auf Einebnung und Schaffung eines günstigen Saatbettes für die Unkräuter besonders zu achten ist. Bei der zweiten Bearbeitung knapp vor dem Anbau sollen aufgelaufene Unkräuter vernichtet und ein „ideales“ Saatbett für den Mais geschaffen werden.

Verwenden Sie Geräte-kombinationen!

Die Saattiefe beträgt 4 bis 7 cm, die Saatmenge liegt je nach erwünschter Pflanzenzahl zur Ernte bei 1,5 bis 2 Einheiten (1 Einheit = 50 000 Körner).

7.2.7. Sortenwahl

Derzeit stehen nur leistungsfähige Hybridmaissorten zur Verfügung. Je nach Züchtungsverfahren gibt es verschiedene Kreuzungstypen: Einfachhybride, Doppelhybride und Dreifachhybride.
Zur Kennzeichnung der Reifezeit dienen die Reifezahlen (FAO-Zahlen).

Bedeutung einer Reifezahl:

290

Reifegruppe	Reifeklasse	Kornfarbe
(bis 200 sehr frühreif, 500 sehr spätreif)	(Einteilung innerhalb der Reifegruppe – 1 früh, 9 spät)	(gerade Zahlen: 0, 2, 4, ... gelbkörnig ungerade Zahlen: 1, 3, 5, ... weißkörnig)

7.2.8. Anbau

Entscheidende Kriterien für den Anbau sind die relativ hohe Keimminimaltemperatur und die Nutzungsrichtung des Maises.

Körnermais

Körnermais wird mit einer Einzelkornsämaschine (mechanisch, pneumatisch) etwa ab Mitte April bis Anfang Mai angebaut.
Die Saattiefe liegt bei 4 bis 8 cm; die Reihenweite beträgt 70 bis 80 cm. Der Abstand in der Reihe ergibt sich aus der angestrebten Pflanzenzahl pro ha, die zur Ernte kommen soll.

Optimale Pflanzenzahl pro ha bei der Ernte:

Trockengebiet				*Feuchtgebiet oder Beregnung*			
Spätsorten		*Frühsorten*		*Spätsorten*		*Frühsorten*	
karger Boden	guter Boden	karger Boden	guter Boden	karger Boden	guter Boden	karger Boden	guter Boden
55 000	60 000	65 000	70 000	75 000	80 000	85 000	90 000

Da bei Mais mit Verlusten durch Drahtwurm, Schadvögel u. a. gerechnet werden muss, ist bei der Saatmengenberechnung ein Zuschlag von 10 bis 20 % zu berechnen.

Silomais

Der Anbau kann etwas später erfolgen (bis Mitte Mai).
Die Reihenentfernung soll 60 bis 70 cm betragen, die Saattiefe ist gleich wie bei Körnermais. Der optimale Bestand zur Ernte soll 90 000 bis 100 000 Pflanzen aufweisen.

Grünmais

Grünmais kann auch als Zweitfrucht (z. B. nach früh räumenden Früchten) noch bis Anfang Juli angebaut werden. Die Saat erfolgt häufig als Breitsaat oder mit der Drillsämaschine.
Maissaatgut wird in Packungseinheiten zu 50 000 Körner angeboten.
Da heute nur Hybridsorten verwendet werden, muss Maissaatgut jedes Jahr zugekauft werden. Das Maissaatgut wird gebeizt angeboten, muss aber zum Schutz vor Schadvögeln (Fasane, Krähen) im Betrieb mit einem anerkannten Mittel inkrustiert werden.

Berechnen Sie folgendes Beispiel für den Maisbau:

Sorte	*Reifezahl*	*Kreuzung*	*Spezielle Eignung für*	
			Körner-mais	*Silo-mais*
Sehr früh: (< 200)				
Früh: (210 – 250)				
Mittelfrüh: (260 – 300)				
Mittelspät: (310 – 350)				
Spät: (360 – 400)				
Sehr spät: (> 400)				

Gegeben sind: Pflanzenzahl zur Ernte 80 000,
Feldaufgang 80 %
Reihenentfernung 75 cm.

Errechnen Sie folgende Daten:

Kornanzahl je ha (80 000 Pflanzen sollen zur Ernte kommen): . . . .

Kornablageabstand in der Reihe in cm: . . . .

Saatgutbedarf in Packungseinheiten: . . . .

7.2.9. Pflege

7.2.9.1. Mechanische Pflegemaßnahmen

Mais ist auf Grund seiner Pflegeansprüche zu den Hackfrüchten zu zählen. Da er aber, botanisch gesehen, zur Familie der echten Gräser gehört, gelten ähnliche Regeln wie für Getreide.

Entwicklungsstadien des Maises.

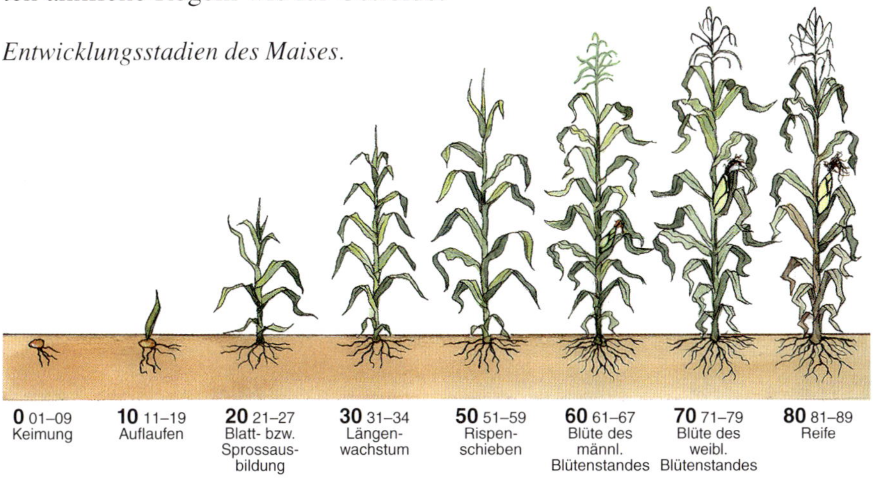

- Eggen: Bodenverkrustungen können mit einer Hackegge vor dem Auflaufen und nach Ausbildung des 3. Laubblattes bis zu einer Wuchshöhe von ca. 20 cm gebrochen werden.
- Hacken: Bei Bodenverkrustungen, Auftreten von Problemumkräutern (chemisch schwer oder nicht bekämpfbar) und bei Bandspritzung sind ein bis zwei Hackgänge zu empfehlen.

Beachten Sie: Beschädigungen der Maispflanzen erleichtern die Infektion durch Pilze (z. B. Maisbeulenbrand). Aufgelaufene Pflanzen sollen trocken sein; sie sind nachmittags biegsamer.
Flachliegende Wurzeln dürfen nicht verletzt werden.

7.2.9.2. Chemische Pflegemaßnahmen

Die chemische Unkrautbekämpfung wird als Band- oder Flächenspritzung durchgeführt. Die Bandspritzung in Kombination mit der mechanischen Pflege bringt folgende Vorteile:

- Spritzmittelkosten sind geringer;
- Gefahr der Nachbauschäden wird verringert;
- Bodendurchlüftung fördert die Maisentwicklung und
- die Bandbreite sollte ein Drittel der Reihenentfernung betragen!

7.2.10. Wichtige Krankheiten

Keimlings- und Auflaufkrankheiten, Maisbeulenbrand, Stängelbruchkrankheit, Blattfleckenkrankheit sowie Kolbenfusariose.

Die Maiskrankheiten werden meist durch Pilze (Keimlings- sowie Auflaufkrankheiten) und auch durch Bakterien verursacht.

Als allgemeine Bekämpfungsrichtlinien gelten:

- Verwendung gebeizten Saatgutes,
- Auswahl resistenter Sorten mit richtiger Reifezahl,
- sorgfältige Bodenvorbereitung,
- harmonische Düngung,
- richtige Bestandesdichte,
- zeitgerechte Ernte und
- Einhaltung einer gesunden Fruchtfolge.

7.2.11. Schädlinge

Schadvögel (z. B. Fasane, Krähen, Tauben), Drahtwurm, Fritfliege, Maiszünsler, Maiswurzelbohrer.
Verwenden Sie zur weiteren Information und zur Übung im Erkennen und Bekämpfen die Broschüre „Wichtige Krankheiten und Schädlinge im Getreide- und Maisbau“ sowie die Sondernummer 2 – „Der Pflanzenarzt“ – der Bundesanstalt für Pflanzenschutz in Wien.

7.2.12. Reife, Ernte, Ertrag

Körnermais

wird nach dem Eintritt der physiologischen Reife (Wassergehalt unter 40 %) geerntet. Die Trocknung des feuchten Erntegutes muss rasch vor sich gehen (ca. 12 Stunden).

Wird der Körnermais nicht der künstlichen Trocknung zugeführt, muss er anderweitig konserviert werden:

Beachten Sie die begrenzte Lagerfähigkeit bei diesen Konservierungsmaßnahmen!

- Silierung
  - Maiskornsilage
  - Maisschrotsilage
  - Maiskolbensilage
    - Korn-Spindel-Gemisch
    - Kolbenschrot
    - Lieschkolbenschrot
- Chemische Konservierung (z. B. Propionsäure)

Siehe Berichte des Österr. Statistischen Zentralamtes!

Österr. Durchschnittsertrag: .... dt/ha

Landesdurchschnitt: .... dt/ha

Erträge im eigenen Betrieb: .... dt/ha

Silomais

wird im Zeitpunkt der Teigreife geerntet. Entscheidend für den Erntezeitpunkt sind:

• Trockenmassegehalt • Kolbenanteil • Nährstoffgehalt der Pflanze

Erträge im eigenen Betrieb: .... dt Grünmasse/ha

Grünmais

sollte erst bei einer Mindestwuchshöhe von 80 cm geerntet werden. Ein Erntezeitpunkt lässt sich schwer festlegen, da er hauptsächlich zur Schließung von Futterengpässen dient.

Lösen Sie die im Anschluss an das Kapitel „Hackfruchtbau" folgenden Fragen 1 bis 10!

7.3. Kartoffel

7.3.1. Bedeutung

Die Kartoffel stammt aus Mittel- und Südamerika (Peru, Bolivien, Chile). Sie gelangte über Spanien und Irland nach Europa und wurde vorerst als Zierpflanze angebaut. Erst um die Mitte des 19. Jahrhunderts erreichte sie Bedeutung als Volksnahrungsmittel und wurde in der Fruchtfolge anstatt der Brache eingebaut.

Die Verwendung der Kartoffel ist vielseitig:

Speisekartoffel,
Speiseindustriekartoffel für Kartoffeldauerprodukte (Chips, Pommes frites, ...),
Stärkeindustriekartoffel – für Stärkeerzeugung und Brennerei,
Pflanzkartoffel und
Futterkartoffel.

Die industrielle Verarbeitung hat in der letzten Zeit zugenommen. Die Verwertung als Futterkartoffel nimmt immer mehr ab.

Anbauflächen in Österreich

	19........	19........	20.........
Vortreibkartoffel	....	....	....
Frühkartoffel	....	....	....
Spätkartoffel	....	....	....

Siehe Berichte des Österr. Statistischen Zentralamtes!

7.3.2. Botanische Merkmale

Die Kartoffel gehört zur Familie der Nachtschattengewächse. Alle grünen Teile der Kartoffelpflanze enthalten das Gift Solanin. Das Wurzelsystem besitzt keine Pfahlwurzel. Es bildet aber ein tief gehendes und ausgebreitetes Wurzelsystem.
„Wassersucher" können 1 bis 2 m in den Boden vordringen. Unterirdisch bilden sich, vom Stängel ausgehend, Stolonen (= Tragfäden) aus, deren

Enden verdickt sind (= Kartoffelknolle). Kartoffelknollen können, wenn sie dem Licht ausgesetzt werden, ergrünen und besitzen Augen, die austreiben und Laubtriebe entwickeln können. Diese Tatsachen kennzeichnen die Kartoffelknolle als umgebildetes Sprossorgan.

Der Stängel ist kantig und behaart.
Die Blätter sind unpaarig gefiedert.
Die Blüte ist einhäusig zwittrig und steht in trugdoldenartigen Blütenständen.
Die Frucht ist eine vielsamige Beere (ca. 150 Samen).
Die Samen haben für die Züchtung neuer Kartoffelsorten und für die Heranzucht von Sämlingen Bedeutung.

Zusammensetzung einer reifen Kartoffelknolle (Durchschnitt):

77 % Wasser	1.1 % Asche
18 % Kohlenhydrate (Stärke, Zucker)	0,7 % Rohfaser
2 % Roheiweiß	Vitamine (besonders C)

Die Kartoffelpflanze.

1 = blühende Pflanze mit Knollen
2 = Blüte
3+4 = Frucht (Beere)

Wachstumsverlauf der Kartoffelpflanze.

In den kritischen Zeitspannen – Stängelbildung – Knollenansatz – Blühperiode – Knollenausbildung – braucht die Kartoffelpflanze eine gesicherte Nährstoff- und Wasserversorgung (Beregnungstermine!).

Mit dem Beginn der Blüte tritt eine Verdickung der Stolonen ein, das heißt, die Knollen entwickeln sich. Die Anzahl der Knollen ist zu diesem Zeitpunkt bereits vorherbestimmt.

7.3.3. Ansprüche an Boden und Klima

Als beste Kartoffelböden gelten humose, lockere, lehmige Sand- bis sandige Lehmböden. Die Speicherfähigkeit für Wasser sollte so gut sein, dass der Boden Schwankungen in der Wasserversorgung ausgleichen kann.

Die Reaktion des Bodens sollte neutral bis leicht sauer sein. Zu viel Kalk im Boden begünstigt die Schorfbildung.

An das Klima stellt die Kartoffel im Allgemeinen keine großen Ansprüche. Sie kann daher in allen Gegenden angebaut werden. Im milderen Klima liefert sie bei guter Wasserversorgung Höchsterträge, im raueren Klima bleibt sie gesünder (Waldviertel, Mühlviertel).

Das in der Praxis verbreitete Sprichwort

„Legst mi im April, kimm i, wann i will,
legst mi im Mai, dann kumm i glei!"

deutet aber auf die relativ hohe Keimminimaltemperatur von 8 bis 10° C hin. In Gebieten, wo hohe Temperaturen und hohe Luftfeuchtigkeit vorherrschen, tritt je nach Sorte vermehrt Kraut- und Knollenfäule auf. Gegen Frost ist die Kartoffel empfindlich. Abgefrorenes Kraut wächst im Frühjahr wieder nach (Wachstumsverzögerung), im Herbst stirbt es aber endgültig ab.

7.3.4. Fruchtfolge

Die Kartoffel gilt als selbstverträglich. Bei wiederholtem Anbau treten vermehrt Nematoden (= Älchen) und Kartoffelkrebs auf, weshalb dreijährige Anbaupausen zu empfehlen sind.

Für die Kartoffel sind alle Vorfrüchte geeignet, die viel organische Substanz und einen gut durchwurzelten Boden hinterlassen. Die Kartoffel selbst ist als Vorfrucht für alle Kulturarten geeignet („Königin der Vorfrüchte").

7.3.5. Düngung

Als Grundlage für die Bemessung der Düngegaben gelten die vom Fachbeirat für Bodenfruchtbarkeit und Bodenschutz herausgegebenen Empfehlungen (siehe Seite 113 ff).

Da zur Kartoffel häufig auch Wirtschaftsdünger ausgebracht werden, muss die Nährstoffwirkung der Wirtschaftsdünger – Stallmistgaben von 300 bis 350 dt/ha – berücksichtigt werden. Von der Kartoffel werden auch Strohdüngung und Gründüngung gut verwertet.

Die Grunddüngung ist je nach Nutzungsziel und Ertragserwartung stark schwankend und wird in einer Gabe vor dem Anbau gegeben.

Eine Überdüngung mit Stickstoff bewirkt:

- Stärkebildung wird verhindert;
- Reife wird verzögert;
- Haltbarkeit der Knollen wird verschlechtert;
- Krautwachstum wird stark gefördert, wodurch es zum Überdecken der Viruskrankheiten kommt (= Maskierung) und
- Krankheitsanfälligkeit der Kartoffel wird erhöht.

7.3.6. Bodenvorbereitung

Die Pflugfurche im Herbst soll ordnungsgemäß, zeitgerecht und tief durchgeführt werden. Eine Frühjahrsackerung ist nach Möglichkeit zu vermeiden. Die Herbstfurche bleibt über den Winter „rau" liegen. Im Frühjahr erfolgt zuerst ein Abschleppen und dann eine tiefe Lockerung mit dem Kultivator. Durch die Frühjahrsbearbeitung soll die rasche Bodenerwärmung, Lockerung und Durchlüftung des Bodens gefördert werden. Vor dem Anbau ist ein abschließender Eggenstrich zur Einebnung und weiteren Zerkleinerung zielführend. Häufig findet im modernen Kartoffelbau zur Sicherung guter Erntebedingungen die Vollfeldfräsung Anwendung.

7.3.7. Saatgut und Sortenwahl

Bei einem ständigen Nachbau eigener Kartoffeln erleiden die Erträge starke Einbußen durch Abbau. Deshalb soll nur reines und gesundes Saatgut (Zukauf von anerkanntem Originalsaatgut) verwendet werden. Bei frühen und mittelfrühen Sorten sollte ein Saatgutwechsel jährlich, bei Spätsorten alle zwei Jahre erfolgen.
Vorkeimen: Diese Saatgutvorbehandlung wird im Frühkartoffelanbau durchgeführt. Das Vorkeimen beginnt 4 bis 6 Wochen vor dem Anbau meist in Kisten. Anzustreben sind kurze, 2 bis 3 cm lange Lichtkeime. Vorgekeimte Kartoffeln wachsen auch bei tieferen Bodentemperaturen weiter.
Zur Streckung des Saatgutes ist ein Schneiden der Kartoffel zu vermeiden, da dadurch Krankheiten übertragen werden (besonders Nassfäule und Viruskrankheiten).
Bei der Auswahl einer Kartoffelsorte sind sowohl die Gesichtspunkte des Produzenten als auch die des Konsumenten zu berücksichtigen.

Ansprüche an eine Kartoffelsorte

Produzent	*Konsument*
hoher Massenertrag	guter Geschmack, gefällige Form
geringe bis mittlere Knollenzahl	feine, zähe Schale, gelbe Farbe
kurze Knollenbildungsperiode	flach liegende Augen
kurze Stolonen, enge Knollenlage	entsprechender Kochtyp (A – festkochend bis D – stark mehlig)
geringe Blühwilligkeit	Freisein von inneren und äußeren Mängeln
gesunde Pflanzen	gute Haltbarkeit
geringe Abbauneigung	
gute Haltbarkeit	

Die angeführten Merkmale für den Produzenten stehen in engem Zusammenhang mit der Ertragstreue einer Sorte.
In der Konsumentenschaft verlangen Großküchen runde und größere Knollen (Schälmaschine), Haushalte bevorzugen hingegen langovale Knollen.

Die Anforderungen an die Kartoffel für die Stärkeproduktion liegen in einem hohen Stärkegehalt, ca. 16 bis 20 %, einer gut ausgereiften, gesunden und erdfreien Ware. Wesentlich speziellere Anforderungen stellt die Industrie an Verarbeitungskartoffeln für Kartoffeldauerprodukte.

Einteilung der Kartoffeln nach der Reifezeit:

sehr frühe Sorten (Vortreibsorten),
früh- bis mittelreifende Speisesorten,
mittelfrühreifende Speise- und Verarbeitungssorten sowie
mittelspät bis spätreifende Speise- und Wirtschaftssorten.

Teilen Sie die Ihnen bekannten Kartoffelsorten den nachstehenden Reifegruppen zu:

sehr frühe Sorten	*frühe bis mittelfrühe Speisesorten*	*mittelfrühe Speise- und Verarbeitungssorten*	*mittelspäte bis späte Sorten*
....	....	....	....
....	....	....	....
....	....	....	....

Siehe Sortenprüfungsergebnisse der Bundesanstalt für Pflanzenbau!

7.3.8. Anbau

Durch die hohe Keimtemperatur (8 bis 10° C) ist ein allzu früher Kartoffelanbau nicht zu empfehlen. Eine Ausnahme stellen die Vortreibkartoffeln dar, die in hiezu geeigneten Gebieten bereits ab Mitte März gelegt werden können. Der Anbau wird daher in der Regel Mitte April bis Anfang Mai durchgeführt. Ein Anbau als Zweitfrucht ist bis Anfang Juni möglich. Höchsterträge können aber nicht mehr erwartet werden.

Reihenweite

Die Reihenweiten schwanken von 62,5 bis 75 cm. Als ideale Reihenweite muss heute im modernen Kartoffelbau 75 cm angesehen werden.

Die größere Reihenweite bringt folgende Vorteile:

geringeren seitlichen Dammdruck,
weniger grüne Knollen,
größeren Anteil von großen Knollen,
weniger Ansteckungsgefahr bei Krautfäule,
weniger beschädigte Knollen bei der Ernte sowie
geringeren Arbeitsaufwand.

Ablageweite

Die Ablageweite hat sich nach der gewünschten Pflanzenzahl pro Hektar zu richten. Um etwa 45 000 Pflanzen pro ha zu erzielen, sind die Kartoffeln bei 75 cm Reihenweite im Abstand von 32 cm zu legen. Je nach Sorte und Nutzung schwankt die Ablageweite zwischen 25 und 40 cm. In der Saatgutproduktion sind in der Regel die kleineren Abstände gebräuchlich. Die Saattiefe liegt bei etwa 5 bis 6 cm.

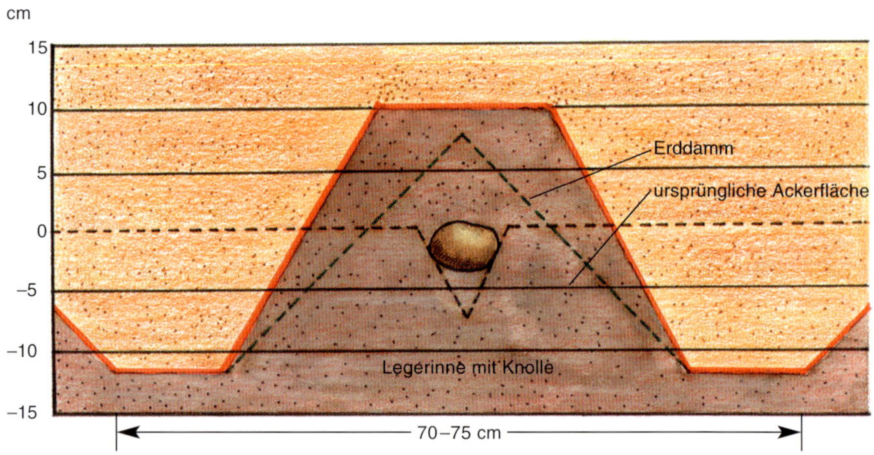

Berechnen Sie den Saatgutaufwand pro ha:

Reihenentfernung	75 cm
Entfernung in der Reihe	32 cm
ø Knollengewicht	50 g

Legestellen pro ha: ....

Saatgutbedarf in kg pro ha: ....

7.3.9. Pflege der Kartoffel

Die wichtigsten Aufgaben der Kartoffelpflege sind die Bodenlockerung, um ein optimales Porenvolumen herzustellen und die Bildung von Schollen zu verhindern. Außerdem muss ein Erddamm aufgebaut werden, der die Entwicklung der Kartoffelknollen optimal ermöglicht. Da die Konkurrenzkraft der Kartoffel gegenüber Unkräutern vor dem Reihenschluss sehr gering ist, kommt auch der Unkrautbekämpfung große Bedeutung zu.
Auch für die reibungslose Ernte ist ein richtig geformter Erddamm sehr wichtig.

Möglichkeiten der Pflegemaßnahmen

- Ohne Herbizideinsatz – durch abwechselndes Striegeln mit einer Netzegge und nachfolgendes Hacken und Anhäufeln wird die Verunkrautung bekämpft und der Damm geformt. Da hier bis zu 8 Arbeitsgänge notwendig sein können, ist dies eine sehr arbeitsintensive Pflegeform.
- Mit Herbizideinsatz – diese können im Vorauflauf oder kurz nach dem Auflaufen der Kartoffel eingesetzt werden. Dadurch wird die mechanische Pflege auf ein bis zwei Arbeitsgänge beschränkt, da der Spritzmittelfilm an der Bodenoberfläche nicht zerstört werden soll. Als Pflegegerät dient entweder eine zapfwellenbetriebene Dammfräse oder ein gezogenes Häufelgerät mit Dammformblechen.

7.3.10. Krankheiten der Kartoffel

7.3.10.1. Erkrankungen durch Pilze und Bakterien

Kraut- und Knollenfäule (Phytophtora)
Dörrfleckenkrankheit
Wurzeltöterkrankheit
Schwarzbeinigkeit
Kartoffelkrebs
Gewöhnlicher Schorf
Pulverschorf
Trockenfäule

Die Krankheiten können durch Verwendung gesunden Saatgutes, Einhaltung gesunder Fruchtfolgen, Anbau resistenter Sorten, Beizung des Saatgutes, gezielte Düngung und schonende Ernte vermindert werden.

7.3.10.2. Viruskrankheiten

Rollmosaik
Leichtes Mosaik
Schweres Mosaik (Kräuselkrankheit)
Strichelkrankheit
Blattrollkrankheit
Welkekrankheit

Viruskrankheiten können nicht direkt bekämpft werden. Eine Bekämpfung ist nur indirekt und vorbeugend möglich.

7.3.10.3. Nichtparasitäre Schädigungen

Zwiewuchs
Wachstumsrisse
Fadenkeimigkeit
Frostschäden
Braunmarkigkeit
Eisenfleckigkeit
Schwarzfleischigkeit
Daumennagelrisse
Mangelkrankheiten

Die Krankheiten treten bei einem Wechsel von trockener und feuchter Witterung, Temperaturschwankungen, Verletzungen bei Pflege und Ernte, einseitiger Nährstoffversorgung und ungünstigen Lagerbedingungen auf.

7.3.11. Schädlinge der Kartoffel

Kartoffelkäfer
Engerling
Drahtwürmer
Kartoffelzystenälchen
Blattläuse

Verwenden Sie zur weiteren Information und zur Übung im Erkennen und Bekämpfen die Broschüre „Wichtige Krankheiten und Schädlinge im Getreide- und Maisbau“ sowie die Sondernummer 2 – „Der Pflanzenarzt“ – der Bundesanstalt für Pflanzenschutz in Wien.

7.3.12. Ernte und Ertrag

Die physiologische Reife ist dann gegeben, wenn das Kraut abgestorben ist und die Kartoffelknollen schalenfest sind.
Die Ernte soll möglichst schonend, bei trockener Witterung und einer Knollentemperatur von 10° C durchgeführt werden. Ein Absinken der Knollentemperatur vor der Einlagerung wäre günstig.

Österr. Durchschnittserträge bei Vortreibkartoffeln: .... dt/ha

Frühe- und mittelfrühreifende Kartoffel: .... dt/ha

Spätkartoffel: .... dt/ha

7.3.13. Lagerung

Ziel bei der Einlagerung der Kartoffeln ist die Erhaltung der Qualität bei gleichzeitiger Einschränkung der auftretenden Verluste wie Atmung, Verdunstung, Keimung und Fäulnis.
Futter- und Speisekartoffeln werden häufig in Kellern gelagert. Saatkartoffeln sollten nach Möglichkeit in Steigen gelagert werden.

Um die Lagerverluste im Keller möglichst gering zu halten, sind folgende Punkte zu beachten:

- Kellerräume vor der Einlagerung gründlich reinigen.
- Kartoffeln nicht zu hoch und zu breit aufschütten.
  Die Höhe soll 1 bis 1,5 m, die Breite bis zu 2 m betragen. Bei größeren Schüttungen müssen Belüftungskanäle und Entlüftungsschächte vorgesehen werden.
- Kellertemperatur sollte 3 bis 4° C betragen, unter 2° C werden die Kartoffeln süß, über 6° C nehmen die Atmungsverluste zu, über 5 °C beginnen die Fäulniserreger ihre Lebenstätigkeit.
- Der Keller muss dunkel, kühl, trocken (nicht zu trocken) und lüftbar sein.

In zu feuchten Kellern tritt Pilzbefall auf.
Futterkartoffeln können für die Sommerfütterung einsiliert werden.
Speisekartoffeln können zur Erhaltung der Qualität und gegen das Austreiben mit keimhemmenden Mitteln behandelt werden.

Lösen Sie die im Anschluss an das Kapitel „Hackfruchtbau“ folgenden Fragen 11 bis 20!

7.4. Zucker- und Futterrübe

7.4.1. Bedeutung

Andreas Sigismund Markgraf entdeckte 1747 den Zuckergehalt der Runkelrübe. Sein Schüler Franz Karl Achard erzeugte aus Rüben den ersten Zucker und gründete 1801 in Schlesien die erste Zuckerfabrik. Die Bedeutung des Rübenzuckers nahm aber erst durch die von Napoleon verhängte Kontinentalsperre zu. Die Zuckerrübe zählt zu den ertragsreichsten landwirtschaftlichen Kulturpflanzen, was auch aus dem Nährstoffverhältnis ersichtlich ist:

Getreide : Kartoffeln : Zuckerrüben = 1 : 2 : 3

Die Zuckerrübe liefert zwei Ernten:

- Rübe – 1 000 kg Rüben ergeben durchschnittlich 160 kg Zucker, 46 kg Trockenschnitte, 44 kg Melasse.
- Blatt und Köpfe als Futter.

Der Zuckerrübenanbau ist vertraglich geregelt und wird durch jährliche Kontingentierung den Erfordernissen angepasst.

Inhaltsstoffe der Zuckerrübe.

Schematische Darstellung

Wasser
muss in der Fabrik
verdampf werden

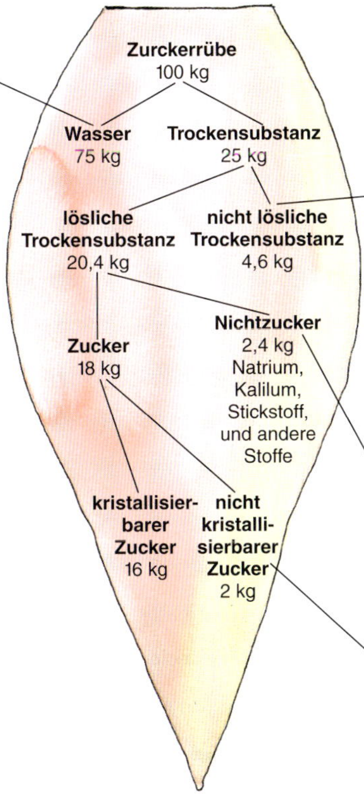

Schnitzel
getrocknet, hochwertiges
Viehfutter

Zucker
reinstes Nahrungsmittel

Melasse
Viehfutter, Ausgangs-
produkt für die Hefe- und
Alkoholerzeugung

Anbaufläche von Zuckerrüben in Österreich

19........	19........	20........
....	....	....

Siehe Berichte des Österr. Statistischen Zentralamtes!

7.4.2. Futterrübe

Die Futterrübe liefert ein schmackhaftes, gern gefressenes, bekömmliches, milchtreibendes Wintersaftfutter sowie höchste Massenerträge (bis 1 000 dt Rüben/ha und 500 dt Blatt/ha).

Anbaufläche von Futterrüben in Österreich

19........	19........	20........
....	....	....

Siehe Berichte des Österr. Statistischen Zentralamtes!

7.4.3. Botanische Merkmale

Die Zuckerrübe gehört zur Familie der Gänsefußgewächse der Gattung Beta. Hierher gehören auch die Melde, Weißer Gänsefuß, Futter- oder Runkelrübe, Rote Rübe und Mangold.

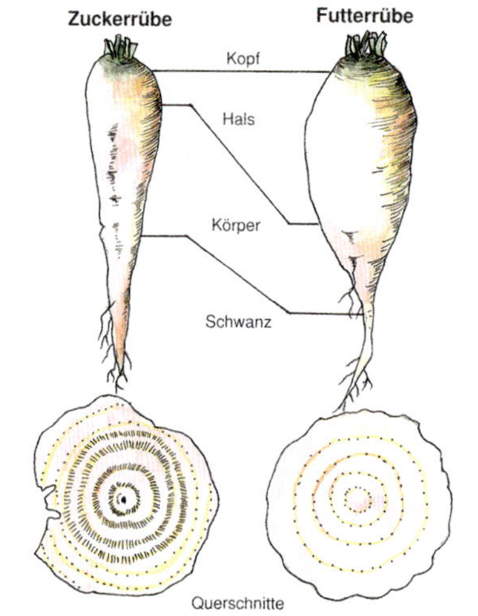

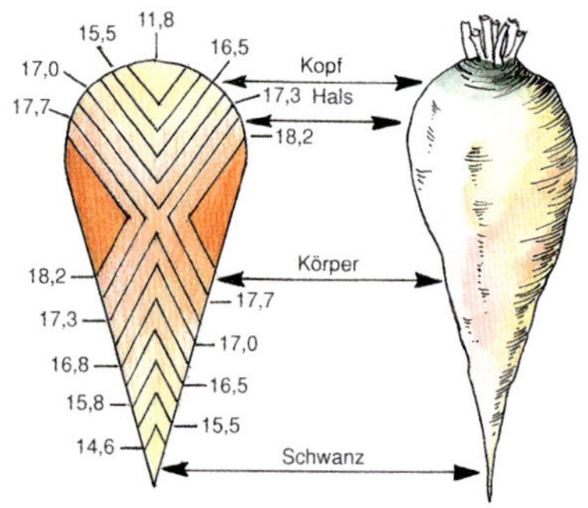

Links oben: Rübenkörper von Zucker- und Futterrüben im Vergleich. – Links unten: Der Zuckergehalt ist im Rübenkörper nicht gleichmäßig verteilt. – Rechts: Pilliertes Rübensaatgut.

Die Rübe ist eine zweijährige Pflanze, die im ersten Jahr den für die Zuckergewinnung wertvollen Rübenkörper, im zweiten Jahr den für den Samenbau wertvollen Samenträger bildet.
Kommt es bereits im ersten Jahr zur Ausbildung von Samenträgern, so spricht man von Schossern. Bildet die Rübe im zweiten Jahr keine Blütenstände, so spricht man von Trotzern.
Die Rübe ist ein Fremdbestäuber, wobei die Bestäubung durch Wind oder Insekten erfolgt.
Die Samen der Beta-Arten sind mehrkeimig (= multigerm) oder einkeimig (= monogerm). Durch Züchtung auf Einkeimigkeit hin steht der Praxis heute im Wesentlichen genetisches Monogermsaatgut zur Verfügung.
Die Zuckerrübe besitzt 8 bis 12 Gefäßbündelringe, die das starke Dickenwachstum ermöglichen.
Die Futterrübe besitzt 3 bis 5 Gefäßbündelringe.

7.4.4. Ansprüche an Boden und Klima

Die Zuckerrübe bevorzugt tiefgründige, nicht zu schwere, biologisch aktive Böden. Der Boden soll eine möglichst neutrale Bodenreaktion (pH 6,5 bis 7,5), einen guten Nährstoffzustand und entsprechende wasserhaltende

Kraft aufweisen. Trockene Sandböden, nasskalte, sehr schwere Böden scheiden für den Rübenanbau aus. Die Futterrübe stellt an den Boden etwas geringere Ansprüche. An das Klima stellt die Zuckerrübe infolge ihrer über die große Blattmasse enormen Assimilationsleistung hinsichtlich Lichtintensität und Sonnenbestrahlung besondere Ansprüche.
Im Jugendstadium benötigt die Rübe zur raschen Entwicklung eine hohe Lichtintensität. Im August und September werden durch direkte Sonnenbestrahlung die Trockensubstanz- und Zuckerbildung gefördert.
Zur Erzeugung von 1 kg Trockenmasse benötigt die Rübe ca. 400 l Wasser (= Transpirationskoeffizient). Von Juni bis Anfang September sollten hohe Niederschlagsmengen vorhanden sein, weil in dieser Zeit der größte Teil der Pflanzenmasse gebildet wird. Mit zunehmender Reife (= „technische Reife“) sollte die Niederschlagsmenge wieder abnehmen. Die Vegetationszeit der Rübe beträgt 180 bis 220 Tage.
Für eine schnelle Keimung sind 8 bis 10° C erforderlich. Um im Trockengebiet die Winterfeuchtigkeit gut auszunützen, erfolgt der Anbau meist früher. Vorübergehend verträgt die junge Rübe Temperaturen unter 0° C. Eine kühle Witterung in der Jugendentwicklung begünstigt aber die Schosserbildung. Im Herbst verträgt die Rübe bis zu –5° C.

7.4.5. Fruchtfolge

Die Zuckerrübe ist mit sich selbst unverträglich. Diese Tatsache wird durch ein vermehrtes Auftreten der Rübennematoden bewirkt. Da es derzeit keine wirtschaftlich zu empfehlende Bekämpfung gibt, müssen Anbaupausen von 4 bis 6 Jahren eingehalten werden. Eine Einschaltung von Neutralpflanzen oder nematodenfeindlichen Pflanzen in die Fruchtfolge ist zu empfehlen.

Wirtspflanzen			
Nutzpflanzen	*Unkräuter*	*Neutralpflanzen*	*Feindpflanzen*
Futterrübe	Hederich	Weizen	Mais
Rote Rübe	Ackersenf	Gerste	Roggen
Mangold	Hirtentäschel	Kartoffel	Zwiebel
Spinat	Vogelmiere	Erbse	Luzerne
Kohlarten	Meldenarten	Bohne	Lein
Kohlrüben	Löwenzahn	Wicken	
Raps		Klee	
Rübsen		Sonnenblume	
Senf		Hanf	

Wirtspflanzen fördern den Nematodenbefall.
Neutralpflanzen stehen ohne Beziehung zu den Rübennematoden.
Feindpflanzen veranlassen die Nematodenlarven zu schlüpfen, verhindern aber ihre weitere Entwicklung.
Die mit Stallmist gedüngte Rübe stellt eine günstige Vorfrucht dar.

Beispiele für Fruchtfolgen mit Zuckerrüben:

Winterroggen – Zuckerrübe – Sommergerste
Sommergerste – Zuckerrübe – Winterweizen

7.4.6. Düngung

Rüben verwerten organische Dünger sehr gut. Stallmistgaben von 250 bis 350 dt/ha werden im Herbst gegeben und müssen in ihrer Nährstoffwirkung bei der Berechnung der Mineraldüngergaben berücksichtigt werden. Rüben sind sehr düngungsintensiv und sollen mit leicht löslichen Düngemitteln versorgt werden.
Als Grundlage für die Bemessung der Düngegaben gelten die vom Fachbeirat für Bodenfruchtbarkeit und Bodenschutz herausgegebenen Empfehlungen (siehe Seite 113 ff) bzw. die Richtlinien der Österr. Zuckerindustrie.

Grunddüngung

Die Grunddüngung mit Phosphat und Kali wird bis spätestens vor dem Anbau ausgebracht.
Auf eine ausreichende und richtige Kalkversorgung ist zu achten!

Stickstoffdüngung

Zeitpunkt: $\frac{1}{2}$ bis $\frac{2}{4}$ vor dem Anbau, Rest in 1 bis 2 Kopfdüngergaben.
Zu hohe Stickstoffgaben beeinflussen die Rübenqualität negativ und sollten vermieden werden. Empfehlungen der Zuckerfabriken sind zu beachten! Die Rübe ist eine borbedürftige Pflanze – Borversorgung beachten!

7.4.7. Bodenvorbereitung

Die Kultur der Zuckerrübe wurde schon immer als die „Hohe Schule des Ackerbaues" bezeichnet. Dies gilt für die Bodenbearbeitung und Vorbereitung des Saatbettes und hat durch die Verwendung des einkeimigen Saatgutes und den Anbau auf Endabstand noch größere Bedeutung erlangt. Das Ziel muss ein tief bearbeiteter Boden mit einer gleichmäßig abgesetzten Krume sein, die keine Hohlräume und Verdichtungen aufweist. Die Bodenvorbereitung beginnt mit der Stoppelbearbeitung der Vorfrucht. Diese soll zeitgerecht und exakt durchgeführt werden, um eine gute Wasserspeicherung des Bodens zu gewährleisten. Pflug- und Eggenkombination oder mehrmaliger Grubbereinsatz sind zu empfehlen.
Die Winterfurche soll zeitgerecht (vor Einsetzen der Fröste) und tief (25 bis 30 cm) gezogen werden. Die Tiefe richtet sich nach der Tiefgründigkeit des Bodens und soll eine gute Ausbildung des Rübenkörpers ermög-

0 01–09 Keimung | **10** 11–15 Auflaufen | **20** 21–27 Blattausbildung | **40** 41–49 Schließen des Bestandes | **90** Erntestadium

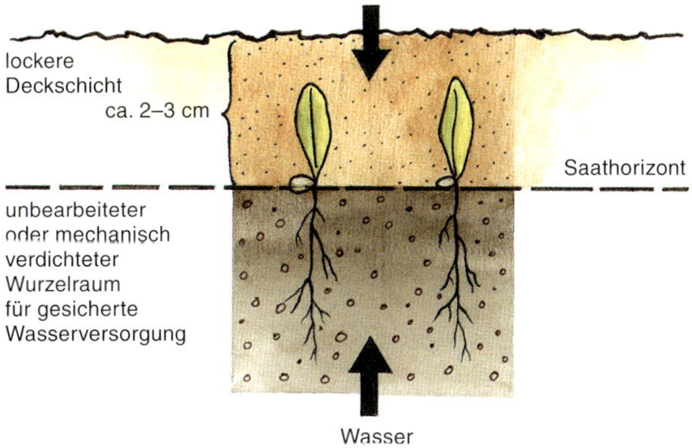

Ideales Saatbett und ideale Saatgutablage.

lichen. Zu beachten ist allerdings, dass kein toter Boden an die Oberfläche kommt.

Die Nachbearbeitung der Pflugfurche ist von Gebiet zu Gebiet und von Boden zu Boden verschieden zu handhaben. Eine Einebnung vor dem Winter darf nur grob erfolgen, da es bei feiner Bearbeitung und höheren Niederschlagsmengen zu Erosion, Verkrustung und Verschlämmung kommen kann.

Die Saatbettvorbereitung im Frühjahr sollte in möglichst wenigen Arbeitsgängen und mit flach arbeitenden Geräten durchgeführt werden. Anzustreben ist eine lockere 2 bis 3 cm tiefe Deckschicht, die Luft und Wärme leicht eindringen lässt. Die darunterliegende Oberkrume sollte durch die Nachlaufgeräte (Krümler) rückverfestigt sein und den kapillaren Wasseraufstieg zum Samenkorn ermöglichen.

Bei fehlendem Bodenschluss ist der Einsatz einer Walze (Profilwalze) zu überlegen.

7.4.8. Saatgut und Sortenwahl

Im Rübenbau finden verschiedene Saatgutformen Verwendung:

- Natürliches (= mehrkeimiges – multigermes) Saatgut:
  findet heute im Zuckerrübenbau nicht mehr Verwendung und verliert auch im Futterrübenbau an Bedeutung.
- Präzisionssaatgut (= mechanisches Einkorn):
  natürliches Saatgut wird technisch aufbereitet (gebrochen) und auf gleiche Größe abgesiebt (= Kalibrierung); Einkeimigkeit beträgt 70 bis 80 %.
- Monogermsaatgut (= erblich = genetisch einkeimiges Saatgut):
  Einkeimigkeit wird durch Züchtung erzielt. Hat in letzter Zeit immer mehr Bedeutung bekommen. Einkeimigkeit liegt bei ca. 95 %. Um eine exakte Ablage in der Reihe zu erreichen, kann bei Präzisionssaatgut und Monogermsaatgut eine Pillierung erfolgen. Durch die Pillierung erreicht man eine annähernd kugelige Form, wobei die Hüllmasse Stoffe gegen pilzliche und tierische Schädlinge sowie eine düngend wirkende Substanz enthält, wodurch der Aufgang rascher und sicherer wird.

Sortenwahl

Die Sortenwahl erfolgt bei der Zuckerrübe durch die Fabriken in Abstimmung mit der bäuerlichen Interessenvertretung (Rübenbauernbund).

Siehe Sortenbeschreibung der Bundesanstalt für Pflanzenbau!

Nennen Sie die in Ihrem Betrieb angebauten Sorten!

....

....

Bei der Futterrübe erfolgt die Sortenwahl nach folgenden Kriterien:

Qualitätstyp: Massenrübe
Mittelrübe
Gehaltsrübe
Futterzuckerrübe

↓ Trockenmassegehalt steigend

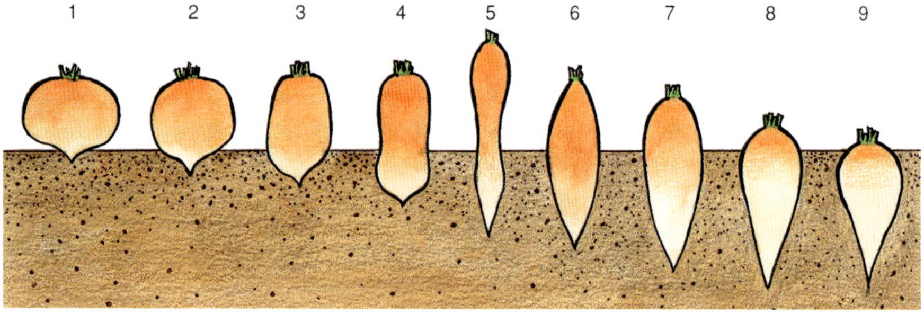

Rübenform und entsprechende Bodenlage.

Nennen Sie die in Ihrem Betrieb verwendeten Futterrübensorten und geben Sie dazu an:

Sorte *Form* *Bodenlage* *Qualitätstyp*

....

....

....

....

7.4.9. Anbau

Die Saatzeit erstreckt sich von Mitte März bis April, wobei die günstigste Bodentemperatur 6 bis 8° C betragen sollte. Frühe Saattermine bringen meist höhere Erträge, Spätfröste gefährden aber die Bestände.
Auf die günstigste Saattiefe von ca. 3 cm wurde bei der Bodenvorbereitung hingewiesen. Zu tiefe Saat bringt schlechtere Feldaufgangsprozente!
Die Reihenentfernung liegt bei 40 bis 50 cm und richtet sich in der Regel nach den Pflege- und Erntegeräten.
Die Ablageweite in der Reihe ist so zu wählen, dass die optimale Pflanzenanzahl von 90 000 Rüben/ha erreicht werden kann.
Beim Anbau mit späterer Korrekturhacke wird auf halben Endabstand gesät und bei handarbeitsloser Kultur ein Anbau auf Endabstand (18 bis 24 cm Ablageentfernung in der Reihe).
Das Rübensaatgut wird in Einheiten in den Handel gebracht.

1 Einheit (1 U) = Samenpackung mit 100 000 Samen bzw. Pillen

Berechnen Sie den Saatgutbedarf für folgende Angaben:
Reihenweite: 45 cm
Ablagenentfernung in der Reihe: 10 cm
Wie viele Einheiten Saatgut werden benötigt? ....

7.4.10. Überprüfung des Rübenbestandes

Spätfröste oder ein schlechter Feldaufgang erzwingen vom Landwirt manchmal die Entscheidung, den Bestand stehen zu lassen oder nach einem Umbruch neu anzubauen.
Als Entscheidungshilfe muss eine Auszählung des Pflanzenbestandes vorgenommen werden. Man misst an zehn gleichmäßig über das Feld verteilten Stellen in der Reihe eine Strecke ab, die jeweils einer Fläche von 10 m^2 entspricht.

Beispiel: 10 m^2 : 0,45 m Reihenentfernung = 22,22 m Messstrecke.

Die Summe der Pflanzen aller 10 Messstrecken × 100 = Pflanzen/ha.

Ergibt sich eine Pflanzenzahl von 50 000 bis 45 000/ha und ist die Jahreszeit noch nicht zu weit fortgeschritten (Mitte Mai), ist meist ein Zweitanbau sinnvoll. Bei sehr spätem Zweitanbau bringt auch ein optimaler Bestand keine höheren Erträge mehr.

7.4.11. Pflege

7.4.11.1. Pflegemaßnahmen mit Korrekturhacke

Die erste maschinelle Hacke erfolgt, wenn die Reihen gut erkennbar sind, wobei das Hackgerät mit Schutzscheiben ausgerüstet wird.
Nach der Ausbildung von 2 bis 4 Laubblättern erfolgt die Korrekturhacke von Hand aus. Je nach der Reihenentfernung (40 bis 50 cm) wird so korrigiert, dass die Abstände in der Reihe 20 bis 25 cm betragen. Nach der Korrekturhacke sollte ein Bestand von 80 000 bis 100 000 Rüben erreicht sein. Durch Bestandesausfälle bis zur Ernte von 10 bis 15 % würde dann der optimale Bestand von 70 000 bis 80 000 Rüben/ha zur Ernte kommen. Es folgen noch 1 bis 2 tiefer gehende maschinelle Hackgänge. Vor dem Bestandesschluss (Ende Juni) könnte noch eine Handhacke rund um die Rübe erfolgen.

7.4.11.2. Pflegemaßnahmen ohne Korrekturhacke

Auch bei dieser Form werden ein bis zwei maschinelle Hackgänge durchgeführt.
Verzichtet kann hier aber auf die Korrekturhacke, Hackarbeit in der Reihe und die abschließende Rundhacke von Hand aus werden.

Diese Form des Rübenbaues setzt voraus:

- Anbau auf Endabstand,
- Verwendung von pilliertem Monogermsaatgut sowie
- gezielte und teils wiederholte Anwendung der chemischen Unkrautbekämpfung.

Auch bei der handarbeitslosen Kultur ist ein Bestand von 70 000 bis 90 000 Rüben/ha zur Ernte für die Erzielung bester Erträge notwendig.

7.4.11.3. Chemische Unkrautbekämpfung

Die chemische Unkrautbekämpfung hat zwei wichtige Aufgaben zu erfüllen:
Vernichtung der Unkräuter, die als Nährstoff- und Standraumkonkurrenten der Rübe auftreten oder für eine vermehrte Schädlings- und Krankheitsvermehrung dienen können.
Ermöglichung der Vollmechanisierung des Rübenbaues (handarbeitsloser Rübenbau).
Die Ausbringung des Herbizides erfolgt entweder als Flächenspritzung (ganzflächig) oder als Bandspritzung (Bandbreite ist die halbe Reihenentfernung).

Begriffserklärung

VS = Vorsaatanwendung
VA = Vorauflaufanwendung
1. NAK = 1. Nachlaufspritzung im Keimblattstadium der Unkräuter
2. NAK = 2. Nachlaufspritzung im Keimblattstadium der 2. Unkrautgeneration
3. NAK und 3. NAK/L. = Nachlaufspritzung im Keimblatt- und Laubblattstadium der Unkräuter. Alle Empfehlungen beziehen sich auf Flächenspritzung in Menge/ha.

Für die Unkrautbekämpfung nach dem Verfahren der optimierten Aufwandmengen sind die Beraterempfehlungen für Tankmischungen und Spritzfolgen in den Betreuungsgebieten zu berücksichtigen.

Beispiel: ....

....

7.4.12. Wichtige Krankheiten im Rübenbau

7.4.12.1. Pilzkrankheiten

Wurzelbrand
Falscher Rübenmehltau
Echter Mehltau
Blattfleckenkrankheit (Cercospora)

Die Erreger sind Pilze, die häufig im Boden überdauern und oft eine lange Lebensdauer aufweisen.
Die Bekämpfung kann nur selten durch die richtigen Kulturmaßnahmen oder durch die Fruchtfolge erfolgen, sondern muss meist durch Einsatz chemischer Mittel durchgeführt werden.

7.4.12.2. Mangelkrankheiten

Herz- und Trockenfäule
Schadensursache ist Bormangel! Bekämpfung erfolgt durch Düngung mit Bor-Nitramoncal, Borax oder durch Spritzungen mit Bor-Präparaten (z. B. Solubor).

7.4.12.3. Viruskrankheiten

Vergilbungskrankheit
Viröse Wurzelbärtigkeit (Rizomania)

Eine direkte Bekämpfung der Viruskrankheiten ist nicht möglich. Bei der Vergilbungskrankheit muss der Überträger (= Blattlaus) vorbeugend mit chemischen Mitteln bekämpft werden.
Bei der virösen Wurzelbärtigkeit sind übermäßige Nässe zu vermeiden sowie tiefe Bodenlockerung und Einhaltung von Anbaupausen wirksame vorbeugende Maßnahmen.

7.4.13. Wichtige Schädlinge im Rübenbau

7.4.13.1. Vorwiegend Blattschädlinge

Rübenerdfloh
Rübenaaskäfer
Rüsselkäfer
Rübenfliege
Schwarze Rübenblattlaus

7.4.13.2. Vorwiegend Bodenschädlinge

Moosknopfkäfer, Engerling
Drahtwurm
Rübennematoden (= Älchen)

Bei einem vermehrten Auftreten von Rübenschädlingen ist, mit Ausnahme der Rübenälchen, eine chemische Bekämpfung zur Sicherung des Bestandes notwendig. In der Bekämpfung der Rübenälchen sind Anbaupausen (mind. 4 Jahre) und der Anbau von Feindpflanzen wirtschaftlich empfehlenswerter als der Einsatz von teuren Nematiziden.

Schadensschwellen beachten!

Verwenden Sie zur weiteren Information über Krankheiten und Schädlinge der Rübe sowie zur Übung im Erkennen und Bekämpfen die Broschüre „Krankheiten und Schädlinge der Rübe“.

7.4.14. Ernte und Ertrag

Die Zuckerrübe erreicht eine „technische Reife“, die bestimmt wird durch:

- Höhe des Rübenertrages und
- Übernahme durch die Zuckerfabrik (= Beginn der Kampagne).

Die Haupternte der Rübe erstreckt sich von Mitte Oktober bis 5. November. Ab dem 5. November spricht man von Sphousernte. Rüben und Blätter sollen gemeinsam geerntet werden, da eine frühere Blatternte und spätere Rübenernte Zuckerverluste verursacht.

Zuckerrübenerträge (in dt/ha)

	19	19	20 ....
Österr. Durchschnittserträge:	....	....	....
Erträge im eigenen Betrieb:	....	....	....

Siehe Berichte des Österr. Statistischen Zentralamtes!

Futterrübenerträge (in dt/ha)

	19..............	19..............	20..............
Österr. Durchschnittserträge:	....	....	....
Erträge im eigenen Betrieb:	....	....	....

7.4.15. Der Zuckerrübenvertragsanbau

Der Zuckerrübenanbau ist an den Abschluss eines Rübenliefervertrages mit der Zuckerindustrie gebunden (Sugana). Dieser wird jährlich im Rahmen der so gen. Kontrahierungsversammlung abgeschlossen, wobei den Vertragslandwirten ihr Jahreslieferrecht für Zucker in Tonnen zugeteilt wird. Um eine individuelle Bezahlung der Zuckerrübe in Abhängigkeit vom Zuckergehalt zu ermöglichen, ist eine exakte Probenentnahme erforderlich (6 Proben pro Hektar). Diese werden dann in einem Labor der Zuckerfabrik auf ihren Zuckergehalt geprüft.

Zuckerrübenkategorien

Diese ermöglichen es dem Landwirt, jährliche Ertragsschwankungen auszugleichen.
Die Einteilung erfolgt in:
A-Lieferrecht: Volle Absatzgarantie, beschränkte Preisgarantie
A-Vorgriff: A-Vorgriff in der Höhe von maximal 20 % der A-Quote des nächsten Jahres
B-Lieferrecht: Beschränkte Preis-, aber volle Absatzgarantie, geringer Preis wie bei A-Lieferrecht
C-Rübe: für Weltmarkt; keine Preis-, jedoch Abnahmegarantie
C1-Menge: 5 % vom A- und B-Rübenlieferrecht zu einem Fixpreis

7.4.16. Lagerung der Futterrübe

Die Lagerung der Futterrübe erfordert keine besonderen Investitionen. Sie soll in frostgeschützten Lagerräumen in der Nähe des Stalles durchgeführt werden.

Für eine gute Lagerung günstig sind:

- schonende Ernte (ohne Verletzungen),
- geringe Verschmutzung,
- richtige Lagertemperatur (+3 bis +4° C) sowie
- harmonische Düngung (Vorsicht bei Stickstoff).

Rübenblätter können grün verfüttert, einsiliert oder zur Rücklieferung von organischer Substanz eingepflügt werden.

Lösen Sie die im Anschluss an dieses Kapitel folgenden Fragen 21 bis 32!

Übungs- und Wiederholungsfragen

1. Nennen Sie die verschiedenen Nutzungsformen bei Mais!

....

....

2. Zu welcher Pflanzenfamilie gehört der Mais?

....

3. Unterscheiden Sie zwischen

Hartmais	Zahnmais
....	....
....	....
....	....

4. Erklären Sie die Stellung des Maises in der Fruchtfolge!

....

....

5. Wie soll das ideale Saatbett für Mais hergerichtet werden?

....

....

....

6. Erklären Sie die Bedeutung der Reifezahl 260!

....

7. Nennen Sie wichtige Daten für den Körnermaisanbau!

Keimtemperatur: .... Saattiefe:.................................... cm

Reihenentfernung:....................... cm

8. Was versteht man unter „Inkrustierung“?

....

....

9. Nennen Sie wichtige Krankheiten bei Mais!

....

....

....

10. Nennen Sie Möglichkeiten der Maissilierung!

....

....

....

11. Nennen Sie die fünf Verwendungsarten der Kartoffel!

....

....

....

12. Zu welcher Pflanzenfamilie gehört die Kartoffel?

....

13. Nennen Sie die Teile einer Kartoffelpflanze!

....

....

14. Die Kartoffel benötigt in den kritischen Zeitspannen

....

....

eine gesicherte Wasser- und Nährstoffversorgung.

15. Zu viel Kalk im Boden begünstigt die ....

16. Beurteilen Sie die Stellung der Kartoffel in der Fruchtfolge!

....

....

17. Nennen Sie frühe bis mittelfrühe Speisekartoffelsorten!

....

....

....

18. Nennen Sie für den Kartoffenanbau:

Saattiefe: .... cm Saattermin: ....

Reihenentfernung: .... cm Entfernung in der Reihe: .... cm

Saatgutbedarf: .... kg/ha

19. Erstellen Sie ein Pflegeprogramm für die Kartoffel!

....

....

....

20. Nennen Sie die Viruskrankheiten der Kartoffel!

....

....

....

21. Zu welcher Pflanzenfamilie gehört die Rübe?

....

22. Was verstehen Sie unter

a) Schossern ....

b) Trotzern ....

23. Welche Böden eignen sich für den Rübenanbau?

....

....

24. Die Rübe erfordert in der Fruchtfolge .... -jährige Anbaupausen, weil es sonst zur Vermehrung der.. kommt.

25. Erklären Sie die Bodenvorbereitung für die Zuckerrübe!

....

....

....

26. Setzen Sie die richtigen Werte für den Anbau der Rückerrübe ein!

Saattiefe: .... cm, Reihenentfernung: .... cm, Abstand in der Reihe bei Vereinzelung: .... cm, Abstand in der Reihe bei Anbau auf Endabstand .... cm.

27. Unterscheiden Sie zwischen folgenden Saatgutformen:

a) Präzisionssaatgut ....

b) Monogermsaatgut ....

28. Nennen Sie die Qualitätstypen der Futterrübe!

....

....

29. Erklären Sie den Vorgang des Auszählens eines Rübenbestandes!

....

....

....

....

30. Vergleichen Sie die Pflegeprogramme:

a) mit Korrekturhacke

b) ohne Korrekturhacke (handarbeitslos)

....

....

....

....

31. Nennen Sie die Ausbringungszeitpunkte für chemische Unkrautbekämpfungsmittel!

....

....

32. Zählen Sie die Rübenschädlinge auf!

....

....

....

8. Das Grünland

8.1. Der Begriff „Grünland“

Unter „Grünland“ verstehen wir artenreiche Pflanzenbestände aus Gräsern, Kleearten und Kräutern, deren Grasnarbe nie oder nur selten durch den Pflug bearbeitet wird. Zum Grünland gehören daher Wiesen, Weiden und Almflächen.

Erklären Sie, was man unter dem Begriff „Grünland“ versteht!

8.2. Bedeutung des „Dauergrünlandes“

Österreichs Grünlandflächen – 1 940 011 ha

einmähdige Wiesen	56 366
mehrmähdige Wiesen	861 444
Streuwiesen	15 806
Almen und Bergmähder	856 908
Kulturweiden	68 174
Hutweiden	81 313

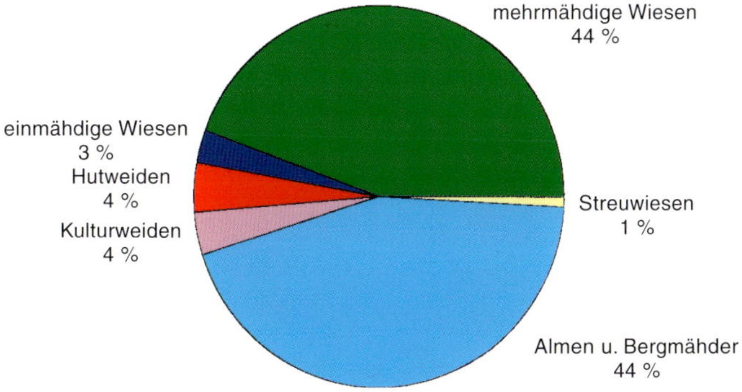

8.3. Die Pflanzen des Grünlandes

Nennen Sie den ø Prozentanteil an Gräsern, Leguminosen und Kräutern, den Wiesen und Weiden aufweisen sollen!

Bei guter Grünlandbewirtschaftung sollten die drei Pflanzengruppen etwa die folgende Verteilung in Gewichtsprozenten aufweisen:

	Wiese (Mähnutzung)	*Weidenutzung*
Gräser	50–70 %	60–70 %
Leguminosen	10–20 %	10–30 %
Kräuter	20–30 %	10–20 %

Insgesamt sind das 30 bis 70 Pflanzenarten, je nach Nutzungsintensität.

8.4. Die Gräser

Sie bilden die Hauptmasse in den Pflanzenbeständen des Grünlandes und haben einen entscheidenden Einfluss auf die Ertragssicherheit. Hinsichtlich des Futterwertes bleiben die meisten Gräser jedoch hinter den Leguminosen und manchen Kräutern zurück (Eiweiß- und Mineralstoffgehalt, Schmackhaftigkeit). Sie bevorzugen eine schwach saure Bodenreaktion.

Erklären Sie den Begriff „Futterwertzahl"!

Die Futterwertzahlen bilden eine Beurteilungsgrundlage für Grünlandpflanzen. Die Einstufung reicht von 1 bis 8 (wertvollste Futterpflanzen).

Geben Sie an, nach welchen Gesichtspunkten die Gräser eingeteilt werden könnten!

Die Einteilung der Gräser wird nach folgenden Gesichtspunkten vorgenommen:

Die Süßgräser (auch echte Gräser)

Sie haben einen hohlen, knotigen und runden Halm und sind meist mehrjährig, wachsen in Form von Horsten oder bilden unterirdische Ausläufer.

Die Sauergräser

Sie weisen einen dreieckigen, markhältigen und knotenlosen Halm auf. Wir finden sie hauptsächlich in Streuwiesen und auf Nassstellen. Zu ihnen gehören:

Seggenarten   Wollgräser   Simsen   Binsen

Sie besitzen einen geringen bis sehr geringen Futterwert.

8.4.1. Ober- und Untergräser

Die Süßgräser werden ihrer Wuchsform nach auch in Ober- und Untergräser gegliedert.
Die Obergräser haben einen hohen, kräftigen Halm mit großen Blättern. Man findet sie überwiegend auf Wiesen mit Mähnutzung. Sie neigen zur Verholzung und müssen daher zeitgerecht geerntet werden.

Die Untergräser haben einen feineren, kürzeren Halm mit meist kleineren Blättern, jedoch vielen Seitentrieben.
Nach der Nutzungsintensität können die Ober- und Untergräser in folgende drei Gruppen eingeteilt werden:

Intensivgräser

mit höchstem Futterwert und hohem Ertragsbildungsvermögen. Sie werden durch eine harmonische Düngung gefördert, bilden dichte Pflanzenbestände und können intensiv genutzt werden.

Obergräser solcher Flächen.

◄ **Wiesenschwingel WZ 8**
Auf eher feuchten Wiesen
Blüte: Juni bis Juli

Wiesenlieschgras WZ 8 ►
(Thimothe)
Wertvolles, spätblühendes Gras
Blüte: Juni bis Sept.

Nennen Sie alle wertvollen Intensivgräser des Grünlandes!

◄ **Fuchsschwanz WZ 7**
Wertvolles Gras auf eher feuchten Wiesen
Blüte: Mai bis Juni

Knaulgras WZ 7 ►
Ertragreiches, aber leicht verholzendes Gras
Blüte: Mai

Untergräser solcher Flächen.

◄ **Wiesenrispe WZ 8**
Wertvolles Weide- und Mähweidegras für eher trockene Lagen
Blüte: Mai bis Juni

Deutsches Weidelgras WZ 8 ►
(Engl. Raygras) Sehr wertvoll, dicht wachsend; für Weiden und Mähweiden
Blüte: Mai bis Herbst

Gräser mittlerer Intensität

Sie sind noch als wertvoll zu bezeichnen, bringen jedoch geringere Erträge als Intensivgräser.

Obergräser solcher Flächen.

◄ Glatthafer WZ 7
(Franz. Raygras)
Wertvolles Gras auf trockenen Wiesen
Blüte: Juni bis Juli

Goldhafer WZ 7 ►
Wertvolles Gras, das auch Beweidung verträgt; besonders in höheren, niederschlagsreichen Gebieten
Blüte: Mai bis Sept.

◄ Rotschwingel WZ 5
Unempfindliches, anspruchsloses Gras, besonders auf Weiden
Blüte: Juni bis Juli

Aufrechte Trespe WZ 5 ►
Ertragarmes Gras trockener Standorte
Blüte: Juni

Untergräser solcher Flächen.

◄ Rotes Straußgras WZ 7
Spätes Wiesen- und Weidegras für nasse Standorte
Blüte: Juni bis Aug.

Gemeine Rispe WZ 7 ►
Gutes Wiesen- und Weidegras auf schweren und feuchten Böden
Blüte: Juni bis Juli

◄ **Kammgras WZ 6**
Anspruchsloses, ertragarmes Gras für kühle, feuchte Lagen
Blüte: Juni bis Okt.

Welsches Weidegras ►

◄ **Rohrglanzgras**

Quecke ►

Gräser geringerer Intensität

Trespenarten, Rotschwingel und andere Gräser mit geringem Futterwert vertragen höchstens 2 Nutzungen pro Jahr. Solche Bestände sind auch durch einen besonders hohen Kräuter- und Kleeanteil gekennzeichnet. Sie bilden jedoch in Höhenlagen den Ertrag und sind daher dort als wertvoll zu bezeichnen.

8.5. Die Leguminosen (Schmetterlingsblütler)

Sie sind stickstoffsammelnde Futterpflanzen, die sich durch ihren hohen Eiweiß- und Mineralstoffgehalt sowie durch ihre Schmackhaftigkeit auszeichnen. Weiters verholzen sie weniger stark und schnell wie die Gräser. Der Blattreichtum dieser Pflanzen verursacht jedoch bei der Bodentrocknung hohe Bröckelverluste.

Geben Sie an, durch welche Eigenschaften sich die Leguminosen von den Gräsern unterscheiden!

Die wichtigsten Leguminosen des Grünlandes (s. S. 201)

Wiesenrotklee, Weißklee, Gelbklee, Hornklee, Zaunwicke, Vogelwicke und Wiesenplatterbse.

8.6. Die Kräuter

Dazu zählen alle Pflanzen des Grünlandes, die nicht zu den Gräsern und Leguminosen gehören. Auffallend ist ihr hoher Eiweiß- und Mineralstoff-

Erklären Sie, warum manche wertvolle Kräuter trotzdem zu Unkräutern werden können!

reichtum sowie ihr günstiger Einfluss auf die Tiergesundheit. Grundsätzlich sind alle Kräuter wertvoll, mit Ausnahme der giftigen Pflanzen. Durch Bewirtschaftungsfehler wie übermäßigen Gülleeinsatz, zu häufige Nutzung und Nutzung zum falschen Zeitpunkt können viele Kräuter überhandnehmen. Sie werden zu Unkräutern, die dann Ertrag und Qualität ungünstig beeinflussen. Schwierigkeiten bei der Konservierung sind ebenfalls zu erwarten (Bröckelverluste, Schimmel- und Fäulnisbildung).

Kräuter mit brauchbarem Futterwert

Spitzwegerich (1), Wiesenkerbel (2), Bärenklau (3), Löwenzahn (4), Pastinak, Kümmel, Schafgarbe, Wiesenkopf, Bibernelle und Wiesenbocksbart.

◄ **Wiesenrotklee WZ 7**
Wertvolle Kleeart in nicht zu intensiv genutzten und gedüngten Wiesen
Blüte: Mai bis Sept.

Weißklee WZ 8 ►
Sehr wertvolle, genügsame Kleeart auf Wiesen und Weiden mit kriechendem Stängel
Blüte: Mai bis Herbst

◄ **Esparsette WZ 7**

Gelbklee WZ 7 ►
In trockenen, kalkhältigen Wiesen sehr wertvoll
Blüte: Mai bis Herbst

◄ **Luzerne WZ 8**
Wertvollste Kleeart des Feldfutterbaus

Wiesenplatterbse WZ 7►
Gelbe Blüten, Vorkommen auf nicht zu trockenen Wiesen
Blüte: Juni bis Juli

◄ **Zaunwicke WZ 6**
Blaublühend, Stängel mit Ranken; Vorkommen auf nicht zu trockenen Wiesen
Blüte: Mai bis Juli

Schwedenklee WZ 6 ►
Für Kleegrasmischungen

Zählen Sie die bedeutendsten Leguminosen des Grünlandes auf!

◄ **Alexandrinerklee WZ 6**
Für Feldfutterbau und Brachemischungen

Perserklee WZ 6 ►
Verwendung wie Alexandrinerklee

◄ **Inkarnatklee WZ 5**
Bestandteil des Landsberger Gemenges und für Brachemischungen

Kräuter mit geringem Futterwert

Wiesenschaumkraut, Gänseblümchen, Margerite, Breitwegerich, Ampferarten, Wiesensalbei u. a.

Unkräuter des Grünlandes

Herbstzeitlose, Sumpfschachtelhalm, Klappertopf, Dotterblume, Weißer Germer, Weidedistel, Hauhechel u. a.

Bekämpfungswürdige Problemunkräuter

Dazu zählen folgende Unkräuter:

Stumpfblättrige Ampfer	Bärenklau	Scharfer Hahnenfuß
Löwenzahn	Wiesenkerbel	Schafgarbe

Da diese Pflanzen einen besonders negativen Einfluss auf den Ertrag und die Qualität haben, sind kulturtechnische Maßnahmen wie abwechselnde Mäh- und Weidenutzung, harmonische Düngung, richtiger Erntezeitpunkt und eventuell Einsaat wertvoller Gräsersamen zu überlegen. In vielen Fällen wird man eine chemische Bekämpfung vornehmen müssen, um wieder zu einem leistungsfähigen Pflanzenbestand zu kommen.

Ergänzungen: ....

....

....

Lösen Sie die im Anschluss an das Kapitel „Grünland" folgenden Fragen 1 bis 6!

8.7. Die Nutzung des Grünlandes

Geben Sie die möglichen Nutzungsformen für das Grünland an!

Für die Nutzung des Grünlandes kennen wir drei Möglichkeiten:

- **die Wiese – Mähnutzung zur Gewinnung von Heu oder Silage bzw. Grünfutter für die Sommerstallfütterung;**
- **die Weide – den Tieren wird eine bestimmte Grünlandfläche zur Futteraufnahme zugeteilt und**
- **die Mähweide – abwechselnde Nutzung durch Mähen und Beweiden.**

Werden Wiesen und Weiden ständig als solche genutzt, so sprechen wir auch von Dauergrünland. Unterliegen solchen Flächen jedoch auch einer zeitweiligen Ackernutzung, so spricht man von Wechselgrünland.

8.7.1. Die Nutzung der Wiesen

Das Ziel der Wiesennutzung muss es sein, Futter mit möglichst hohem Eiweiß-, Energie- und Mineralstoffgehalt zu ernten.
Einen besonderen Einfluss auf die Futterqualität hat der richtige Nutzungszeitpunkt.

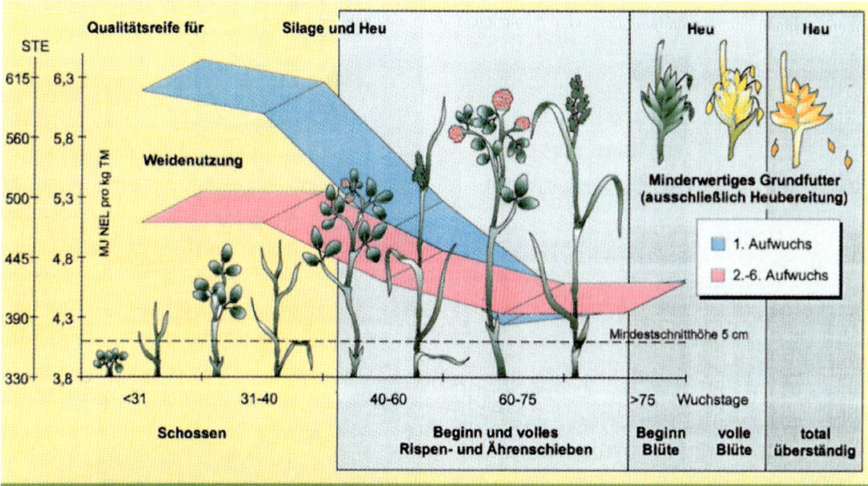

2: *Nutzungsstadium und Energiegehalt des Grünlandfutters.*

Die Nutzungsintensität (Anzahl der Schnitte) ist von verschiedenen Voraussetzungen abhängig, wie z. B. von

- den Bodenverhältnissen (Bodenart, Wasserversorgung),
- der Vegetationsdauer (abhängig von der Seehöhe),
- der Nutzungsart (Grünfutter, Silage, Heu) und
- der Zusammensetzung des Pflanzenbestandes (abhängig von den oben genannten Faktoren).

Geben Sie an, wovon die Nutzungsintensität einer Wiese abhängig ist!

Die meisten Wiesen werden zwei- bis dreimal geschnitten, wobei der erste Schnitt vielfach zu spät erfolgt.
Dadurch erhält man verholztes und schlecht verdauliches Futter.
Da jedoch die Bodentrocknung von jungem Futter zum ersten Schnitt nur in Ausnahmefällen möglich ist, wäre eine Konservierung im Silo bzw. durch Unterdachtrocknung anzustreben.
Grobes oder verregnetes Heu hat oft nur eine Verdaulichkeit von 50 %.

Welche Erträge kann das Grünland erbringen?
Schwach gedüngte Zweischnittwiesen: ca. 6 000 kg Heu
Gut gedüngte Zwei- bis Dreischnittwiesen: ca. 8 000 kg Heu
Sehr gut gedüngte Mehrschnittwiesen: bis über 10 000 kg Heu

Geben Sie an, welchen Ertrag eine gut gedüngte Zwei- bis Dreischnittwiese erbringen kann!

Ergänzungen: ....

....

8.7.2. Die Nutzung der Weide

Das Ziel der Weidebewirtschaftung muss es sein, einem bestimmten Viehbestand Futter in ausreichender Menge und bester Qualität die ganze Wachstumszeit über zur Verfügung zu stellen.

Die Weidenutzung fördert die Tiergesundheit und bringt bei richtiger Weideführung höhere Erträge als die Wiese!

Beachte: Junges Weidegras ist sehr eiweißreich – es ist daher für einen ausreichenden Energieausgleich in der Fütterung zu sorgen!

Die Weidetechnik

Erklären Sie den obersten Grundsatz der Weidenutzung!

Als oberster Grundsatz einer richtigen Weideführung muss gelten: Die Fresszeit soll kurz und die Ruhezeit zwischen zwei Nutzungen muss genügend lang sein.
Die Weidereife eines Grasbestandes wird bei einer Pflanzenhöhe von 20 bis 25 cm erreicht.

Wir unterscheiden drei Möglichkeiten der Weideführung:

Die Standweide

Die Tiere beweiden vom Frühjahr bis zum Herbst eine nicht weiter unterteilte Weidefläche. Dies führt naturgemäß zu einer anfänglichen Futtervergeudung und späterem Mangel. Die Verunkrautung ist meist sehr stark, da in vielen Fällen auch die Pflegemaßnahmen unterlassen werden. Diese Beweidungsform ist auf guten Weideflächen auf jeden Fall abzulehnen!

Die Koppelweide (Umtriebsweide)

Erläutern Sie das Prinzip der Koppelweide!

Es erfolgt hier eine Unterteilung der Weidefläche, im Idealfall in 12 bis 14 Koppeln, mittels Elektrozaun. Die Größe der einzelnen Flächen hängt vom aufzutreibenden Viehbestand sowie der Besatzzeit ab, die jedoch drei Tage nicht überschreiten soll.

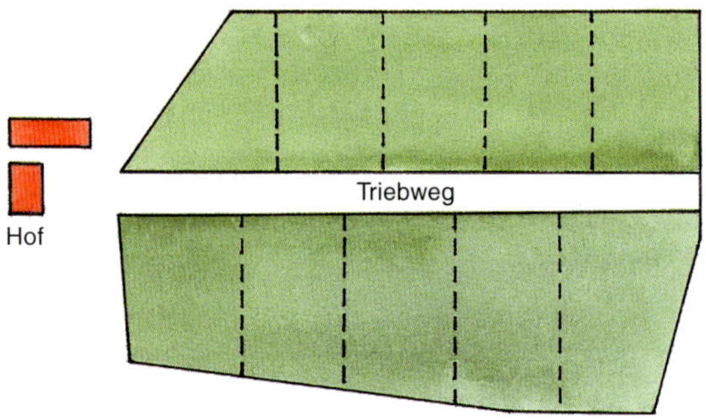

Beispiel für die richtige Einteilung der Weidekoppeln.

—— = fester Zaun
---- = Elektrozaun

Man rechnet, dass der Futterbedarf einer Großvieheinheit pro Tag von einer Weidefläche von 0,75 Ar gedeckt werden kann.

Die Portionsweide

Hier werden die einzelnen Koppeln durch einen „wandernden Elektrozaun“ auf die Größe des Tagesbedarfes unterteilt. Man rechnet mit 0,6 Ar/Kuh bei ganztägiger Beweidung.
Bei dieser Form erzielt man die höchsten Leistungen bei geringstem Futterverlust. Der Arbeitsaufwand ist jedoch höher!

Erläutern Sie das Prinzip der Portionsweide und geben Sie an, wie viel Futterfläche man pro GVE und Tag benötigt!

Ergänzungen: ....

....

....

8.7.3. Die Mähweide

Der Wechsel zwischen Mahd und Beweidung wäre der Idealfall der Grünlandbewirtschaftung, denn die Mahd fördert die wertvollen Obergräser, die Beweidung die Untergräser und den Weißklee. Viele der unerwünschten Kräuter werden verdrängt!
Die Mähweide bringt aber auch arbeitswirtschaftliche Vorteile, da sich die Heu- und Grummeternte auf einen längeren Zeitraum erstreckt (Vermeidung von Arbeitsspitzen).

Erläutern Sie, warum die Mähweide eine besonders günstige Form der Grünlandnutzung ist!

Voraussetzungen für die Mähweidennutzung

- ausreichende Niederschläge,
- trittfeste Grasnarbe und
- zusammenhängende Flächen in Hofnähe.

Für die Nutzung der Mähweide gelten alle Richtlinien, die auch schon bei der Wiesen- und Weidenutzung besprochen wurden, wie richtiger Schnittzeitpunkt usw., wie auch die Beachtung der Regeln von Ruhe- und Besatzzeit.

Ergänzungen: ....

....

8.8. Die Düngung des Grünlandes

Bei der Düngung des Grünlandes ist auf einen gezielten Einsatz der Wirtschaftsdünger und, wenn notwendig, auf einen entsprechenden Ausgleich mit Mineraldüngern zu achten.

8.8.1. Die Wirtschaftsdünger

Die im Betrieb anfallenden Düngermengen sollen möglichst gleichmäßig auf die gesamte Bewirtschaftungsfläche verteilt werden, um eine einseitige Nährstoffversorgung und damit im Zusammenhang eine lästige Verunkrautung zu vermeiden.

Stallmist wirkt sich besonders auf Wiesen günstig auf die Zusammensetzung des Pflanzenbestandes aus. Er muss gut verrottet sein, damit er rasch in die Grasnarbe einwachsen kann.
Der günstigste Anwendungszeitpunkt wäre der Herbst, es kann jedoch

auch im Frühjahr ein „Stallmistschleier“ gegeben werden. Kurz vor Wachstumsbeginn ist der Mist in die Grasnarbe mittels einer Strauchegge o. ä. einzureiben.

Aufwandsmenge: 15 bis 20 Tonnen im drei- bis vierjährigen Turnus.

Jauche wird verdünnt, am besten im Frühjahr, aber auch zu jedem Aufwuchs gegeben. Übermäßige Jauchedüngung führt zum Überhandnehmen lästiger Problemunkräuter und zur Abnahme der Leguminosen.

Aufwandsmenge: 15 bis 20 m^3 unverdünnt.

Gülle hat in den Grünlandgebieten besondere Bedeutung erlangt, da Stroh als Einstreu für die Mistgewinnung meist fehlt. Außerdem werden die Nährstoffe aus der Gülle von den Gräsern besonders gut ausgenützt.
Während der Vegetationszeit ist die Gülle immer in verdünnter Form auszubringen, um Verätzungen und Verschlämmungen zu vermeiden. Die Gülleausbringung außerhalb der Wachstumszeit bringt immer hohe N-Verluste mit sich. (Für genügend Grubenraum sorgen!)

Erklären Sie, warum auf dem Grünland der Einsatz von verdünnter Gülle günstiger ist als der von Vollgülle!

Aufwandsmengen: 15 bis 25 m^3 Vollgülle/ha und Aufwuchs (je nach Verdünnung entsprechend mehr). Die höheren Mengen sind nur auf schweren Böden und bei hohen Niederschlagsmengen zu empfehlen.

Bei der Berechnung der Düngermengen ist auch auf die Ausnutzbarkeit des Stickstoffs aus den Wirtschaftsdüngern Rücksicht zu nehmen (siehe Abschnitt Düngung).

8.8.2. Die Mineraldünger

Da die Nährstoffe aus den Wirtschaftsdüngern meist nicht ausreichen, um hohe Erträge mit guter Qualität sicherzustellen, ist ein Ausgleich mit Mineraldüngern erforderlich.

8.8.2.1. Die Grunddüngung mit Phosphat und Kali

Berechnen Sie den Bedarf an Hyperphosphat und 40er Kali für eine Zweischnittwiese! (Siehe Kapitel Düngung!)

Als Grundlage für die Bemessung der Düngegaben gelten die vom Fachbeirat für Bodenfruchtbarkeit und Bodenschutz herausgegebenen Empfehlungen (siehe Seite 113 ff).
Die Grundüngung mit P und K kann im Herbst oder Frühjahr durchgeführt werden. Zu beachten ist, dass auf Böden mit zu niedrigem pH-Wert kalkhältige Düngemittel vorzuziehen sind.

Mineraldünger für die Grünland-Grunddüngung

Phosphatdünger	*Kalidünger*	*PK-Mischdünger*
Thomasphosphat	40er Kalidüngesalz	DC 45
Hyperkorn	60er Kalidüngesalz	Hyperkali
Hyperphosphat (fein)	Magnesia Kainit	Thomaskali
Superphosphat	Patentkali	

Beachte: Kalidünger und Wirtschaftsdünger im Frühjahr möglichst nicht gemeinsam ausbringen, um einen Kaliüberschuss im Futter zu vermeiden!

8.8.2.2. Kalkdüngung

Wenn die Bodenreaktion unter dem für Grünland günstigen Bereich von pH 5 bis 6 liegt, ist eine Kalkung erforderlich. 2 000 kg kohlensaurer Kalk oder kohlensaurer Magnesiakalk, alle drei bis vier Jahre gegeben, haben sich auf Grünland als günstig erwiesen. Liegt der pH-Wert im günstigen Bereich, so kann mit den kalkhältigen Phosphatdüngern das Auslangen gefunden werden.

8.8.2.3. Die Stickstoffdüngung

Durch den richtigen Einsatz der N-Dünger werden, ausreichende Phosphat- und Kaliversorgung vorausgesetzt, vom Grünland Höchsterträge erzielt.

Die Höhe der Stickstoffdüngung richtet sich vor allem nach der Nutzungsart und Nutzungsintensität.

Nutzungsart	*Reinstickstoffmengen*
nicht verbesserungswürdige Einschnittwiesen	keine mineralischen N-Dünger
Zweischnittwiesen	40 bis 60 kg N/ha und Aufwuchs aus Wirtschafts- und/oder Mineraldüngern
Mehrschnittwiesen	40 bis 70 kg N/ha und Aufwuchs aus Wirtschafts- oder Mineraldüngern
Umtriebsweiden	30 bis 40 kg N/ha und Aufwuchs, vorwiegend aus Mineraldüngern

Berechnen Sie den Bedarf an Weidenitramoncal für eine Mehrschnittwiese!

Als Grundsatz kann daher gelten:

Zu jedem Aufwuchs, ob Schnitt oder Weide, eine Stickstoffdüngung, sei es in Form von Wirtschaftsdüngern und/oder Mineraldüngern. Bei der Bodentrocknung von Heu sind die niedrigeren Werte anzunehmen.

Der Futterertrag kann durch eine gezielte N-Düngung bewusst gesteuert werden. Besondere Bedeutung hat dies im Frühjahr und Herbst.

Der Einsatz von Volldüngern ist auf dem Grünland ebenfalls möglich. Den unterschiedlichen Nährstoffverhältnissen im Boden kann man durch die Auswahl eines entsprechenden Volldüngers Rechnung tragen.

Erklären Sie den Grundsatz, der für die Stickstoffdüngung des Grünlandes zu beachten ist!

Stickstoffdünger und Volldünger für das Grünland

Stickstoffdünger	*Volldünger*	
Nitramoncal	Vollkorn grün	Vollkorn gelb
Weide-Nitramoncal		DC 37
(Kalkstickstoff)		

Nennen Sie die auf dem Grünland üblichen Stickstoffdünger und Volldünger!

8.9. Die Pflege des Grünlandes

Die gewissenhaft durchgeführten Pflegemaßnahmen sind ebenso ertragsbeeinflussend wie Düngung und Nutzung.

8.9.1. Pflege der Wiesen

Erklären Sie die notwendigen Pflegemaßnahmen auf Wiesen und Weiden!

Räumen von Laub und Zweigen sowie Einebnen von Maulwurfshaufen mittels Strauchegge oder Wiesenegge. Auf leichten, humusreichen Böden ist das Anwalzen vorteilhaft.

8.9.2. Pflege der Weiden

Im Anschluss an die Beweidung ist ein sofortiges Mähen angezeigt (Geilstellen), um eine Verunkrautung zu unterbinden. Fladen sind zu verteilen.

Beachte: Wird noch vor dem letzten Austreiben gemäht, so wird dieses Futter von den Tieren noch großteils aufgenommen!

8.9.3. Unkrautbekämpfung auf dem Grünland

Da in den meisten Fällen Bewirtschaftungsfehler die Ursachen der Verunkrautung sind, sollten zuerst geeignete Maßnahmen in dieser Richtung ergriffen werden (richtige Nutzung und Düngung).
Sind diese Maßnahmen allein jedoch nicht zielführend, so sind chemische Bekämpfungsmaßnahmen durchzuführen, z. B. gegen

Geben Sie Gründe an, die eine chemische Unkrautbekämpfung auf dem Grünland rechtfertigen!

Ampfer – Round up, Asolux, Rumexan, Harmony,
Bärenklau, Kerbel – Beweidung, KVT-Mittel,
Löwenzahn – Kalkstickstoff, KV- und MCPA-plus-Mittel und
Rasenschmiele – Round up, Dowpon.

Die Punktbekämpfung ist der Flächenbekämpfung vorzuziehen, um die wertvollen Pflanzenarten zu schonen.

8.10. Bestandesverbesserungen auf dem Grünland

Zählen Sie die wichtigsten bestandesverbessernden Maßnahmen auf dem Grünland auf!

Durch die zunehmende Verunkrautung und den Rückgang der wertvollen, ertragsbildenden Pflanzenarten auf vielen Grünlandflächen wird es immer schwieriger, hohe Erträge und eine gute Futterqualität zu erzielen. Es müssen daher geeignete bestandesverbessernde Maßnahmen ergriffen werden.

8.10.1. Regelung des Wasserhaushaltes

Das Wasser ist einer der wichtigsten Faktoren für die Grünlandnutzung. (Um 1 kg TM zu erzeugen, benötigt das Grünland 600 bis 800 l Wasser.) Wird auf nassen Wiesen eine Entwässerung durchgeführt, so ist darauf zu achten, dass der Wasserspiegel auf Wiesen auf ca. 60 cm und auf Weiden nicht tiefer als etwa 80 cm abgesenkt wird.

Anordnung der Dränagerohre in leichtem Boden (rechts oben) und in schwerem Boden (rechts unten).

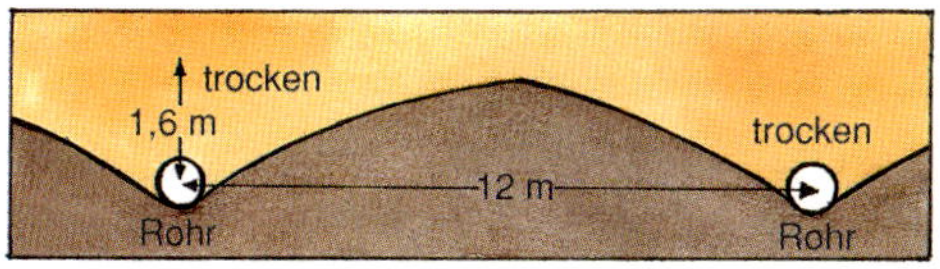

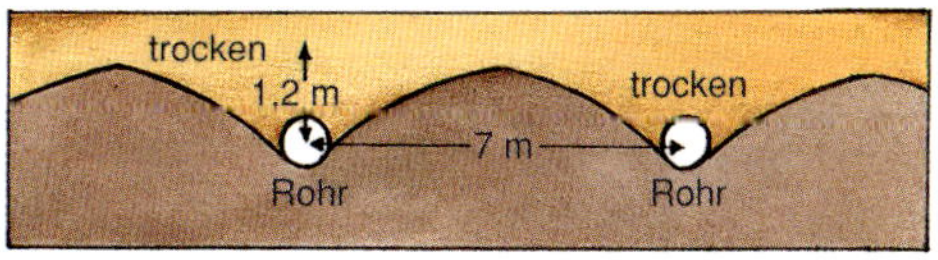

Nach der Entwässerung von Sumpfflächen (wenn überhaupt sinnvoll) ist eine kurze Ackernutzung, z. B. mit Hafer, angebracht. Im Anschluss daran erfolgt die Einsaat einer geeigneten Wiesen- oder Weidemischung.

8.10.2. Richtige Düngung und Nutzung

Folgende Maßnahmen sind dann ausreichend, wenn der Pflanzenbestand keine schwer wiegenden Mängel in seiner Zusammensetzung aufweist:

- gleichmäßige Versorgung aller Flächen mit dem anfallenden Wirtschaftsdünger,
- Förderung der Gräser durch gute Versorgung mit Stickstoff bzw. der Leguminosen durch ausreichende Phosphor-, Kali- und Kalkversorgung,
- Nutzungszeitpunkt richtig wählen und
- Intensivnutzung nur bei geeignetem Pflanzenbestand.

Geben Sie all jene Maßnahmen an, die zu einer richtigen Düngung und Nutzung des Grünlandes führen!

8.10.3. Einsaat (Übersaat)

Um ein Auslichten der Grünlandbestände zu verhindern, werden jährlich oder bei Bedarf 4 bis 5 kg wertvoller Grassamen mit dem Handelsdünger vermischt und im Frühjahr ausgebracht. Die Einsaat mit einer speziellen Spaltensämaschine ist ebenfalls eine erfolgversprechende Möglichkeit (über Maschinenringe).

Erklären Sie, was man unter dem Begriff „Einsaat“ in der Grünlandbewirtschaftung versteht!

8.10.4. Umbruch und Neuansaat

In Gebieten, in denen Ackerbau möglich ist, werden ertragarme Grünlandbestände umgebrochen und 2 bis 3 Jahre als Ackerland genutzt. Anschließend wird eine passende Dauerwiesenmischung in eine Deckfrucht (z. B. Grünhafer) eingesät.

8.10.5. Umbruchlose Neuansaat

Diese Methode eignet sich für Flächen, die nicht gepflügt werden können (steile Hänge). Die alte Grasnarbe wird im Frühjahr mit Round up o. ä. totgespritzt.
Nach 14 Tagen kann nach einem Eggenstrich die Ansaat von ca. 35 kg einer Wiesenmischung erfolgen.

Ergänzungen: ....

....

8.10.6. Die Nachsaat

Bei der umbruchlosen Nachsaat wird mit speziellen Nachsaatgeräten in schwachen, lückigen Grünlandbeständen 20 bis 30 kg/ha einer Nachsaatmischung eingesät. Die Durchführung dieser Maßnahme bewährt sich am besten im Frühjahr bei einem sehr zeitigen ersten Schnitt.

Beachte: Erprobte Samenmischungen sind für Dauerwiesen und Dauerweiden, abgestimmt auf die verschiedenen Standortverhältnisse, im Samenfachhandel erhältlich.
Es besteht auch die Möglichkeit, Mischungen nach eigenen Angaben herstellen zu lassen.

Ausgewählte Saatgutmischungen der ÖAG (Österr. Arbeitsgemeinschaft für Grünland und Futterbau)

Dauerwiesenmischungen

- **A** für trockene Lagen, bis 3 Nutzungen im Jahr;
- **B** für mittlere Lagen, bis 3 Nutzungen im Jahr;
- **C** für feuchte Lagen, bis 3 Nutzungen im Jahr;
- **D** für raue Lagen, bis 3 Nutzungen im Jahr;
- **OG** ohne Goldhafer, bis 3 Nutzungen im Jahr;
- **VO** für mittlere und feuchte Lagen in Vorarlberg, bis 5 Nutzungen im Jahr.

Dauerweidemischungen

- **G** für milde und mittlere Lagen, auch Vielschnittnutzung;
- **H** für raue Lagen, auch Vielschnittnutzung.

Nach- und Übersaatmischungen

- **Na** für alle Lagen, für Wiesen und Weiden geeignet.

Wechselwiesenmischungen

- **WM** für milde und mittlere Lagen sowie für 3 und mehr Nutzungsjahre;
- **WR** für raue Lagen sowie für 3 und mehr Hauptnutzungsjahre.

Lösen Sie die im Anschluss an dieses Kapitel folgenden Fragen 7 bis 14!

Übungs- und Wiederholungsfragen

1. Unter Grünland verstehen wir Pflanzenbestände aus:

   ....

2. Die Futterwertzahl ist eine Beurteilungsgrundlage für ....

   .... Die Einstufung erfolgt von .... bis ....

3. Teilen Sie die Gräser nach ihrer Wuchsform ein in:

   a) ....

   b) ....

4. Einteilung der Gräser nach ihrer Nutzungsintensität (ankreuzen)

Name	*Intensivgras*	*Gräser mittlerer Intensiität*	*Gräser geringer Intensität*
Wiesenschwingel	❑	❑	❑
Glatthafer	❑	❑	❑
Rotschwingel	❑	❑	❑
Gemeine Rispe	❑	❑	❑
Knaulgras	❑	❑	❑
Wiesenlieschgras	❑	❑	❑
Dt. Weidelgras	❑	❑	❑
Aufrechte Trespe	❑	❑	❑
Goldhafer	❑	❑	❑
Fuchsschwanz	❑	❑	❑
W. Straußgras	❑	❑	❑
Wiesenrispe	❑	❑	❑

5. Die Leguminosen unterscheiden sich von den Gräsern durch:

   a) ....

   b) ....

   c) ....

6. Einteilung der Kräuter nach ihrem Wert (Mehrfachnennung möglich)

Name	*guter Futterwert*	*geringer Futterwert*	*Unkräuter*
Löwenzahn	❑	❑	❑
Ampfer	❑	❑	❑

Herbstzeitlose	❑	❑	❑
Kümmel	❑	❑	❑
Margerite	❑	❑	❑
Bärenklau	❑	❑	❑
Wiesenkerbel	❑	❑	❑
Wiesensalbei	❑	❑	❑
Schafgarbe	❑	❑	❑
Hahnenfuß	❑	❑	❑
Spitzwegerich	❑	❑	❑
Klappertopf	❑	❑	❑
Wiesenknopf	❑	❑	❑
Gänseblümchen	❑	❑	❑

7. Welche Nutzungsformen gibt es für das Grasland?

   a) ....

   b) ....

   c) ....

8. Wann ist der günstigste Schnittzeitpunkt für die

   a) Bodentrocknung von Heu: ....

   b) Silagebereitung: ....

9. Welchen Grundsatz hat man in der Weidetechnik zu beachten?

   ....

10. Welche Weideformen kennen wir?

    a) ....

    b) ....

    c) ....

11. Welche Probleme kann ein zu hoher Wirtschaftsdüngeraufwand nach sich ziehen?

    ....

12. Welche Nährstoffmenge benötigt eine gute Zweischnittwiese?

kg N/Aufwuchs	kg P_2O_5	kg K_2O
....	....	....

13. Pflegemaßnahmen auf Grünland:

a) auf Wiesen ....

b) auf Weiden ....

14. Welche Möglichkeiten der Bestandesverbesserung kennt man?

a) ....

b) ....

c) ....

d) ....

e) ....

9. Der Feldfutterbau

Unter Feldfutterbau verstehen wir die ganzjährige oder zeitweilige Nutzung von Ackerflächen mit Futterpflanzen, die im eigenen Betrieb verwertet werden.

Zählen Sie die Vor- und Nachteile des Feldfutterbaues auf!

Vorteile:
- zusätzliche Futtergewinnung,
- ständige Bodenbedeckung mit Bodenlockerung,
- Anreicherung des Bodens mit Humus,
- Verlängerung der Grünfutterperiode,
- Erweiterung und Verbesserung der Fruchtfolge sowie
- Nährstoffrückführung aus den unteren Bodenschichten.

Nachteile:
- höherer Arbeits- und Geldaufwand (Saatgut, Dünger),
- bei Nässe Gefahr von verschmutztem Futter,
- der Futterwechsel kann bei Kühen zu einem Leistungsabfall führen, weiters
- zusätzlicher Wasserverbrauch.

Die Einteilung des Feldfutterbaues

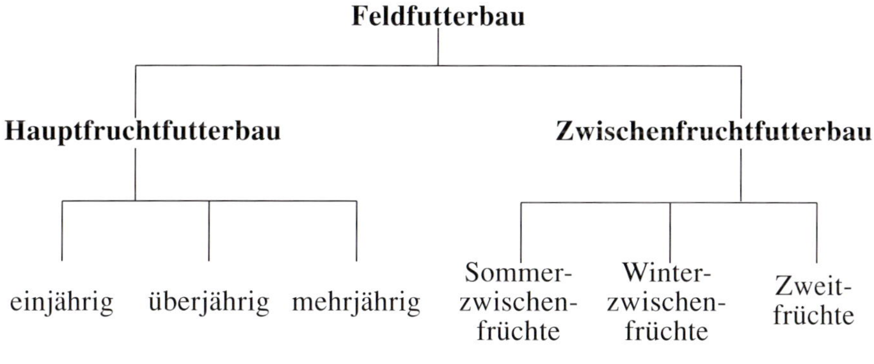

Der kurzfristige Feldfutterbau bringt höchste Erträge. Die Saatgut- und Anlagekosten verteilen sich aber nur auf ein bis mehrere Jahre.

9.1. Der Hauptfruchtfutterbau

Die Ernte der Feldfutterpflanzen stellt die Hauptnutzung dar.

Die Einteilung des Hauptfruchtfutterbaues nach der Nutzungsdauer:

Einjährige Nutzung – Ansaat im Frühjahr, Umbruch im Herbst, z. B. Alexandrinerklee, Perserklee, Italienisches Raygras, Rotklee-Reinsaat.
Überjährige Nutzung – Ansaat im Frühjahr bis Sommer, Hauptnutzung im Folgejahr, z. B. Rotklee, überjährige Kleegräser, Gräsermischungen.
Mehrjährige Nutzung – Luzerne und langlebige Gräsermischungen können drei bis fünf Jahre genutzt werden.

9.1.1. Die Pflanzen des Hauptfruchtfutterbaues

Die Kleearten

Rotklee

Nennen Sie die Einsatzmöglichkeiten des Rotklees!

Rotklee ist die bedeutendste Kleeart im feuchten Klimagebiet. Er verlangt mittlere bis schwere Böden mit guter Wasserversorgung. Auf leichteren Böden verwendet man tetraploide Sorten. Die Ansaat erfolgt von Februar bis Anfang Mai als Einsaat in Winterweizen, Roggen oder Sommergerste oder bis zur ersten Augustwoche in Reinsaat.

Saatgutbedarf: 18 bis 21 kg/ha

Rotklee ist eine sehr gute Vorfrucht, darf in der Fruchtfolge aber erst wieder nach sechs Jahren auf das gleiche Feld kommen.
Rotklee ist unter günstigen Verhältnissen sehr ertragreich, er liefert drei bis sechs Schnitte und bis 10 000 kg Heu pro Hektar. Junger Rotklee ist schwer silierbar und kann bei Grünfutter zu Blähungen führen.
Gefährliche Krankheiten und Schädlinge sind Kleekrebs und Älchen sowie die Unkräuter Kleeseide und Kleeteufel. Der Rotklee soll kurz geschnitten in den Winter gehen.

Sorten: Essi, Flamande, Reichersberger Rotklee u. a.

Düngung: 100 kg P_2O_5, 200 kg K_2O

Luzerne

Nennen Sie die Einsatzmöglichkeiten für die Luzerne!

Wegen ihres Wertes bezeichnet man die Luzerne auch als „Königin der Futterpflanzen“. Sie liebt warmes, trockenes Klima und mittelschwere Böden mit guter Kalkversorgung. Die Aussaat erfolgt Mitte April bis Anfang Mai in Reinsaat.

Saatgutbedarf: 25 bis 30 kg/ha

Geben Sie an, wie lange die Nutzungsdauer von Rotklee und Luzerne ist!

Sie stellt keine Ansprüche an die Vorfrucht, muss jedoch gegen sich selbst und Rotklee einen Abstand von sechs Jahren einhalten. Nach dem Auflaufen ist ein Reinigungsschnitt durchzuführen (Unkrautbekämpfung). Danach sind weitere drei Schnitte möglich. Der Ertrag ist ähnlich wie bei Rotklee. Einmal jährlich soll der Bestand in die Blüte gehen, um ein Auslichten zu verhindern. Die Luzerne darf nicht zu kurz geschnitten in den Winter gehen.

Nutzungsdauer: drei bis vier Jahre

Die wichtigsten Krankheiten sind Welkekrankheit und Wurzeltöter.
Sorten: Bastardlizernesorten wie Europe, Florimonde, Du Puits und Socheville

Düngung: 120 kg P_2O_5, 250 kg K_2O

Perserklee

Der Perserklee ist frostempfindlich und stellt keine hohen Ansprüche an den Boden; verträgt Trockenheit schlecht. Von seinem Äußeren ist er dem Rotklee ähnlich. Aussaat nicht vor Mitte April – in kalten Lagen Anfang Mai. Der Perserklee kann alle drei Jahre in der Fruchtfolge stehen. Anbau nur in Reinsaat, eventuell 2 bis 5 kg Westerwoldisches Raygras beimengen.

Saatgutbedarf: 20 kg/ha

Nach dem Auflaufen erfolgt ein Reinigungsschnitt, danach sind weitere drei bis vier Schnitte möglich; überwiegend zur Grünfütterung.

Nutzungsdauer: 1 Jahr

Düngung: wie Rotklee

Alexandrinerklee

Der Alexandrinerklee hat eine Ähnlichkeit mit der Luzerne und stellt höhere Ansprüche an Boden und Klima als der Perserklee; Aussaat Anfang Mai.

Saatgutbedarf: 30 kg/ha

In der Nutzung ist er mit dem Perserklee zu vergleichen.

Düngung: wie Rotklee

Schwedenklee (Bastardklee)

Wo Luzerne und Rotklee wegen des rauen Klimas oder der schlechten Bodenqualität nicht mehr angebaut werden können, setzt man Schwedenklee ein. Er ist raschwüchsig, muss aber wegen seiner schlechten Standfestigkeit im Gemenge mit Gräsern angebaut werden. Er ist in der Fruchtfolge mit sich selbst und anderen Kleearten verträglich.

Geben Sie an, wie lange Alexandriner- und Perserklee genutzt werden können!

Saatgutbedarf: 13 kg/ha – im Gemenge soll er mit weniger als 50 % aufscheinen.

Düngung: wie Rotklee

Weißklee

Der Ackerweißklee (Ladinotyp) ist ein wenig ausläufertreibender Mischungspartner für Kleegrasmischungen. Er ist langlebig und verträgt Vielschnitt. Er bevorzugt niederschlagreiches Klima und ist in Bezug auf den Boden nicht anspruchsvoll. In der Fruchtfolge ist er sehr selbstverträglich.

Geben Sie an, welche Ansprüche und Eigenschaften der Weißklee hat!

Saatgutbedarf: 10 kg/ha in Reinsaat (selten), im Gemenge meist 2 bis 3 kg/ha
Düngung: wie Rotklee

Kleegräser

Rotkleegras

Geben Sie an, welche Nutzungsdauer ein Rotkleegras haben kann!

Solche Mischungen gibt es für überjährige und zweijährige Nutzung. Als Mischungspartner für überjähriges Kleegras wird vorwiegend Italieni-

sches Raygras verwendet, für die zweijährige Nutzung länger lebige Obergräser (Wiesenschwingel, Knaulgras). Ist im zweiten Nutzungsjahr der Rotkleeanteil gering, so muss der Graswuchs durch hohe Stickstoffmengen gefördert werden, um den Ertrag zu sichern.
Rotkleegras ist leicht zu konservieren und in der Fütterung wertvoller als reiner Rotklee. Es ist vorteilhaft, auch beim Rotkleegras die sechsjährigen Anbauabstände einzuhalten.

Luzernegras und Luzerne-Rotkleegras

Letzteres wird auch als Schrittmachergemenge bezeichnet, da es dort angebaut wird, wo der Boden noch nicht luzernefähig ist. Luzernegras-Gemenge sind ebenfalls leichter zu konservieren als reine Luzerne.

Geben Sie die Anwendungsmöglichkeit für Weißkleegras an!

Weißkleegras

Bei den Mischungen handelt es sich um grasbetonte Bestände für den mehrjährigen Feldfutterbau. Weißkleegras ist für eine intensive Nutzung und Düngung, auch mit N, dankbar.

ÖAG-Saatgutmischungen für den Feldfutterbau

Einjährige Mischung – nicht überwinternd

- **EZ** einsömmerige Kleegrasmischung.

Zweijährige Mischungen – einmalige Überwinterung

- **RE** Rotkleegras für milde Lagen;
- **RR** Rotkleegras für mittlere bis raue Lagen;
- **KM** Kleegrasmischung für milde und mittlere Lagen.

Dreijährige Mischungen = zweimalige Überwinterung

- **KR** Kleegrasmischung für raue Lagen;
- **IM** Feldfutter-Intensivmischung für milde Lagen;
- **IR** Feldfutter-Intensivmischung für alle Lagen, bis drei Hauptnutzungsjahre.

Drei- und mehrjährige Mischungen

- **LR** Luzerne-Rotkleegras-Mischung (Schrittmachergemenge), für trockene Lagen;
- **LG** Luzernegrasmischung, für trockene und mittlere Lagen.

Die Gräser des Feldfutterbaues

Italienisches Raygras (Welsches Weidelgras), z. B. Baltmore,
Bastardraygras, z. B. Gumpensteiner, Pitoz,
Einjähriges Weidegras (Westerwoldisches Raygras), z. B. Barwoltra, Lirasand,
Englisches Raygras (Deutsches Weidegras), z. B. Barvestra.
Die Raygräser sind überwiegend in milden Lagen mit ausreichenden Niederschlägen für den Feldfutterbau geeignet. Sie können in Reinsaat oder im Gemenge mit Kleearten angebaut werden. Werden sie rechtzeitig ge-

schnitten, haben sie eine sehr hohe Futterqualität und gute Siliereigenschaften. Ihr N-Bedarf ist hoch.

Gräser für mehrjährige Nutzung in Kleegrasmischungen

Wiesenschwingel
Timothegras (Wiesenlieschgras)
Knaulgras
Glatthafer

Zählen Sie Gräser für die mehrjährige Nutzung in Kleegräsern auf!

Lösen Sie die im Anschluss an das Kapitel „Feldfutterbau" folgenden Fragen 1 bis 4!

9.2. Der Zwischenfruchtfutterbau

Zwischenfrüchte sind Futterpflanzen, welche zwischen zwei Hauptfrüchten gebaut werden.

Die Einteilung des Zwischenfruchtfutterbaues erfolgt nach dem Nutzungszeitpunkt:

Sommerzwischenfrüchte

Der Anbau erfolgt nach der Ernte der Hauptfrucht, die Nutzung noch im Herbst.

Dazu geeignet sind:

Lihoraps	Ölrettich	Grünmais
Sommerraps	Markstammkohl	Sommermischling
Perko PVH	Sonnenblumen	Einjähriges Raygräser

Zählen Sie geeignete Pflanzen auf, die für den Sommerzwischenfruchtbau geeignet sind!

Winterzwischenfrüchte

Der Anbau erfolgt im Spätsommer, die Nutzung im Frühjahr. Sie bringen das erste Grünfutter im Frühjahr, haben aber den Nachteil, dass nur späte Hauptfrüchte, z. B. Silomais, folgen können, wobei auch noch mit einem Minderertrag zu rechnen ist.

Dazu geeignet sind:

Perko PVH	Winterrübsen	Wickroggen
Winterraps	Grünroggen	Landsberger Gemenge

Zählen Sie geeignete Pflanzen für den Winterzwischenfruchtbau auf!

Zweitfrüchte – Hauptfrüchte, die nach Winterzwischenfrüchten angebaut werden, bezeichnet man als Zweitfrüchte, z. B. Silomais oder Kleegräser nach Winterraps.

9.2.1. Die Pflanzen des Zwischenfruchtfutteranbaues

Leguminosen

Nennen Sie wertvolle Zwischenfruchtpflanzen, die zu den Leguminosen gezählt werden!

Futtererbsen

Sie werden meist in Gemengen angebaut. Erbsen bevorzugen mildes Klima und leichte bis mittlere Böden mit guter Kalkversorgung. Die Aussaat erfolgt vor Ende Juli.

Saatgutbedarf: 160 bis 200 kg/ha (im Gemenge entsprechend weniger)

Wicken

Sie sind anspruchslos, raschwüchsig und daher in Futtergemengen sehr beliebt.
Sommerwicke – für Sommerzwischenfrüchte: Anbau bis Ende Juli;
Zottelwicke – für Winterzwischenfrüchte: Anbau bis Anfang September.

Saatgutbedarf: 100 bis 140 kg/ha (im Gemenge entsprechend weniger)

Pferdebohne

Sie wird vorwiegend für Sommerfuttergemenge verwendet. Sie liebt schwere Böden mit guter Wasserversorgung. Die Aussaat erfolgt bis Anfang August.

Saatgutbedarf: 160 bis 200 kg/ha bei Reinsaat

Kreuzblütler

Nennen Sie wertvolle Zwischenfruchtpflanzen, die zu den Kreuzblütlern gezählt werden!

Erklären Sie, warum die Kreuzblütler einen günstigen Einfluss auf die Bodenfruchtbarkeit haben!

Raps

Die Kreuzblütler bilden eine große Wurzelmasse und haben daher einen ausgezeichneten Einfluss auf die Bodenfruchtbarkeit.
Raps liebt gute, nährstoffreiche Böden und bringt hier hohe Grünfuttererträge. Die Nutzung kann nur bis zum Blühbeginn erfolgen, da danach Senföle gebildet werden, die einen nachteiligen Einfluss auf die Milchqualität haben sowie Blähungen verursachen können.

Anbautermine: Winterraps – Ende August bis Anfang September;
Sommerraps – Anfang bis Mitte August.

Saatgutbedarf: 6 bis 10 kg/ha

Winterrübsen

Dieser ist noch frostfester als Winterraps und daher für raue Lagen geeignet. Auch der Anbau kann etwas später erfolgen. In Bezug auf Anbau und Nutzung sind Rübsen mit dem Raps zu vergleichen.

Perko PVH

ist eine Kreuzung zwischen Chinakohl und Rübsen. Er kann als Sommer- und Winterzwischenfrucht genutzt werden. Der Anbau erfolgt von Ende Juli bis September.

Saatgutbedarf: 10 bis 14 kg/ha

Markstammkohl

ist eine sehr frostharte und gerngegressene Futterpflanze, die bis in den Dezember verfüttert werden kann. Der Anbau muss jedoch bis spätestens Mitte Juli erfolgt sein. Die Aussaat erfolgt in Reihen mit 30 bis 40 cm Abstand.

Saatgutbedarf: 1,5 bis 2 kg/ha

Ölrettich

hat ähnliche Ansprüche wie Raps, kann jedoch auch in der Blüte genutzt werden. Der Anbau ist von Juli bis Anfang September möglich.

Saatgutbedarf: 15 bis 20 kg/ha

Gräser

Grünroggen

ist eine ertragreiche Winterzwischenfrucht, die rein oder im Gemenge angebaut wird. Die Nutzungsdauer beträgt jedoch nur acht bis zehn Tage, da er rasch verholzt und dann nur noch ungern gefressen wird. Die Aussaat erfolgt bis Mitte September.

Saatgutbedarf: 180 bis 200 kg/ha

Futtergräser

Es werden vorwiegend die verschiedenen Abarten des Italienischen Raygrases verwendet (siehe auch Hauptfruchtfutterbau).

Zwischenfruchtgemenge

Sommermischlinge

Nennen Sie die drei Arten von Zwischenfruchtgemengen!

Sie bestehen aus etwa 50 bis 75 % Sommerwicke oder Futtererbse und 25 bis 50 % Pferdebohne, Mais oder Sonnenblume.

Wintermischlinge

Sie bestehen aus 50 bis 75 % Zottelwicke und 25 bis 50 % Roggen.

Landsberger Gemenge

Nennen Sie die Bestandteile des Landsberger Gemenges!

Dies ist ein besonders ertragsreiches Winterzwischenfruchtgemenge. Es besteht aus mindestens 10 % Zottelwicke, 40 % Inkarnatklee und 40 % Italienisches Raygras.

Die Aussaat erfolgt in der zweiten Augusthälfte.

Saatgutbedarf: 50 kg/ha

Erklären Sie, warum beim Anbau von Leguminosen Stickstoffdünger eingespart werden können!

Der Anbau der Zwischenfrüchte hat immer so früh zu erfolgen, dass noch eine entsprechende Massebildung möglich ist. Zu beachten ist weiters, dass bei den Leguminosen der Saatgutaufwand zwar hoch, der Düngeraufwand durch die Einsparung von Stickstoff jedoch gering ist. Bei den Gräsern und Kreuzblütlern verhält es sich umgekehrt!

Düngung der Zwischenfrüchte

Zwischenfrucht	*N*	P_2O_5	K_2O
Leguminosen	30 kg	40 kg	80 kg
Gräser (pro Schnitt)	(40–60 kg)	60 kg	120 kg
Kreuzblütler u. a.	60–100 kg	60–80 kg	120–160 kg
Gemenge	40–50 kg	40 kg	130 kg

Die PK-Düngung gibt man bereits zur Hauptfrucht, die Stickstoffdüngung erfolgt nach dem Abernten dieser. Bei Winterzwischenfrüchten gibt man den Stickstoff zu 1/4 im Herbst und zu 3/4 im Frühjahr.

9.2.2 Begrünungspflanzen – für Einzelanbau und Mischungen

Abfrostende Arten	**Winterharte Arten**
Alexandrinerklee	Luzerne
Perserklee (bedingt abfrostend)	Rotklee
Erdklee	Gelbklee
Sommerwicke	Schwedenklee
Platterbse	Hornklee
Bitterlupine	Esparsette
Körnererbse	Inkarnatklee
Sonnenblume	Weißklee
Phazelia	Winterwicke
Gelbsenf, Weißsenf	Gräserarten
Buchweizen	Winterfutterraps
Ölrettich	Perko
Malve	

Lösen Sie die im Anschluss an dieses Kapitel folgenden Fragen 5 bis 7!

Übungs- und Wiederholungsfragen

1. In welche zwei Bereiche lässt sich der Feldfutterbau einteilen?

   a) ....

   b) ....

2. Der Hauptfruchtfutterbau wird nach der Nutzungsdauer unterteilt in:

   a) ....

   b) ....

   c) ....

3. Welche Futterpflanzen finden im Hauptfruchtfutterbau Verwendung?

Leguminosen	Gräser
....	....
....	....
....	....
....	....
....	....
....	....
....	....
....	....

4. Für den Hauptfruchtfutterbau eignen sich auch Kleegräser ganz vorzüglich. Nennen Sie die drei wichtigsten Arten!

   a) ....

   b) ....

   c) ....

5. Zwischenfrüchte sind Futterpflanzen, die zwischen zwei .... angebaut werden.

6. Nennen Sie wichtige Futterpflanzen, die sich für den Sommerzwischenfruchtbau eignen!

....

....

....

....

....

7. Nennen Sie die wichtigsten Futterpflanzen des Winterzwischenfruchtbaues!

....

....

....

10. Die Futterkonservierung

10.1. Die wirtschaftliche Bedeutung der Futterkonservierung

Durch die angespannte Preissituation auf dem Futtermittelmarkt hat die verlustarme Konservierung von wirtschaftseigenem Futter große Bedeutung erlangt. Der wirtschaftliche Erfolg in der Tierhaltung ist ganz wesentlich davon abhängig.

Was soll durch die Konservierung erreicht werden?

Das anzustrebende Ziel ist, den Pflanzentod so schnell wie möglich herbeizuführen. Dies geschieht auf folgende Weise:

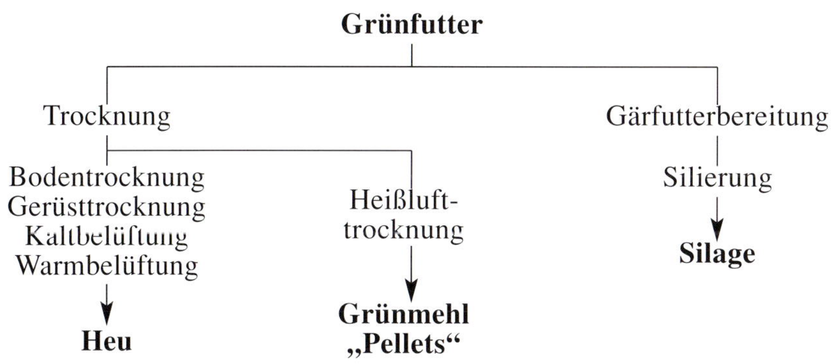

10.2. Die Nährstoffverluste bei verschiedenen Konservierungsverfahren

Nennen Sie verschiedene Konservierungsverfahren und geben Sie die Nährstoffverluste an!

Um die Nährstoffverluste gering halten zu können, muss man vorerst die Ursachen hiefür kennen.

10.2.1. Ursachen für Nährstoffverluste

Zählen Sie die Ursachen für die Nährstoffverluste auf!

Verspäteter Schnitt: Je später die Mahd der Wiesen erfolgt, desto geringer sind der Eiweißgehalt und die Verdaulichkeit des konservierten Futters. Die Frage des richtigen Schnittzeitpunktes wurde im Kapitel Grünland bereits behandelt!

Verluste	„keine“	ca. 5 %	10–20 %	15–20 %	20–30 %	30–70 %
Konservierungsverfahren	Grünfutter	Heißlufttrocknung	Gärfutterbereitung	Unterdachtrocknung	Reuter-Heubereitung	Bodentrocknung
Milcherzeugungswert von 1 000 kg gutem Gras (nach Otto)	385 kg Milch	350 kg Milch	325 kg Milch	290 kg Milch	250 kg Milch	110 kg Milch

Die Darstellung zeigt, dass die Nährstoffverluste je nach Konservierungsverfahren, Witterung und Sorgfalt bei der Arbeit in weiten Grenzen schwanken.

Atmungsverluste: Die gemähten Pflanzen sterben unter dem Einfluss von Sonne und Wind nur allmählich ab. Solange der Zelltod noch nicht eingetreten ist, werden wertvolle Nährstoffe durch die Atmung verbraucht. Die Beschleunigung der Wasserverdunstung durch Zetten und Wenden des Futters trägt wesentlich zur Verringerung der Atmungsverluste bei.

Nennen Sie den Grund, warum bei der Bodentrocknung Abbröckelungsverluste auftreten!

Abbröckelungsverluste: Diese Verluste treten in größerem Umfang bei der Bodentrocknung von Heu auf, wobei durch die Bearbeitungsgeräte die feinen, nährstoffreichen Blätter abgeschlagen werden. Eine intensive Bearbeitung ist daher nur am ersten Trocknungstag, wenn die feinen Pflanzenteile noch zäh sind, angebracht. An den weiteren Tagen muss möglichst schonend bearbeitet werden.

Auswaschverluste: Durch die Niederschläge kann es ebenfalls zu beträchtlichen Verlusten kommen, da die leicht löslichen Nährstoffe ausgelaugt werden. Diese Verluste können durch Schwadbildung und Gerüsttrocknung teilweise vermieden werden.

Welche Gefahr entsteht bei der Erwärmung des Futters am Heustock?

Gärungsverluste: Durch die Tätigkeit von Mikroorganismen macht das Heu in der Scheune eine Gärung durch, wobei es zu einer Erhöhung der Temperatur kommt. Steigt diese auf über 40° C an, so wird die Eiweißverdaulichkeit stark herabgesetzt. Der Heustock beginnt zu „schwitzen“ und das Futter bekommt einen muffigen Geruch. Im Extremfall kann es sogar zu einer Selbstentzündung kommen.
Um diese Verluste gering zu halten, ist nur wirklich trockenes, sauberes Futter einzubringen!

Fehlgärungen: Diese Verluste treten dann auf, wenn ein Gärfutterbehälter nicht luftdicht abgeschlossen wird, das zu konservierende Futter sehr trocken, sehr nass oder stark verschmutzt ist.

10.3. Verschiedene Verfahren der Raufuttergewinnung

10.3.1. Die Bodentrocknung

Dies ist die älteste und unter günstigen Verhältnissen einfachste Trocknungsform.

Vorteile: geringer Arbeits und Kostenaufwand,
leicht mechanisierbar;
Nachteil: hohes Wetterrisiko und damit verbunden möglicherweise große Nährstoffverluste.

Arbeitsablauf bei der Bodentrocknung (im Idealfall)
1. Tag: Mähen am Morgen – sofort zetten – zweimal wenden – am späten Nachmittag schwaden.
2. Tag: Streuen der Schwaden, zweimal wenden – schwaden – einbringen.
oder:
3. Tag: Schwaden streuen – wenden – schwaden – einbringen.

10.3.2. Die Gerüsttrocknung

Diese Art der Trocknung ist besonders in den niederschlagsreichen Gebieten üblich.

Beschreiben Sie die Vor- und Nachteile der Gerüsttrocknung im Gegensatz zur Bodentrocknung von Heu!

Vorteile: größere Wetterunabhängigkeit,
geringere Nährstoffverluste.
Nachteile: höherer Arbeitsaufwand,
höhere Kosten,
nicht voll mechanisierbar,
Aufstellungsschwierigkeiten auf steinigen Böden,
lange Trocknungszeit.

Die Gerüsttrocknung ist auch speziell bei blattreichem Futter, wie Klee und Kleegras, zu empfehlen, da hier die Abbröckelungsverluste deutlich verringert werden können.

Wir unterscheiden zwei Verfahren:

10.3.2.1. Verwendung von nicht vorgetrocknetem Futter – der Schwedenreuter

Auf diese Gerüstart kann frisches, sogar nasses Futter aufgehängt werden. Wird dieses gut aufgeschüttelt und locker aufgehängt, erfolgt eine intensive Durchlüftung und rasche Trocknung. Die Aufstellung des Gerüstes muss in der Hauptwindrichtung erfolgen, denn ein umgeworfener Schwedenreuter ist nur mit großen Schwierigkeiten wieder zu errichten.

Arbeitsablauf:
mähen – zetten – schwaden – aufstellen und bepacken des Gerüstes.

Erläutern Sie, wie ein Schwedenreuter fachgerecht aufgestellt wird!

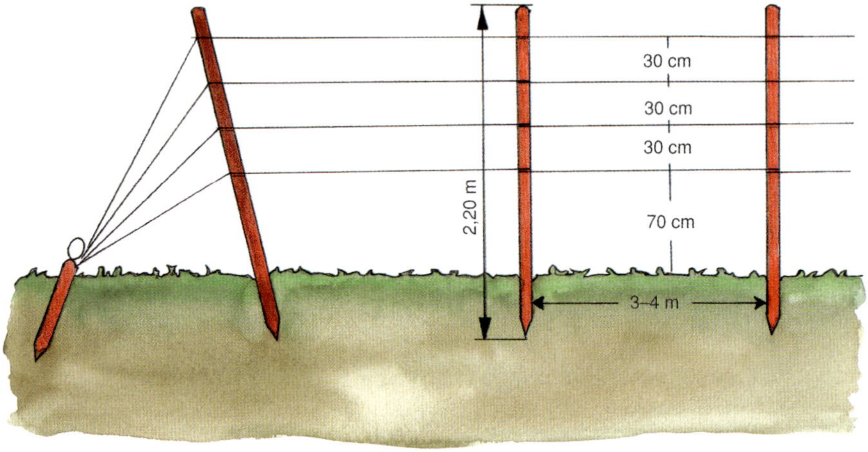

Oben: Aufstellung des Schwedenreuters: In Abständen von 2 bis 3 m werden in den Boden ca. 2,20 m lange Pfähle eingeschlagen. Man benötigt davon 180 bis 200 Stangen pro ha. Außerdem sind für die 4 bis 5 Drahtreihen 1 600 bis 2 000 m 1,8 bis 2,5 mm starker feuerverzinkter Eisendraht erforderlich (ca. 35 bis 40 kg).

Unten: Steinacher Heuhütte.

10.3.2.2. Verwendung von vorgetrocknetem Futter – Heuhütten, Hiefler

Nennen Sie die Futterart, die vorwiegend auf Heuhütten oder Hieflern getrocknet wird!

Diese Gerüste werden vorwiegend für die Gewinnung von Kleeheu verwendet. Vorteilhaft gegenüber dem Schwedenreuter ist die raschere Aufstellung. Der Nachteil ist, dass das Futter vorgetrocknet werden muss.

10.3.3. Die Unterdachtrocknung (Kaltlufttrocknung)

Bei dieser Trocknungsform wird das Futter auf der Wiese bis zu einem Wassergehalt von 35 bis 30 % vorgetrocknet. Die Resttrocknung erfolgt in der Scheune oder in einem Heuturm. Die Trocknungsanlage, bestehend aus einem Gebläse und einem Holzkanal, bläst Außenluft (die möglichst trocken sein soll) durch den Heustapel.

Beschreiben Sie die Vor- und Nachteile der Unterdachtrocknung von Heu!

Vorteile: Verringerung des Wetterrisikos durch kürzere Bodentrocknungszeit,
geringe Abbröckelungsverluste,
bessere Futterqualität, da rechtzeitiger Schnitt möglich,
voll mechanisierbar.

Nachteile: höhere Anschaffungs- und Betriebskosten.

Arbeitsablauf:
1. Tag: mähen (nur so viel, wie man am nächsten Tag einbringen kann) – zetten – zweimal wenden – schwaden.
2. Tag: Schwaden streuen – wenden – einfahren.

Bei der Beschickung des Stapels ist unbedingt zu beachten,

- dass das Futter möglichst gleichmäßig und locker aufgebracht wird;
- dass der Heustapel möglichst nicht begangen wird;
- bereits während der Beschickung mit dem Belüften zu beginnen und die Nacht über fortzusetzen;
- bei Schlechtwetter immer nur kurzfristig einzuschalten (Kühlung);
- die ständige Temperaturüberwachung mit einem Stechthermometer.
- Der Stapel ist dann trocken, wenn die Temperatur 20° C nicht mehr übersteigt.

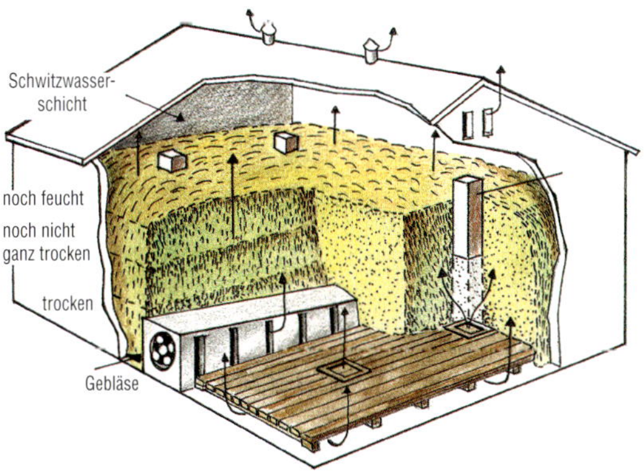

Beispiel einer Unterdachtrocknung.

10.3.4. Die künstliche Trocknung

Das Futter, z. B. Luzerne, junges Grünfutter, wird durch Heißluft vollständig getrocknet. Man erhält dadurch Grünmehl, welches für Kraftfuttermischungen verwendet wird. Diese Art der Konservierung kann jedoch nur in Großanlagen durchgeführt werden.

Merke: Raufutter wird in der Tierernährung auch weiterhin benötigt werden. Auf Grund der höheren Nährstoffverluste wäre jedoch in manchen Betrieben zu überlegen, ob nicht die Silagebereitung weiter ausgedehnt werden sollte.

Lösen Sie die im Anschluss an das Kapitel „Futterkonservierung“ folgenden Fragen 1 bis 4!

10.4. Die Gärfutterbereitung

Das Gärfutter (Silage) ist heute für einen Großteil der landwirtschaftlichen Betriebe zur wichtigsten Form des wirtschaftseigenen Futters geworden.

Vorteile:

- geringere Nährstoffverluste als bei der Heuwerbung;
- intensive Grünlandnutzung durch Vielschnitt möglich;
- Pflanzen, die durch Trocknung nicht haltbar gemacht werden können (z. B. Silomais und Rübenblätter), lassen sich silieren;
- arbeitswirtschaftlich voll mechanisierbar.

Nachteile:

- hohe Investitionskosten durch den Silobau;
- in manchen Hartkäsereigebieten dürfen Silagen nicht verfüttert werden.

10.4.1. Wie entsteht Gärfutter?

Einfluss auf die Silierung haben

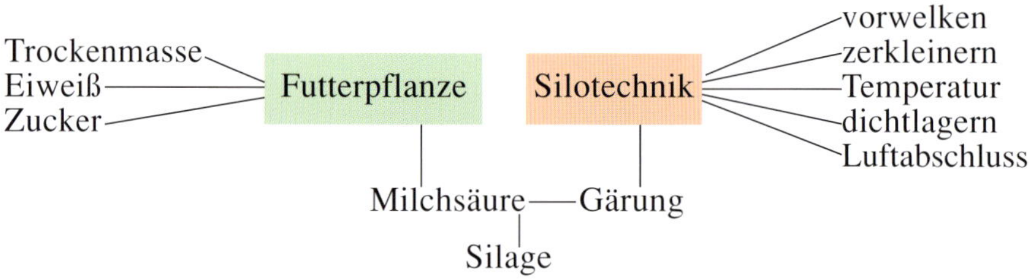

Nennen Sie zwei Verbindungen, die entscheidend für das Gelingen der Silagen sind!

Die in die Gärfutterbehälter eingebrachten Futterpflanzen machen, wenn bestimmte Voraussetzungen erfüllt werden, eine Gärung durch. Durch die Tätigkeit verschiedener Mikroorganismen bilden sich organische Säuren, die das Futter für längere Zeit haltbar machen. Die größte Bedeutung hat hier die Milchsäure. Aber auch das bei der Gärung entstehende Kohlendioxid (CO_2), welches die unerwünschte Luft aus dem Silofutter verdrängt, ist entscheidend für das Gelingen einer guten Silage.

Geben Sie an, wie man sich vor dem gefährlichen CO_2 beim Betreten eines Hochsilos schützen kann!

Vorsicht! Kohlendioxid ist für den Menschen lebensgefährlich. Hochsilos sind daher vor dem Betreten gut zu lüften.

Milchsäurebakterien

Diese benötigen zu ihrem Gedeihen Kohlenhydrate (Zucker und Stärke). Sie bilden daraus die für die Konservierung wichtige Milchsäure, die aber auch selbst als Nährstoff für die Tiere dient.
Der Gärverlauf wird von verschiedenen Bakterienarten und Pilzen beeinflusst.
Alle kohlenhydratreichen Futterpflanzen sind daher leicht vergärbar. Da sich die Milchsäurebekaterien am kräftigsten bei Sauerstoffmangel ent-

wickeln, muss für eine luftdichte Lagerung des Futters und für eine gute Abdeckung des Behälters gesorgt werden. Die Milchsäurebakterien lieben weiters einen sauren pH-Bereich und Temperaturen unter 25° C. Gärschädlinge sind: Colibakterien, Buttersäurebazillen, Fäulnisbakterien, Hefepilze und Schimmelpilze.

Nennen Sie die für die Vergärung wertvollen und ungünstigen Bakterien und Pilze!

Colibakterien

Sie sind luftliebend, benötigen als Nahrung Zucker sowie Eiweiß und bilden daraus vorwiegend Essigsäure.
Geringe Mengen Essigsäure sind in der Silage nicht unerwünscht. Größere Mengen verleihen dem Futter jedoch einen scharfen Geruch, welcher zu einer verringerten Fresslust bei den Tieren führt.

Nennen Sie die Säure, die von den Colibakterien gebildet wird!

Gegenmaßnahmen: den Silo gut abdichten,
kein schmutziges oder nasses Futter silieren und für den Abfluss des Sickersaftes sorgen.

Buttersäurebazillen

Sie benötigen zu ihrer Entwicklung Zucker, bauen aber auch die Milchsäure ab. Sie sind ausgesprochen luftfeindlich und lieben höhere Temperaturen. Die Buttersäure führt schließlich zu einer Eiweißzersetzung, welche sich durch einen üblen Geruch bemerkbar macht.

Die Qualität von Milch und Milchprodukten wird dadurch sehr stark verschlechtert!

Gegenmaßnahmen: für eine rasche Milchsäurebildung sorgen und das Futter gut anwelken.

Fäulnisbakterien

Diese zersetzen ebenfalls das Eiweiß und sie gedeihen mit und ohne Sauerstoff. Die Voraussetzungen für eine Fäulnis werden meist durch eine vorangegangene Buttersäurebildung geschaffen. Solcherart verdorbenes Futter darf nicht verfüttert werden!

Gegenmaßnahmen: die Milchsäurebildung fördern und nur sauberes Futter silieren.

Hefepilze

Sie verbrauchen Zucker und Milchsäure.
Zu einer starken Hefevermehrung kommt es oft erst nach dem Öffnen der Silos. Dies macht sich durch eine starke Erwärmung des Futters sowie durch einen „hefigen" Geruch bemerkbar (Nachgärung). Solcherart verdorbenes Futter führt zu Verdauungsstörungen und Fressunlust.

Erläutern Sie, wann die durch Hefepilze hervorgerufene Nachgärung häufig auftritt!

Gegenmaßnahmen: die Silos rasch befüllen,
luftdichte Lagerung (Festtreten, Walzen),
den Silo nach jeder Futterentnahme verschließen und täglich mindestens 10 cm entnehmen.

Schimmelpilze

Erklären Sie, warum man verschimmeltes Futter nicht verfüttern soll!

Sie benötigen zu ihrer Entwicklung unbedingt Sauerstoff. Sie verbrauchen die Milchsäure und beeinträchtigen dadurch die Haltbarkeit der Silagen. Verpilztes Futter ist giftig. Es darf daher nicht oder nur in geringen Mengen verfüttert werden!

Gegenmaßnahmen: dichte Lagerung des Futters und kein zu starkes Vorwelken.

10.4.2. Der erwünschte Gärverlauf

10.4.2.1. Die natürliche Gärfähigkeit der Futterpflanzen

Diese ist umso besser, je höher der Zucker- und TS-Gehalt der Pflanzen ist. Der Rohproteingehalt soll jedoch möglichst niedrig sein.

Einteilung der Futterpflanzen nach ihrer Gärfähigkeit

Gruppe I *leicht gärfähig*	*Gruppe II* *mittel gärfähig*	*Gruppe III* *schwer gärfähig*
Silomais (teigreif) Rübenblätter mit Köpfen Kartoffeln (gedämpft) Feuchtgetreide und Körnermais	Wiesengras Futtergräser Kleegras Hafer (Milchreife) Gemische von Pflanzen aus I. und III. Gruppe angewelkte Pflanzen aus der III. Gruppe	Mähweidegras Kleearten und Luzerne Leguminosengemenge Landsberger Gemenge Futterroggen Pferdebohnen Wicken, Erbsen Raps, Rüben, Senf Wiesenfutter, welches im Herbst anfällt

10.4.2.2. Die Silierreife der Futterpflanzen

Beschreiben Sie die ideale Silierreife der Gräser, der Kleearten und des Silomaises!

Futterpflanze	*Silierreife*
Gräser	bis zum Beginn des Ähren-(Rispen-)schiebens
Rotklee, Luzerne	in voller Knospe bis Blühbeginn
Silomais	in der Teigreife (25 bis 30 % TS)
Körnermais	Vollreife (über 60 % TS)
Pferdebohnen	Teigreife
Hafer	Milchreife

10.4.2.3. Die richtige Siliertechnik

Die natürliche Gärfähigkeit der Futterpflanzen muss durch eine richtige Siliertechnik unterstützt werden. Alle Maßnahmen der Siliertechnik zielen darauf ab, die Milchsäuregärung zu fördern. Dazu zählen:

Gewinnung von sauberem Futter

Jede Verschmutzung erhöht das Risiko einer Fehlgärung. Jedes unnötige Liegenlassen des Futters führt ebenfalls zu einer Vermehrung der Gärschädlinge und zu einer Erwärmung.

Anwelken des Futters

Dies führt zu einer Erhöhung der Zuckerkonzentration und einer Hemmung in der Entwicklung der Buttersäurebazillen.

Nennen Sie die Vorteile, die durch das Anwelken der Futterpflanzen erreicht werden!

Weitere Vorteile: Verringerung der Nährstoffverluste;
die Tiere fressen mehr;
die Sickersaftbildung wird verhindert;
heuarme Fütterung ist möglich und
auf Zusätze kann verzichtet werden.

Nachteile: größeres Wetterrisiko sowie
erhöhte Gefahr der Schimmelbildung und Nachgärung.

Häckseln des Futters

Das Futter möglichst kurz häckseln – es kommt dadurch zu einer rascheren Milchsäurebildung, da die Bakterien schneller an den zuckerhältigen Pflanzensaft kommen. Gehäckseltes Futter lagert auch wesentlich dichter.

Rasche Befüllung der Silos

fördert ebenfalls die Milchsäurebakterien. Fahrsilos sollten innerhalb von zwei Tagen zur Gänze, Hochsilos zu zwei Drittel gefüllt sein.

Luftsauerstoff entfernen

Die Entfernung des Luftsauerstoffes aus dem Silo ist eine der wichtigsten siliertechnischen Maßnahmen, denn Sauerstoff im Silo bedeutet größere Atmungsverluste, Erwärmung des Futters und Fehlgärungen.

Je nach Bauform des Silos gibt es folgende Möglichkeiten:

Festtreten des Futters (auch im Hochsilo günstig),
Verwendung eines Pressdeckels – bei Hochsilos,
Ausnützung des Eigendruckes – bei Hochsilos sowie
Befahren des Futterstockes mit schwerem Traktor – beim Fahrsilo.

Abdichten der Silos

Um den Luftsauerstoff fernzuhalten, bedient man sich folgender Möglichkeiten:

Folienabdeckung mit Randbeschwerung – beim Fahr- und Hochsilo,
Tauchdeckelverschluss – für hohe und halbhohe Silos,
Bau gasdichter Hochsilos – z. B. Harvestore, Kunststoffsilos sowie
luftdichtes Verschließen der Luken bei Hochsilos.

Verwendung von Silierzusätzen

Dies sollte die letzte Möglichkeit sein, die Gärfähigkeit des Futters zu verbessern. Die Wirkung dieser Mittel ist nur dann zufriedenstellend, wenn sie in der vorgeschriebenen Menge und gleichmäßig verteilt gegeben werden.

Man unterscheidet vier Gruppen von Zusätzen:

Siliermittel	*Wirkung*	*Anwendungsbereich*
• Silierzucker	Nahrung für Milchsäurebakterien	schwer silierfähiges Futter 10 kg/m^3 Zusatz
• Organische Säuren (z. B. Propcorn, Ameisensäure)	Senkung des pH-Wertes	schwer silierfähiges, nasses Futter (> 20 % TM)
• Salze (Sila Sil, Kofasil plus)	Verringerung von TM-Verlusten	Anwelksilagen
• Bakterienpräparate (Pioneer 1122, Bonsilage Biomax, Sil ADD, ...)	Erhöhung des Milchsäuregehaltes und pH-Wert-Senkung	zur Qualitätssicherung in allen Silagen

10.4.3. Die Gärfutterbehälter

Die Auswahl der richtigen Siloform kann den unterschiedlichen betrieblichen Voraussetzungen angepasst werden, wie z. B. Futterart, Platzbedarf, Schlagkraft, finanzielle Möglichkeiten.

Man unterscheidet drei Grundformen:

Der Fahrsilo

Beschreiben Sie die Eigenschaften des Fahrsilos!

Er ist billig in der Errichtung, erfordert jedoch eine hohe Schlagkraft des Betriebes (rasche Befüllung). Gut geeignet für Mais- und Zuckerrübenblattsilage und wenig angewelkte Grassilage.

Der Hochsilo

Nennen Sie die zwei unterschiedlichen Bauformen des Hochsilos!

Höhere Anschaffungskosten werden durch einen geringeren Platzbedarf kompensiert. Eignung zur Befüllung im Einmann-Verfahren. Offene Hochsilos aus Beton oder Holz sind für Grassilagen, geschlossene Hochsilos für Mais- und Anwelksilagen geeignet. Sie bestehen aus Beton, Kunststoff oder Metall.

Die Rundballensilage

Das angewelkte Futter wird mit einer Rundballenpresse verdichtet und anschließend mit einem Wickelgerät (siehe Abbildung) luftdicht mit einer Kunststofffolie konserviert. Für Maissilage ist dieses Verfahren derzeit in Erprobung.

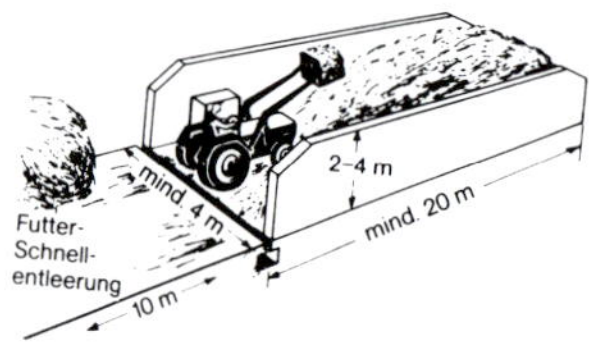

Flachsilo

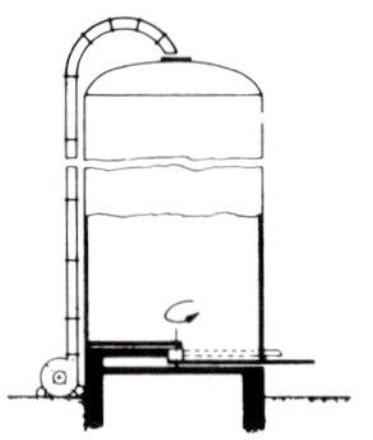
Geschlossener Hochsilo

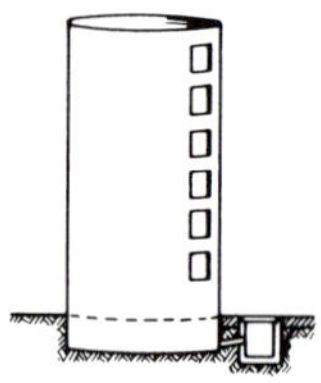
Offener Hochsilo

Entscheidend für möglichst geringe Verluste bei der Silagebereitung ist weniger die Siloform als vielmehr die Sorgfalt beim Silieren. Die Fahrsilos stellen an die Siliertechnik größere Anforderungen als die Hochsilos.

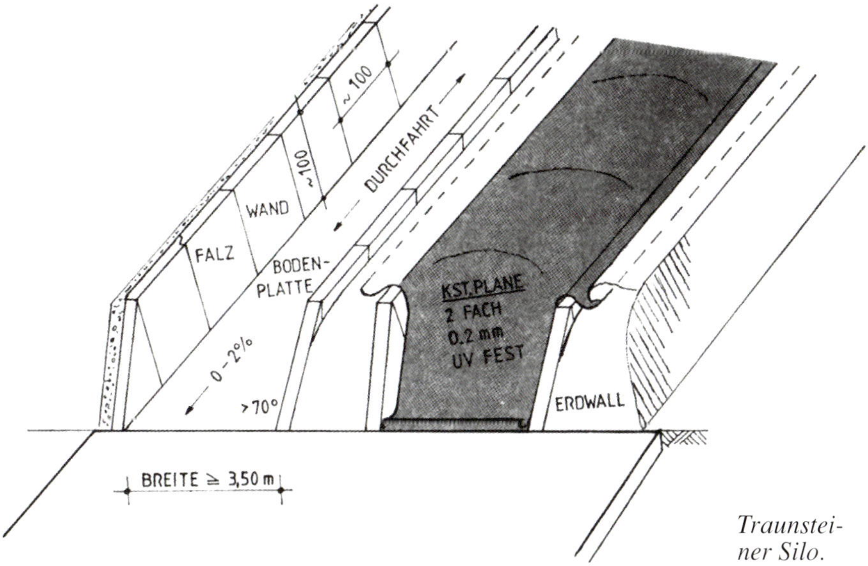

Traunsteiner Silo.

Folienwickelgerät für Rundballensilage.

Zählen Sie vier Maßnahmen auf, die vor dem Befüllen eines Silos zu bedenken sind!

10.4.4. Vorbereiten der Silos

Die Wände der Gärfutterbehälter müssen vor jedem Befüllen von anhaftenden Silageresten gereinigt werden. Bei Betonsilos ist bei Bedarf auch der säurefeste Innenanstrich zu erneuern.

Ebenso ist für eine luftdichte Abschließung zu sorgen (Dichtungen, Folien). Besondere Bedeutung hat auch der geregelte Abfluss des Sickersaftes, der jedoch keinesfalls in Gewässer gelangen darf.

10.4.5. Die Futterentnahme

Gärfutter ist frühestens 6 Wochen nach dem Befüllen zu verfüttern. Bevor man in einen Hochbehälter steigt, ist mit einer Kerze zu prüfen, ob genügend Sauerstoff vorhanden ist – erlischt sie, besteht **Lebensgefahr!**

Bei der Entnahme ist darauf zu achten, dass täglich ca. 10 cm entnommen werden, um eine Nachgärung zu unterbinden. Der Anschnitt soll möglichst glatt sein.

Lösen Sie die im Anschluss an das Kapitel „Futterkonservierung" folgenden Fragen 5 bis 12!

10.5. Die Beurteilung der Heu- und Silagequalität

10.5.1. Beurteilung der Heuqualität

10.5.1.1. Sinnenprüfung

Beschreiben Sie die Eigenschaften, die gutes Heu nach der Sinnenprüfung aufweisen muss!

Aussehen	natürliche Heufarbe	+
	etwas verfärbt	
	schwach gebleicht	
	grau, stark ausgebleicht	
	gebräunt	
	schwarzbraun, teilw. verschimmelt oder verschmutzt	↓
	stark verschimmelt oder verschmutzt	–
Geruch	guter Heugeruch	+
	fad bis geruchlos	
	schwach brandig oder Fremdgeruch	
	stark brandig, muffig oder faulig	↓
	stark muffig, stark faulig	–
Griff	(speziell für einzelne Heuarten)	+
	weich und zart – blattweich	
	etwas hart – wenig Stängel	
	rau – sehr blattarm, viele harte Stängel	
	sperrig – sehr viel verholzte Stängel	
	klamm – durch Feuchtigkeit	↓
	sehr klamm bis nass	–

Verunreinigungen (Erde, Staub, Mist, Federn ...) +
frei von Verunreinigungen
wenig Verunreinigungen
viel Staub, wenig Schimmel
stark verunreinigt, viel Schimmelstaub, Staubläuse
sehr stark verunreinigt, sehr viel Schimmelstaub
viele Milben und Staubläuse –

10.5.1.2. Botanische Untersuchung

Schnittzeitpunkt, Bestandeszusammensetzung, Abzüge für schädliche Pflanzenarten, Abzüge für minderwertige Arten

10.5.2. Beurteilung der Silagequalität

10.5.2.1. Sinnenprüfung

Beschreiben Sie die Eigenschaften, die eine gute Silage nach der Sinnenprüfung aufweisen muss!

Geruch +
frei von Buttersäuregeruch, angenehm säuerlich, fruchtartig, brotartig;
schwacher Buttersäuregeruch, schwacher Röstgeruch bei Anwelksilagen;
mäßiger Buttersäuregeruch oder deutlicher, stechender Röstgeruch oder muffig;
starker Buttersäuregeruch oder Ammoniakgeruch, sehr schwacher Säuregeruch;
Fäkalgeruch, faulig, starker Schimmelgeruch, kompostähnlich. –

Gefüge +
Gefüge der Blätter und Stängel erhalten;
Gefüge der Blätter angegriffen;
Gefüge der Blätter und Stängel stark angegriffen, schmierig, schleimig, leichte Schimmelbildung oder leichte Verschmutzung;
Blätter und Stängel verrottet, starke Schimmelbildung oder starke Verschmutzung. –

Farbe +
dem Ausgangsmaterial entsprechende Farbe, auch leichte Bräunung bei Anwelksilage;
Farbe wenig verändert, leicht gelb bis bräunlich;
Farbe stark verändert, giftig grün oder hellgelb entfärbt oder starke Schimmelbildung. –

10.5.2.2. Chemische Beurteilung

Gehalt an Gärsäuren
pH-Wert (günstig unter pH 4)

Übungs- und Wiederholungsfragen

1. Welche Maßnahmen führen zur Konservierung von Futterpflanzen?

   a) .... b) ....

2. Welche Ursachen für Nährstoffverluste kennt man?

   a) .... d) ....

   b) .... e) ....

   c) .... f) ....

3. Welche Verfahren der Raufuttergewinnung sind möglich?

   a) .... c) ....

   b) .... d) ....

4. Aus welchen Elementen besteht eine Unterdachtrocknung?

   a) .... b) ....

5. Zählen Sie die vier wesentlichen Vorteile der Silierung auf!

   a) .... c) ....

   b) .... d) ....

6. Tragen Sie in die nachstehende Tabelle die Lebensbedingungen der Milchsäurebakterien und der Gärschädlinge ein!

Art	*Nahrung*	*Sauerstoff ja–nein*	*Erzeugung von*
Milchsäurebakterien	....	....	....
Colibakterien	....	....	....
Buttersäurebazillen	....	....	....
Fäulnisbakterien	....	....	....
Hefepilze	....	....	....
Schimmelpilze	....	....	....

7. Ordnen Sie folgende Pflanzen nach ihrer Vergärbarkeit (ankreuzen)!

Pflanzen	*leicht vergärbar*	*mittel vergärbar*	*schwer vergärbar*
Wiesengras	❑	❑	❑
Rübenblätter	❑	❑	❑
Kleegras	❑	❑	❑
Raps, Senf	❑	❑	❑
Silomais	❑	❑	❑
Kleearten	❑	❑	❑

8. Welche Maßnahmen unterstützen die natürliche Gärfähigkeit der Futterpflanzen?

a) .... e) ....

b) .... f) ....

c) .... g) ....

d) ....

9. Nennen Sie fünf Vorteile, die sich aus dem Anwelken des Futters ergeben!

1. ....

2. ....

3. ....

4. ....

5. ....

10. Welche Gruppen von Silierzusätzen kennt man?

a) .... c) ....

b) .... d) ....

11. Welche drei Silogrundformen kennen Sie?

1. .... 2. .... 3. ....

12. Welche Maßnahmen sind bei der Silofutterentnahme zu beachten?

a) .... c) ....

b) .... d) ....

11. Alternativer (ökologischer, biologischer) Landbau

11.1. Allgemeines

Durch Spezialisierung, Technisierung, Ausnützung moderner Züchtungsverfahren und intensive Forschung wurden in der letzten Zeit die Produktionsverfahren stark verändert und die Erträge stark gesteigert. Neben den aufgezählten Faktoren war aber auch ein steigender Verbrauch an Handelsdüngern und chemischen Mitteln zu verzeichnen. Dies wird als „unnatürliche" Wirtschaftsweise angesehen. Diese Wirtschaftssweise wird auch dafür verantwortlich gemacht, dass Zivilisations- und Wohlstandskrankheiten in besonderem Ausmaß zunehmen. Aus diesen Tatsachen ergab sich das Bestreben nach einer Wirtschaftsweise, die auf den Einsatz von Handelsdüngern und chemischen Mitteln teilweise oder ganz verzichtet. Die Bezeichnung für derartige Produktionssysteme sind vielfältig und als „alternativer", „ökologischer" oder „biologischer" Landbau bekannt!

11.2. Ziele

- Erhöhung des Humusumsatzes im Boden durch verstärkte organische Düngung und Förderung des Bodenlebens.
- Verzicht auf Mineraldünger, besonders wasserlösliche Stickstoffdünger, dafür Einsatz von sehr schwer löslichen Düngemitteln (Rohphosphate) und Gesteinsmehlen.
- Größtmöglicher Verzicht auf chemische Bekämpfungsmittel gegen Unkräuter, Krankheiten und Schädlinge.
- Geringe Belastung der Umwelt und Erzielung von Ernteprodukten ohne Risiko für die menschliche Gesundheit.

11.3. Systeme des alternativen Landbaus

11.3.1. Biologisch-dynamische Wirtschaftsweise

Die biologisch-dynamische Wirtschaftsweise beruht auf einer besonderen Weltanschauung (Anthroposophie) des Österreichers Dr. Rudolf Steiner. Ziel dieser Wirtschaftsweise ist es, einen geschlossenen Betriebskreislauf zu erreichen. Kosmischen Kräften wird besondere Bedeutung beigemessen. Deswegen müssen Anbau, Düngung und Pflegemaßnahmen bei bestimmten Mondphasen erfolgen.

Die Fruchtfolge ist vielgestaltig. Leguminosen bekommen als Stickstoffsammler besondere Bedeutung.

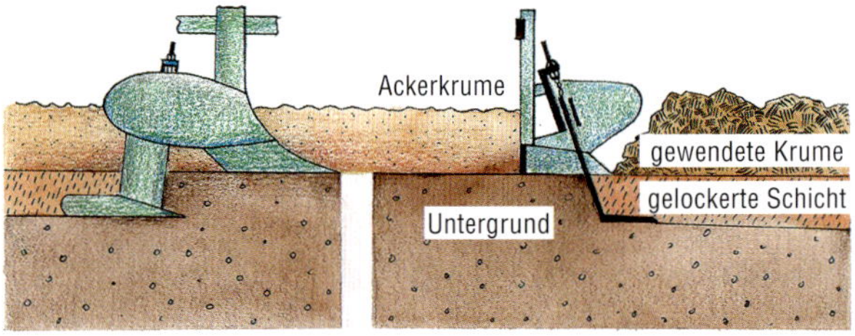

Arbeitsweise des Zweischichtenpfluges. Seitenansicht (a) und Sicht von hinten (b).

Die Bodenbearbeitung wird flach durchgeführt und die natürliche Schichtung des Bodens soll erhalten bleiben – Förderung des Bodenlebens zur Verbesserung der Nährstoffdynamik.
Eines der Spezialgeräte des ökologischen Landbaues ist der Zweischichtpflug für eine flache Wendung und tiefer gehende Lockerung. Außerdem dient er der Vorbereitung für tief wurzelnde Gründüngung und für Hackfrüchte.
Wirtschaftsdünger werden durch Zusätze von biologisch-dynamischen Präparaten aufbereitet.
Die Düngung erfolgt überwiegend organisch. Algen, Rohphosphat, Gesteinsmehl und Kalk dürfen verwendet werden. Chemisch-synthetische sowie leicht lösliche Mineraldünger sind verboten.
An Präparaten für den Boden werden Hornmist, für die Pflanze Hornkiesel, für die Rotte Pflanzenextrakte verwendet.
Die Anbautermine werden nach kosmischen Rhythmen nach dem Stand der Gestirne gewählt.
Im Pflanzenschutz sind chemisch-synthetische Mittel verboten – Bekämpfung der Unkräuter durch gezielte Fruchtfolge, Mischkulturen, mechanische Bodenbearbeitung oder Abflammen.

Siehe Gartenbau!

Schädlingen und Krankheiten wird durch Standort- und Sortenwahl sowie durch Anbau von Mischkulturen vorgebeugt. Eine weitere Bekämpfung erfolgt mit Mitteln auf pflanzlicher Basis (z. B. Pyrethrum, Netzschwefel, Brennnesseljauche, Rainfarnjauche oder -brühe, Löwenzahn u. a.).

11.3.2. Organisch-biologischer Landbau

Die organisch-biologische Wirtschaftsweise geht auf den Schweizer Biologen Dr. Hans Müller zurück. Das Ausbildungszentrum dieser Richtung ist die Bauernheimatschule in Großhochstetten in der Schweiz. Ein wesentlicher Unterschied zum biologisch-dynamischen Landbau besteht darin, dass dem organisch-biologischen Landbau keine Weltanschauung zugrunde liegt. Der Anbau richtet sich daher nicht nach Mondphasen und ebenso werden keine Kräuterextrakte verwendet.
Ziel dieser Wirtschaftsweise ist die Begünstigung der Ernährung der Bodenlebewesen, um eine gesunde und kräftige Bodenflora zu schaffen, die den Boden fruchtbar macht.

Dies wird angestrebt durch:

- flache Bodenbearbeitung, die die natürliche Schichtung des Bodens erhält;
- Förderung des Bodenlebens zur Verbesserung der Nährstoffdynamik;

- vielseitige Fruchtfolge mit vielen Leguminosen-Zwischenfrüchten sowie
- besondere Pflege der wirtschaftseigenen Dünger, wie z. B. Kompostierung von Stallmist oder aerobe Rotte des Stallmistes sowie Belüftung und damit aerobe Vergärung der Gülle.

Die Düngung erfolgt vorwiegend organisch, z. B. auch mit Guano (Vogeldünger aus Südamerika). Erlaubt sind aber auch Thomasphosphat und Patentkali zur Regelung des pH-Wertes. Chemisch-synthetische sowie leicht lösliche Mineraldünger bzw. Mineralsalze sind verboten.
An Präparaten werden Bakterienpräparate und Substanzen zur Beschleunigung der Humusbildung verwendet.
Auf chemisch-synthetische Pflanzenschutzmittel wird wegen der schädlichen Wirkung auf die Bodenlebewesen verzichtet.
Die Unkrautbekämpfung erfolgt mittels Fruchtfolgegestaltung, Mischkulturanbau, mechanischer und thermischer (Abflammen) Methoden.
Auf stark giftige Pflanzenschutzmittel wird verzichtet. Erlaubt sind Mischungen von Netzschwefel und feinst gemahlenen Kräutern, Algen und Gesteinsmehlen als Pflanzenpflegemittel und Abwehrmittel gegen Schädlinge.

11.3.3. Der integrierte Pflanzenbau

Dieser verwirklicht im Wesentlichen den integrierten Pflanzenschutz besonders exakt und unterscheidet sich nur in einigen Punkten von der „herkömmlichen Wirtschaftsweise". Das Programm wurde von der Arbeitsgemeinschaft für naturgemäßen Qualitätsanbau von Obst-, Gemüse- und Feldfruchtanbau entwickelt.
Die Wirtschaftsweise ist gekennzeichnet durch:
Fruchtfolge ist vielgestaltig. Auf Leguminosen als Stickstoffsammler wird besonderer Wert gelegt.
Die Bodenbearbeitung erfolgt ebenfalls flach. Die natürliche Schichtung wird zur Förderung des Bodenlebens und der Bodendynamik zu erhalten versucht.
Die Wirtschaftsdüngerbehandlung erfolgt in Form der Mulche als Flächenkompostierung.
Bei der Düngung steht die Humuswirtschaft im Vordergrund. Eine mineralische Ergänzungsdüngung ist, mit Ausnahme von stark treibend wirkenden Mineraldüngern, erlaubt.
Präparate finden im Allgemeinen keine Verwendung.
Der Pflanzenschutz erstreckt sich auf die Methoden des integrierten Pflanzenschutzes.

Siehe Kapitel Pflanzenschutz!

In der Schädlings- und Krankheitsbekämpfung sind zu bestimmten Sonderkulturen einige wenig persistente (lat. = anhaltend) Akarizide und Fungizide erlaubt.

11.3.4. Gesetzliche Anerkennung des biologischen Landbaues

Produktionsrichtlinien

1. Anbauflächen werden unter Bedachtnahme auf möglichst geringe schädliche Umwelteinflüsse ausgewählt. Vor Umstellung auf eine bio-

logische Landbaumethode wird die vorhandene Belastung der Anbaufläche mit persistenten Schadstoffen ermittelt.

2. Neben Autobahnen sowie neben Straßen mit hoher Verkehrsfrequenz werden landwirtschaftliche Produkte einschließlich Futtermittel nicht angebaut, dies gilt auch für die Weidennutzung.
3. Zum Zweck der Düngung werden chemisch-synthetische Stickstoffverbindungen, leichtlösliche Phosphate, Kalidünger (ausgenommen Kaliumsulfat und Kaliummagnesiumsulfat) sowie Klärschlamm nicht verwendet.
4. Es erfolgt keine Anwendung von mit Quecksilberpräparaten, HCB oder anderen chemisch-synthetischen Mitteln gebeiztem Saatgut.
5. Chemisch-synthetische Herbizide, Wachstumsregulatoren und Welkmittel werden nicht verwendet. Die Unkrautregulierung erfolgt durch Kulturmaßnahmen, durch mechanische Mittel oder durch Abflammen.
7. Der Tierbestand wird an die landwirtschaftliche Nutzfläche angepasst.
8. Die Tierernährung erfolgt mit einem Futter, das aus biologischer Landwirtschaft stammt.
9. Intensivhaltung (Käfig-, Batteriehaltung) von landwirtschaftlichen Nutztieren wird nicht durchgeführt.
10. Biologische Landwirtschaft wird nur in Betrieben ausgeübt, die zur Gänze nach den obigen Richtlinien produzieren.

Allgemeine Regelungen

1. Der biologische Landbau fördert die Aufrechterhaltung von Gleichgewichtszuständen im ökologischen Sinn. Jede Art der Überdüngung wird vermieden. Schädlingsbefall wird durch geeignete Bewirtschaftungsmaßnahmen bekämpft.
2. Als Futtermittel werden Getreide, Leguminosen, Milch oder Milchprodukte und Brauabfälle zugekauft. Zukauffutter, das nicht aus biologischem Anbau stammt, überschreitet 15 % des Gesamtfutterbedarfs nicht.
3. Eine vorbeugende medikamentöse Behandlung wird nicht durchgeführt.
4. Eine Auflistung der Bewirtschaftungsmittel, die im biologischen Landbau angewendet werden (hofeigene Dünger, zugekaufte organische Dünger usw.)
5. Pflanzenschutzmaßnahmen und Methoden zur Förderung der Widerstandskraft der Pflanzen (eine Auflistung).
6. Produkte aus Betrieben, die sich in der Umstellungsphase befinden (Umstellungszeit mindestens 2 Jahre, Produktion ab der 3. Ernte), werden so gekennzeichnet, dass die Umstellung auf biologischen Landbau für den Konsumenten zweifelsfrei erkennbar ist.
7. Die biologischen Landbaumethoden werden laufend wissenschaftlich und praktisch weiterentwickelt.
8. Eine Auflistung der anerkannten Vereine, die sich in Österreich mit den unterschiedlichen biologischen Landbaumethoden befassen. Diese Vereine vergeben an Mitglieder, die sich verpflichten, die speziellen, diesem Codexkapitel nicht widersprechenden Produktionsrichtlinien des jeweiligen Vereines einzuhalten, Markenschutzzeichen.

Bezeichnung

Die Produkte sind deutlich sichtbar und lesbar im unmittelbaren Zusammenhang mit der Sachbezeichnung mit den Worten: „aus biologischem Anbau“, „aus biologischem Landbau“ oder „aus biologischer Landwirtschaft“ zu kennzeichnen. Statt „biologisch“ kann auch die Bezeichnung „organisch-biologisch“ oder „biologisch-dynamisch“ verwendet werden. Die Worte „Bio“, „biologisch“, „ökologisch“, „alternativ“ und dergleichen werden nicht verwendet.

Jede Wirtschaftsweise muss sich biologischer Maßnahmen bedienen und darf die Umwelt nicht vernachlässigen. Die Einheit dieses Systems Boden – Pflanze – Tier – Mensch und Umwelt muss im Vordergrund stehen.

11.4. Übersicht über den Anbau von Alternativpflanzen

Die Frage des Alternativpflanzenanbaues wurde durch die Überproduktion und die damit verbundenen Absatzschwierigkeiten der letzten Jahre besonders aktuell. Sie steht ebenso im Zusammenhang mit den Problemen der Bodenfruchtbarkeit, da von diesen Pflanzen ein günstiger Einfluss zu erwarten ist.

11.4.1. Körnererbsen

Ansprüche an Boden und Klima

Die Erbse verlangt leichte bis mittelschwere, neutrale Böden. Böden mit einem pH-Wert unter 6,0 wirken sich ungünstig auf die Entwicklung der Knöllchenbakterien aus. Ebenso sind strukturkranke Böden und staunasse Böden für den Körnererbsenanbau auszuscheiden. Die Bodenverhältnisse sollen möglichst einheitlich sein, um eine gleichmäßige Abreife zu erreichen. Günstigste Witterungsverhältnisse sind ein warmes Frühjahr, gefolgt von einem mäßig feuchten, kühlen Sommer. Spätfröste bis –4° C werden vertragen.

Fruchtfolge

Körnererbsen stellen an die Vorfrucht keine besonderen Ansprüche und werden meist nach Getreide gebaut. Bei Leguminosen als Vorfrucht, einschließlich der Erbse selbst, sollen Anbaupausen von 5 bis 6 Jahren wegen der möglichen Krankheitsübertragung eingehalten werden. In Betrieben, in denen eine Saatgutvermehrung erfolgt, sind noch längere Anbauphasen zu empfehlen. Die Vorfrucht sollte das Feld möglichst unkrautfrei hinterlassen. Als Nachfrucht kommen meist Winterungen in Frage, da sie den hinterlassenen Stickstoff am besten ausnützen.

Düngung

Nährstoffbedarf von Körnererbsen bei Gehaltsstufe C in kg Reinnährstoffen je ha.

Ertragsmöglichkeit	*Phosphat (P_2O_5)*	*Kali (K_2O)*
niedrig	50	70
mittel	60	90
hoch	70	110
sehr hoch	80	130

Eine Magnesiumdüngung ist auf das Bodenuntersuchungsergebnis abzustimmen. Der Magnesiumbedarf liegt bei etwa 40 bis 60 kg MgO/ha. Eine Startstickstoffgabe ist nur auf Böden mit geringen N-Reserven erforderlich und sollte bei ca. 30 kg Reinstickstoff/ha liegen.

Anbau

Der Anbau soll möglichst früh erfolgen (März bis Anfang April), damit eine ausreichende Zeit für die vegetative Entwicklung zur Verfügung steht, die sich positiv auf den Ertrag auswirkt. Es werden 70 bis 90 Pflanzen pro m^2 angestrebt, wodurch sich eine Saatmenge je nach Tausendkorngewicht (220 bis 300 g) von 200 bis 300 kg/ha ergibt; Saattiefe: 4 bis 6 cm; Reihenweite: 10 bis 15 cm (jede Säschar).

Drillsämaschinen mit Nockenrädern sind wegen der geringeren Beschädigung der Körner als günstiger einzustufen.

Derzeit verwendete Sorten: ....

Unkrautbekämpfung

Erfolgt vorwiegend chemisch im Vor- oder Nachauflaufverfahren. Eine mechanische Unkrautbekämpfung ist nur bis zum Auflaufen möglich, da die Erbse später gegen Wachstumsstörungen sehr empfindlich ist.
Für die gute Wirkung chemischer Mittel ist eine entsprechende Bodenfeuchtigkeit erforderlich.

Krankheiten und Schädlinge

Krankheiten: Keimlings- und Auflaufkrankheiten, Brennfleckenkrankheit, Falscher Mehltau, Echter Mehltau, Erbsenrost, Botrytis und Virosen.

Schädlinge: Erbsenblattlaus, Erbsenkäfer, Erbsenwickler und Blattrandkäfer.

Verwendung und Ernte

Körnererbsen reifen etwa zur gleichen Zeit wie die Sommergerste.

Einstellung des Mähdreschers:

Trommeldrehzahl reduzieren (450 bis 600 U/min)
Dreschkorb weit stellen
ausreichend starker Wind zur guten Reinigung

Lamellensiebe steil stellen (10 bis 15 mm)
Korntank bei Leerlaufdrehzahl entleeren

Körnererbsen stellen ein hochwertiges inländisches Eiweißfuttermittel dar und werden in der Rinder- und Schweinehaltung eingesetzt. Eine Silierung der Gesamtpflanze ist möglich.

11.4.2. Pferdebohne, Ackerbohne

Ansprüche an Boden und Klima

Pferdebohnen bevorzugen tiefgründige, bindige Böden mit guter Wasser- und Nährstoffversorgung. Am besten gedeiht sie in feuchtkühlen Klimagebieten. Sie reagiert auf Grund ihrer langen Vegetationsdauer und der großen Blattmasse auf Trockenperioden sehr empfindlich. Der pH-Wert des Bodens sollte in einem Bereich von 6,8 bis 7,2 liegen. Ab einem pH-Wert von 6 sollte aufgekalkt werden.

Fruchtfolge

Die Pferdebohne stellt an die Fruchtfolge geringe Ansprüche. Günstig zur Auflockerung der Fruchtfolge ist ein Anbau nach Getreide oder Mais. Hafer ist als Vorfrucht nicht geeignet, da er eine Wirtspflanze von Nematoden ist, die auch die Pferdebohne befallen können. Wegen der geringen Selbstverträglichkeit der Pferdebohne mit sich selbst und der Gefahr der Anhäufung von Krankheiten und Schädlingen sollten Anbaupausen von 4 bis 5 Jahren eingehalten werden. Wintergetreide als Nachfrucht kann den im Boden verbleibenden Stickstoff am besten ausnutzen.

Düngung

Nährstoffbedarf von Pferdebohne bei Gehaltsstufe C in kg Reinnährstoffen je ha.

Ertragsmöglichkeit	*Phosphat (P_2O_5)*	*Kali (K_2O)*
niedrig	50	70
mittel	60	90
hoch	70	110
sehr hoch	80	130

Der Magnesiumbedarf liegt bei etwa 40 bis 60 kg und ist auf das Bodenuntersuchungsergebnis abzustimmen.

Anbau

Der Anbau sollte so früh wie möglich erfolgen und zwar Ende Februar bis Anfang April, da jede Saatverzögerung eine Ertragsminderung bewirkt. Die Keimminimaltemperatur liegt bei 2 bis 3° C. Die Pferdebohne besitzt außerdem im Jungpflanzenstadium eine gute Frostresistenz (bis –4° C), sodass eine sehr frühe Saat daraus vertretbar ist. Es ist ein Bestand von 40 bis 50 Pflanzen/m² anzustreben, wodurch sich eine Saatmenge je nach Tausendkorngewicht von 160 bis 240 kg/ha ergibt; Saattiefe: 4 bis 6 cm; Reihenabstand: 20 bis 30 cm (jedes 2. Säschar).

Derzeit verwendete Sorten: ....

Unkrautbekämpfung

Eine mechanische Bearbeitung mit dem Striegel oder einer Rauwalze ist nur möglich, wenn die Keimlinge noch mindestens 1 bis 2 cm unter der Bodenoberfläche sind und dann erst wieder nach der Ausbildung des 3. Blattpaares. Bei entsprechender Reihenweite kann etwa zweimal eine Maschinenhacke durchgeführt werden. Die chemische Unkrautbekämpfung erfolgt meist im Vor- oder Nachauflaufverfahren.

Krankheiten und Schädlinge

Krankheiten: Keimlings- und Auflaufkrankheiten, Braunfleckenkrankheit, Fusarium-Fäule, Bakterielle Schwarzbeinigkeit, Pferdebohnenrost, Virosen und Brennfleckenkrankheit.

Schädlinge: Schwarze Bohnenblattlaus, Blattrandkäfer, Pferdebohnenkäfer und Thripse.

Verwendung und Ernte

Die Mähdruschernte kann beginnen, wenn sich alle Hülsen dunkel verfärbt haben, das ist meist Mitte August bis Anfang September. Die Stängel sind zu diesem Zeitpunkt oft noch grün.

Einstellung des Mähdreschers:

Trommeldrehzahl vermindern (450 bis 600 U/min);
Dreschkorb weit öffnen – bei schlechtem Ausdrusch wieder etwas schließen;
maximaler Wind, um eine gute Reinigung zu erreichen.

Bei einer Feuchtigkeit, die über 14 % Wassergehalt liegt, muss eine sofortige Trocknung des Erntegutes erfolgen.
Pferdebohnen werden als hochwertiges inländisches Eiweißfuttermittel in der Rinder- und Schweinehaltung eingesetzt, wobei auch eine Silierung der Gesamtpflanze möglich ist.

11.4.3. Körnerraps (Winterraps)

Ansprüche an Boden und Klima

Raps bevorzugt mittlere bis schwere, tiefgründige Böden mit neutraler Bodenreaktion. Eine gleichmäßige Wasserversorgung ist wichtig (besonders zum Anbau). Bis auf extreme Verhältnisse, ist er an das Klima gut anpassungsfähig. Winterfrost wird gut vertragen.

Ansprüche an die Fruchtfolge

Die Vorfrucht soll so frühräumend sein, dass genügend Zeit für die Bodenbearbeitung bleibt – Raps benötigt ein gut abgesetztes, feines Saatbeet.

Geeignete Vorfrüchte wären: ....

Raps ist mit sich selbst und Zuckerrüben nicht verträglich, da er von Nematoden befallen wird – Anbaupause daher 4 Jahre. In der Fruchtfolge mit

Sojabohne und Sonnenblume besteht die Gefahr der Ausbreitung der Sklerotinia (Weißstängeligkeit) – es ist gegenüber diesen Kulturen ebenfalls eine Anbauphase von 4 Jahren einzuhalten.

Düngung

Der Nährstoffbedarf des Rapses ist sehr hoch.

Der *Gesamtstickstoffbedarf* beträgt 120 bis 170 kg/ha. Eine Startdüngung kann normalerweise entfallen.

1. Kopfdüngung: 90 bis 140 kg N/ha – vor Vegetationsbeginn;
2. Kopfdüngung: 40 bis 50 kg N/ha – knapp vor der Blüte.

Phosphorbedarf – durchschnittlich 70 bis 80 kg/ha;
Kalibedarf – durchschnittlich 180 bis 200 kg/ha.

Stallmist und Gülle vor dem Anbau wird gut verwertet.
Auf sauren Böden ist eine Kalkung vorteilhaft.

Anbau

Saatzeit: Mitte August bis Anfang September – es sollen noch 6 bis 8 Blätter vor Winterbeginn gebildet werden.

Saatstärke: 4 bis 6 kg/ha

Saattiefe: 2 bis 3 cm

Reihenweite: Der Anbau erfolgt mit der Drillmaschine, meist auf den Getreideabstand. Sollte der Raps auswintern, so ist erst ab einem Pflanzenbestand von weniger als 20 Pflanzen/m² an einen Umbruch zu denken, da der Raps sich stark verzweigt. Umgebrochener Winterraps könnte durch Sommerraps ersetzt werden (sehr früher Anbau notwendig). Die Erträge von Winterraps werden allerdings nicht erreicht. Es sind ausschließlich 00-Rapssorten zum Anbau zugelassen (erucasäurefrei und glucosinolatarm).

Winterrapssorten: ....

Sommerrapssorten: ....

Krankheiten und Schädlinge

- *Wichtige Krankheiten sind:* Sklerotinia (auch Rapskrebs oder Weißstängeligkeit), Mehltau und Rapsschwärze. Eine chemische Bekämpfung ist zur Zeit nicht sinnvoll.
- *Häufige Schädlinge sind:* Rapserdfloh, Kohlgallenrüßler, Kohltriebrüßler, Rapsglanzkäfer, Kohlschotenrüßler, Kohlschotenmücke und Mehlige Kohlblattlaus. Bei Massenauftreten ist eine chemische Bekämpfung erforderlich. Eine genaue Beobachtung des Bestandes bzw. ein zeitgerechtes Aufstellen von Gelbschalen ist besonders wichtig.

Unkrautbekämpfung

Bei schwachem Unkrautdruck reicht eine mechanische Bekämpfung durch Striegeln im Herbst und im Frühjahr. Bei stärkerer Verunkrautung werden Herbizide eingesetzt, und zwar:

- als Vorsaatbehandlung mit: ....
- als Vorauflaufbehandlung mit: ....
- als Nachauflaufbehandlung mit: ....

Ernte und Verwertung

Körnerrapsanbau ist nur über einen Vertrag mit einem Aufkäufer (Genossenschaft, Handel) einerseits und andererseits durch eine Mitgliedschaft bei einer Vereinigung der Öl- und Eiweißpflanzenanbauer, die auch eine Ölmühle betreiben, möglich. Es wird auch eine Flächenprämie, derzeit in Höhe von .... Euro, gewährt.
Die Ernte erfolgt vorwiegend durch den Direktdrusch mit dem Mähdrescher bei einer Kornfeuchtigkeit von unter 9 %.

- Österreichischer Durchschnittsertrag: .... dt/ha
- Erträge im eigenen Betrieb: .... dt/ha

Nennen Sie die derzeitigen Verwertungsmöglichkeiten für Rapssaat: ....

....

11.4.4. Sonnenblume

Ansprüche an Boden und Klima

Die Sonnenblume bevorzugt tiefgründige Böden, die ein gutes Wasserspeichervermögen, eine gute Struktur und einen geordneten Kalkzustand aufweisen. Der pH-Wert sollte bei 6,4 bis 7,5 liegen. Für den Sonnenblumenanbau ist das Wein-Mais-Klima geeignet. Lagen, in denen zur Zeit des Einreifens Nebelhäufigkeit auftritt, sollten wegen des Auftretens von Pilzkrankheiten aus dem Anbau ausgeschieden werden.

Fruchtfolge

Anbaupausen von fünf bis sechs Jahren sind nach Sonnenblumen und allen anderen Sklerotinia übertragenden (= gefährliche Pilzkrankheit) Kulturarten, wie z. B. Raps, Sojabohnen, Bohnen, Tomaten und Paprika, unbedingt einzuhalten. Die Sonnenblume stellt eine gute Vorfrucht für Getreide und Mais dar und wird meist nach Getreide angebaut.

Düngung

Sonnenblumen haben einen hohen Kali- und Borbedarf. Eine gute Kaliversorgung verbessert die Standfestigkeit und trägt zur Erhöhung des Ölgehaltes bei.
Durch überhöhte N-Gaben tritt leicht eine Reifeverzögerung ein. Ebenso kann die Anfälligkeit gegenüber Botrytis und die Lagerneigung erhöht bzw. der Fettgehalt gesenkt werden.
Die Höhe der Stickstoffgabe liegt bei 60 bis 90 kg/ha. Die N-Menge wird

in einer Gabe zum Anbau gegeben. Gabenteilungen sind nicht sehr zweckmäßig.
Die Düngungsmengen sind von Boden und Ertragserwartung abhängig und sollten sich in folgenden Bereichen bewegen (Bedarf der Sonnenblume an Phosphor und Kalium bei Gehaltsstufe C in kg Reinnährstoffe/ha):

Ertragsmöglichkeit	*Phosphat* (P_2O_5)	*Kali* (K_2O)
niedrig	50	150
mittel	60	180
hoch	70	210
sehr hoch	80	240

Anbau

Der Anbau sollte etwa ab Mitte April erfolgen (nach dem Getreide, vor dem Mais), wenn die Bodentemperatur 8 bis 10° C beträgt.
Saatmenge: 4 bis 7 kg/ha, Saattiefe: 3 bis 5 cm.
Reihenabstand: 45 bis 75 cm (ø 60 cm), sollte sich nach den vorhandenen Anbau- und Bearbeitungsgeräten aus dem Mais- oder Rübenanbau richten. Der Anbau erfolgt problemlos mit pneumatischen Einzelkornsämaschinen.

Sorten: a) Ölsonnenblumen – ....

....

b) Futtersonnenblumen – ....

Tragen Sie derzeit verwendete Sorten ein!

Unkrautbekämpfung

Erfolgt vorwiegend chemisch vor der Saat oder vor dem Auflaufen der Sonnenblume, wobei eine gewisse Bodenfeuchtigkeit die Wirkung steigert. Mechanische Maßnahmen nach dem Auflaufen fördern die Lockerung der Bodenoberfläche und damit die Durchlüftung und Erwärmung des Bodens, dürfen aber zu keinen Wurzelverletzungen führen. Bei einer Wuchshöhe von etwa 40 cm können die Pflanzen leicht angehäufelt werden, wodurch verbliebenes Unkraut erstickt und die Standfestigkeit erhöht wird.

Krankheiten und Schädlinge

Krankheiten: Sklerotinia-Fäule, Botrytis, Phoma, Sonnenblumenrost, Fusarium und Alternaria.

Schädlinge: Drahtwürmer, Blattläuse, Nematoden, Vogelfraß durch Fasane und Tauben sowie Hasenverbiss.

Verwendung und Ernte

Dunkelschalige Sonnenblumen werden zur Ölgewinnung, gestreiftsamige Sonnenblumen für Vogelfutter verwendet.
Die Ernte kann ab einem Wassergehalt von 15 % erfolgen.

Um ein Nachtrocknen zu vermeiden, sollte der Wassergehalt der Körner bei 9 bis 10 % liegen.

Reifekennzeichen sind:

- Blütenkorb braun verfärbt;
- Blüten der befruchteten Kerne fallen von selbst ab;
- die Kerne liegen frei;
- die unteren und mittleren Blätter am Stängel sind abgetrocknet.

Adaptierung des Mähdreschers:

- Montage spezieller Auffangbleche („Schiffchen"),
- Abdecken der Haspelzinken,
- möglichst hohe Schnittstelle des Mähbalkens,
- Reduzierung der Dreschtrommel (400 bis 500 Umdrehungen) und
- Dreschkorb weit öffnen.

11.4.5. Sojabohne

Ansprüche an Boden und Klima

Die Sojabohne bevorzugt lockere, gut durchlüftete Böden, die aber ein entsprechendes Wasserspeichervermögen aufweisen müssen. Die Bodenreaktion sollte im schwach sauren bis neutralen Bereich liegen (pH-Wert 6,5 bis 7,5). Seichtgründige, trockene Standorte scheiden für einen wirtschaftlichen Anbau aus.
Feuchtwarme Gebiete im Südosten und Osten Österreichs sind für Sojaanbau besonders geeignet.

Fruchtfolge

Die Sojabohne stellt an die Vorfrucht keine besonderen Ansprüche und steht häufig zwischen Getreide. Die Sojabohne ist aber als Stickstoffsammler mit einem gut ausgeprägten Wurzelsystem selbst eine sehr wertvolle Vorfrucht, besonders eben für Getreide.
Wegen des Auftretens der Pilzkrankheit Sklerotinia sollten bei der Sojabohne selbst und zu Bohnen, Tomaten, Sonnenblume, Paprika und Raps längere Anbauintervalle eingehalten werden (5 bis 6 Jahre).

Düngung

Düngungsempfehlung zu Sojabohne (kg (Reinnährstoffe/ha) bei Gehaltsstufe C

Ertragsmöglichkeit	*Phosphat (P_2O_5)*	*Kali (K_2O)*
niedrig	50	70
mittel	60	90
hoch	70	110
sehr hoch	80	130

Die Knöllchenbakterien der Sojabohne decken den hohen Stickstoffbedarf der Sojabohne, indem sie Luftstickstoff binden und der Pflanze zur Verfügung stellen. Auf schlechten Böden mit geringen N-Reserven ist eine

Startdüngung von 30 kg N zu empfehlen. Zu hohe N-Mengen behindern die Tätigkeit der Knöllchenbakterien und führen zur Reifeverzögerung. Beim erstmaligen Anbau soll eine Impfung des Saatgutes mit speziellen Bakterienstämmen („Legusin“, „Grips“ u. a.) durchgeführt werden.

Anbau

Der Anbau erfolgt nach der Sonnenblume etwa gleichzeitig mit dem Mais von Mitte April bis Anfang Mai, da die Bodentemperatur in 5 cm Tiefe 10° C betragen sollte. Die Sojabohne ist aber gegen Spätfröste bis –5° C unempfindlich.

Saatmenge: ist von Bestandesdichte (40 bis 60 Pfl/m^2) und Tausendkorngewicht (130 bis 160 g) abhängig und liegt bei 70 bis 90 kg/ha.
Saattiefe: 3 bis 4 cm (auf leichten, schnell austrocknenden Böden bis 5 cm)
Reihenweite: 25 bis 30 cm

Bei sehr lockerem Boden ist ein Anwalzen zu empfehlen.

Bei größeren Reihenweiten kann leichter eine mechanische Unkrautbekämpfung durchgeführt werden. Einzelkornsaat sollte der Drillsaat vorgezogen werden.

Tragen Sie derzeit verwendete Sorten mit ihrer zugehörigen Reifegruppe ein!

Sorten: ....

....

Unkrautbekämpfung

Die chemische Unkrautbekämpfung kann mittels Vorauflaufherbizid, meist aber mittels Nachauflaufherbiziden durchgeführt werden. Die schon erwähnte Maschinenhacke wirkt sich durch die Durchlüftung des Bodens günstig auf die Entwicklung der Knöllchenbakterien aus.

Krankheiten und Schädlinge

Krankheiten: Brennfleckenkrankheit, Falscher Mehltau, Rostkrankheiten, Sklerotinia-Fäule, Bakterienbrand, Pustelkrankheit, Botrytis-Fäule, Fußfäule und Mosaikkrankheit.
Schädlinge: Blattläuse und Spinnmilben.

Verwendung und Ernte

Die Sojabohne wird zur Öl- und Eiweißgewinnung verwendet.
Das Eintrocknen und Abfallen der Blätter zeigt die Reife der Sojabohnen an. Die Körner sollten bei der Ernte einen Wassergehalt von 14 % nicht überschreiten, da sonst zur Verhinderung einer Verpilzung ein Nachtrocknen notwendig wäre.
Tiefschneidende Mähdrescher und eine ebene Ackerfläche bewirken eine verlustarme Ernte, da der Ansatz der untersten Hülse sehr tief ist. Die Trommelgeschwindigkeit liegt bei ca. 600 Umdrehungen. Der Abstand von Trommel zu Dreschkorb soll vorne 20 bis 25 mm und hinten 15 bis 18 mm betragen.

11.4.6. Ölkürbis

Ansprüche an Boden und Klima

Der Ölkürbis bevorzugt sandige Lehm- bis Sandböden, die einen entsprechenden Humusgehalt aufweisen müssen. Stauende Nässe verträgt er nicht, er liebt aber sonnige Lagen.

Fruchtfolge

Die Ansprüche an die Vorfrucht sind nicht spezifisch, sodass sich alle Feldfrüchte als Vorfrucht eignen. Zu beachten ist allerdings, dass die Vorfrucht keine Rückstände aus dem chemischen Pflanzenschutz im Boden zurücklassen darf. Bei Rübe und Mais als Vorfrucht sollten daher etwa 6-jährige Anbaupausen eingehalten werden. Günstig als Vorfrucht sind alle Getreidearten sowie Leguminosen, wobei hier allerdings die Stickstoffdüngung verringert werden muss. Kürbis und Gurke sind wegen der Gefahr der Übertragung von Viruskrankheiten nur bedingt geeignet.

Düngung

Der Wirtschaftsdüngereinsatz zu Kürbis ist positiv zu bewerten, sollte aber bereits im Herbst eingearbeitet werden oder bereits zur Vorfrucht gegeben werden. Mineraldünger sollten mindestens 2 Wochen vor dem Anbau ausgebracht werden, wobei auf Böden, die ausreichend mit Humus und Nährstoffen versorgt sind, folgende Mengen zu empfehlen sind:

Stickstoff: 40 bis 60 kg Reinnährstoff/ha,
Phosphor: 80 kg Reinnährstoff/ha und
Kalium: 120 bis 160 kg Reinnährstoff/ha.

Anbau

Der im Herbst gepflügte Boden soll im Frühjahr die vorhandene Winterfeuchtigkeit für die Keimung und erste Entwicklungsphase zur Verfügung stellen. Durch mehrmaliges Eggen ist ein gut abgesetztes, unkrautfreies Saatbeet herzustellen.
Der Kürbis hat eine Mindestkeimtemperatur von 10 bis 12° C, sodass die Aussaat erst in der ersten Maidekade erfolgen soll. Der Saatzeitpunkt ist so zu wählen, dass der Aufgang erst nach den letzten Frösten (Eisheilige) erfolgt, da der Kürbis sehr frostempfindlich ist. Eine Beizung des Saatgutes ist unbedingt erforderlich, besonders unter ungünstigen Auflaufbedingungen. Die Aussaat erfolgt mit Einzelkornmähmaschinen (passende Säscheibe verwenden!).

Saatgutbedarf:	5 bis 8 kg/ha bei einem TKG von 190 bis 200 g
Saattiefe:	2 bis 3 cm
Reihenabstand:	1,70 bis 2,20 cm
Pflanzenabstand in der Reihe:	35 bis 50 cm
Standraum:	0,8 m^2/Pflanze

Anzustreben sind ca. 10 000 bis 14 000 Pflanzen pro Hektar. Zu dichte Bestände müssen vereinzelt werden.

Unkrautbekämpfung

Eine chemische Unkrautbekämpfung ist wegen der Rückstandsprobleme derzeit nicht oder nur bedingt möglich, sodass mit mechanischen Pflegemaßnahmen das Auslangen gefunden werden muss. Ein Durcheggen bzw. Grubbern zwischen den Reihen sollte zwecks Unkrautbekämpfung und Bodendurchlüftung so oft als nötig durchgeführt werden. Beim Schließen der Reihen sind die Pflanzen so weit entwickelt, dass sie die gesamte Bodenoberfläche bedecken und damit die Pflegemaßnahmen beendet sind.

Krankheiten und Schädlinge

Verschiedene Viruserkrankungen, Blattfleckenkrankheit und Echter Mehltau.

Verwendung und Ernte

Nach dem vollständigen Absterben der Kürbisblätter, Ranken und der Fruchtstiele ist eine gute Ausreife gegeben. Die Kürbisse verfärben sich gelb und im Inneren bilden sich große Hohlräume. Beim schalenlosen Ölkürbis sind die Kerne dunkel und bauchig. Die reifen Kürbisse werden auf Reihen zusammengeschoben, damit mit der Erntemaschine das Feld befahren werden kann. Die Erntemaschine trennt die Kerne vom Fruchtfleisch, welches meist eingeackert wird. Die Kerne müssen anschließend sofort gewaschen und dann auf einem Flachrosttrockner auf einen Wassergehalt von 7 bis 9 % heruntergetrocknet werden. Bei einer durchschnittlichen Ernte fallen 500 bis 800 kg getrocknete Kerne und 40 000 bis 80 000 kg Fruchtfleisch an. Kürbiskerne finden hauptsächlich in der Ernährung Verwendung (Kernöl, Knabberkerne) sowie auf dem pharmazeutischen und Reformkost-Sektor. Bei der Ölgewinnung fällt der Presskuchen an, der als hochwertiges Futtermittel, mit 2 bis 5 % Restöl sowie einem hohen Anteil (55 bis 60 %) an gut verdaulichem Eiweiß mit essenziellen Bestandteilen, Verwendung findet.

11.4.7. Buchweizen

Ansprüche an Boden und Klima

Buchweizen bevorzugt leichte, warme und mäßig saure Böden in einem pH-Bereich von 5,3 bis 7. Er ist frostempfindlich, weist eine kurze Wachstumszeit (6 bis 9 Wochen) auf und verlangt viel Wärme bei mäßiger Feuchtigkeit.

Fruchtfolge

Buchweizen kann als Körnerfrucht, Zwischenfrucht-Futterpflanze oder Gründüngungspflanze gebaut werden, das heißt, als Vorfrucht kommen nur früh das Feld räumende Getreidearten in Betracht. Er selbst hat eine gute Vorfruchtwirkung, da er einen garen Boden hinterlässt.

Düngung

Es dürfen ausschließlich wirtschaftseigene Düngemittel zur Verwendung kommen (Stallmist, Gülle u. dgl.) und zwar sind folgende Mengen zu empfehlen: 10 bis 20 Tonnen Stallmist/ha oder 10 bis 15 m^3 Gülle/ha. Eine Überdüngung führt zur Reifeverzögerung und zu einer Erhöhung des Feuchtigkeitsgehaltes des Erntegutes.

Anbau

Nach dem Getreidedrusch ist eine möglichst rasch durchgeführte flache Schälfurche mit nachfolgendem Eggenstrich zu empfehlen.
Einer alten Bauernregel zufolge soll der Anbautermin zwischen Ulerl (Ulrich = 4. Juli) und Irmerl (Irmgard = 17. Juli) liegen.
Die Saatmenge liegt je nach TKG zwischen 70 und 100 kg und wird mit der Drillsämaschine durchgeführt (Abdrehprobe unbedingt erforderlich).

Saattiefe: 2 bis 3 cm

Unkrautbekämpfung

ist bei einem weitgehend unkrautfreien Getreidefeld meist nicht erforderlich.

Verwendung und Ernte

Wenn das Korn verfärbt und hart geworden ist, erfolgt die Ernte mittels Mähdrescher, wobei der Getreide- oder Maisdruschkorb weit zu stellen ist. Die Drehzahl der Druschtrommel und des Gebläses müssen auf ca. 600 U/min eingestellt werden. Bei auftretenden Frühfrösten kann es zu erheblichem Kornausfall kommen. Das Erntegut soll eine Feuchtigkeit von ca. 14 % aufweisen.
Buchweizen findet in der menschlichen Ernährung Verwendung.

11.4.8. Lein (Flachs)

Man unterscheidet zwischen Öllein und Faserlein, wobei es sich, wie aus der Bezeichnung hervorgeht, um Sorten mit spezifischen Eigenschaften handelt.

Ansprüche an Boden und Klima

Lein ist sehr anpassungsfähig und gedeiht auf allen getreidefähigen Böden. Die günstigste Bodenreaktion liegt bei einem pH-Wert von 6,2 bis 7. Eine gut dosierte Feuchtigkeit bis zur Blüte ist wichtig. Nach der Blüte (ab Juli) sollte eher trockenes Wetter vorherrschen. Die pannonischen Trockengebiete und alpine Gegenden mit hohen Sommerniederschlägen kommen für den Flachsanbau eher nicht in Frage.

Fruchtfolge

An die Vorfrucht stellt Lein keine besonderen Ansprüche, wird aber meist nach Hackfrüchten gestellt, häufig auch als abtragende Frucht nach Sommer- oder Wintergetreide. Lein ist mit sich selbst unverträglich und sollte nur alle 6 bis 8 Jahre auf dem gleichen Feld gebaut werden. Lein ist als gute Vorfrucht für andere Kulturen zu werten.

Düngung

Stallmist und Jauche sollten bei Faserlein wegen erhöhter Lagergefahr und minderwertigen Fasern nicht gegeben werden. Für Faserlein ist eine ausreichende Kaliversorgung zur Ausbildung einer guten Fasermenge und -güte wichtig.

Bei einer mittleren Bodenversorgung sollten folgende Reinnährstoffmengen gestreut werden:

Stickstoff:	30 bis 45 kg/ha	Phosphor:	60 bis 80 kg/ha
Kalium:	70 bis 90 kg/ha	Kalk:	50 kg/ha

Chlorhältiges Kali soll bereits im Herbst gestreut werden. Die Handelsdünger sind vor dem Anbau als Grunddüngung auszubringen.

Anbau

Der Anbau sollte bis spätestens Mitte April erfolgen. Die Saattiefe liegt bei maximal 2 bis 3 cm. Die Saatmenge ist vom Tausendkorngewicht abhängig und liegt bei 70 bis 90 kg/ha. Das Keimtemperaturminimum liegt bei 1° C. Lein verträgt aber auch kurze Frühjahrsfröste bis –4° C.

Unkrautbekämpfung

Die Vorfrucht sollte ein möglichst unkrautfreies Feld hinterlassen. Bei stark verunkrauteten Leinfeldern kann auch eine chemische Unkrautbekämpfung in Erwägung gezogen werden. Registrierte chemische Mittel gibt es derzeit nur wenige.

Krankheiten und Schädlinge

Krankheiten: Leinmüdigkeit (Abbauerscheinungen) bei häufigem Leinanbau, Flachsanthraknose, Welkekrankheit, Stängelbruchkrankheit, Tote Stängel sowie Leinrost.
Schädlinge: Flachsknotenwickler, Erdflöhe und Thripsarten.

Verwendung und Ernte

Öllein erreicht die Mähdruschreife bei rechtzeitiger Aussaat und günstigem Klima im August. Die Ernte kann beginnen, wenn die Körper in der Kapsel rascheln. Die Stängel des Ölleins sind zu diesem Zeitpunkt gelb, die Kapsel braun und die Blätter abgefallen. Öllein ist nur lagerfähig, wenn er eine Feuchtigkeit unter 12 % aufweist und muss daher bei höheren Feuchtigkeitsgehalten sofort nach der Ernte nachgetrocknet werden, da er sonst ranzig und muffig wird. Öllein wird in der menschlichen Ernährung verwendet.
Die Ernte des Faserleins kann beginnen, wenn die Flachsstängel eine gelbgrüne Farbe aufweisen, die unteren Blätter abgefallen und ein Teil der Kapsel bereits braun geworden sind. Faserlein wird „gerauft“, das heißt, er wird mitsamt der Wurzel aus dem Boden gezogen. Zu diesem Zeitpunkt hat die Faser ihre beste Festigkeit, die bei einer späteren Ernte verloren geht, da die Fasern grob und holzig werden. Die Samen sind zu diesem Zeitpunkt schon keimfähig. Faserlein bleibt nach dem Raufen auf dem Feld, um zu rösten. Wird Faserlein abgeschnitten, röstet er ungleich, da die Röstbakterien an der Schnittfläche leichter eindringen können, wodurch

es an diesen Teilen der Stängel zu einem Überrösten kommt (zu weit gehende Faserzerlegung, Verminderung der Reißfestigkeit), der übrige Teil der Stängel aber erst das richtige Röststadium erreicht. Faserlein wird anschließend an die Röstung in Flachsschwunganlagen weiterbearbeitet und dann in der Textilindustrie verarbeitet.

11.4.9. Saflor

Ansprüche an Boden und Klima

Saflor bevorzugt warme, leichte Sand- oder Schotterböden, Lößböden und sandige Lehmböden. Schwere Böden mit hohem Tonanteil kommen nur im Trockengebiet in Frage, sind sonst aber eher weniger geeignet. In sommerwarmen Klimaanlagen gedeiht Sanflor sehr gut. Niederschlagsreiche Klimaräume, Kessellagen des Trockengebietes, Flächen neben Windschutzgürteln und Lagen mit hoher Luftfeuchtigkeit sind eher ungeeignet. Saflor ist gegen Dürre weitgehend unempfindlich und verlangt zum guten Gedeihen eine gewisse Trockenheit. Saure Böden sind für den Sanfloranbau ungeeignet.

Fruchtfolge

An die Vorfrucht stellt Saflor keine besonderen Ansprüche und wird meist zwischen Getreide gebaut. Saflor selbst stellt eine gute Vorfrucht dar und hinterlässt einen tief durchwurzelten und garen Boden. Anbaupausen von sechs Jahren sollten eingehalten werden.

Düngung

Auf den Kalkzustand des Bodens ist besonderes Augenmerk zu legen (pH-Wert 7). Stallmist direkt zur Kultur kann wegen des schwer abschätzbaren Stickstoffangebotes nicht empfohlen werden.

Nährstoffbedarf bei Gehaltsstufe C in kg Reinnährstoffen je ha

Ertragsmöglichkeit	*N*	*Phosphat (P_2O_5)*	*Kali (K_2O)*
niedrig	40	50	120
mittel	50	60	150
hoch	60	70	180
sehr hoch	70	80	210

Anbau

Ein mittelfrüher Anbau ist als günstig anzusehen (20. März bis 10. April). Saflor keimt bereits bei Bodentemperaturen zwischen 5 und 7° C, außerdem ist die Jungpflanze gegen Spätfröste bis –5° C unempfindlich. Kühle Witterung ist auch für die Entwicklung des Wurzelsystems und zur Rosettenbildung vorteilhaft. Der Anbau sollte in ein wassersparend vorbereitetes mittelfeines Saatbeet erfolgen, in dem wegen der tiefen Durchwurzelung keine Bodenverdichtungen vorkommen dürfen.

Saattiefe: 2 cm (auf trockenen Sandböden 4 bis 6 cm)

Saatstärke: je nach Korngröße 15 bis 30 kg (bei Einzelkornsaat auch weniger)

Reihenweite: bei Drillsaat 15 bis 30 cm, bei Einzelkornsaat 30 bis 45 cm

Unkrautbekämpfung

Meist werden die Unkräuter durch eine zwei- und mehrmalige mechanische Hacke ausreichend bekämpft. Registrierte Herbizide gibt es derzeit in Österreich keine.

Krankheiten und Schädlinge

Botrytis (auch als Köpfchenfäule bezeichnet);
Distelfliege

Verwendung und Ernte

Die Ernte kann erfolgen, wenn die Blütenköpfe, Blätter und Stängel trocken und braun sind – je nach Standort und Sorte von August bis September. Der Mähdrescher ist ohne spezielle Adaptierung dafür geeignet, wobei aber Folgendes zu beachten ist:

- Trommeldrehzahl auf 500 bis 700 Umdrehungen reduzieren;
- Korb etwas weiter öffnen als bei Getreide – Bruchkörner führen zum Ölaustritt und Ranzigwerden;
- Wind halb offen, damit taube Körner und Pflanzenreste entfernt werden;
- Haspel-Geschwindigkeit reduzieren, da reife Samen ausgeschlagen werden können.

Die Feuchtigkeit des Druschgutes soll zwischen 8 und 9 % liegen, da sonst eine Nachtrocknung erforderlich ist.

Saflor wird zur Ölerzeugung verwendet.

Mögliche Erträge: .... bis .... kg/ha

11.4.10. Mohn

Mohn bevorzugt milde Lehmböden und Lößlehmböden, die einen guten Wasserhaushalt gewährleisten und einen entsprechenden Kalkgehalt aufweisen (pH-Wert 6,5 bis 7). Er ist in der Jugendentwicklung relativ unempfindlich gegen niedrige Temperaturen, stellt aber hohe Ansprüche an die Wärme in der Hauptvegetationszeit, in der Blütezeit und in der Reifezeit.

Fruchtfolge

Hinsichtlich der Vorfrucht stellt Mohn keine besonderen Ansprüche. Der Standort sollte aber möglichst unkrautfrei sein, sich in einem guten Kulturzustand befinden und durch die Vorfrucht nicht zu stark hinsichtlich des Wasser- und Nährstoffhaushaltes beansprucht sein. Mohn selbst ist in seiner Vorfruchtwirkung als günstig einzustufen.

Düngung

Stallmist zu Mohn ist möglich, sollte aber nicht direkt zur Kultur gegeben werden. Mineraldünger sollten etwa 2 Wochen vor dem Anbau in folgender Menge gestreut werden:
Stickstoff: 60 kg Reinstickstoff/ha (⅔ zum Anbau), Phosphor: 60 kg Reinnährstoff/ha, Kalium: 110 kg Reinnährstoff/ha; Mohn hat einen hohen Borbedarf.

Anbau

Der Anbau sollte in einen über den Winter gut abgesetzten Boden erfolgen, der im Frühjahr in wenigen Arbeitsgängen saatfertig gemacht wird. Der Boden darf nur 2 bis 3 cm aufgelockert werden, damit durch die kapillare Wasserführung für die Keimung und für die jungen Pflanzen optimale Verhältnisse geschaffen werden. Das vorbereitete Saatbeet sollte „gartenmäßig" sein. Das Temperaturminimum liegt bei etwa +3° C. Mit einer Feinsäeinzelkornmaschine werden zirka 0,35 kg/ha angebaut. Das entspricht bei einem TKG von 0,5 g und 70 % Feldaufgang einem Bestand von 50 Pflanzen/m². Der Abstand in der Reihe soll mindestens 5 cm, maximal jedoch 10 cm betragen.
Ein Walzen nach der Saat ist nicht zu empfehlen, da es bei eventuell stärkeren Niederschlägen zu einer Verkrustung des Bodens und damit zu Auflaufschäden kommen kann.

Derzeit verwendete Sorten: ....

Unkrautbekämpfung

Die Unkrautbekämpfung erfolgt vorwiegend mechanisch mit Rübenhackgeräten, bewährt haben sich auch Bürstenhackgeräte. Meist findet man mit drei Hackvorgängen das Auslangen:
Erster Hackvorgang beim Sichtbarwerden der Reihen,
zweiter Hackvorgang im 4-Blatt-Stadium,
dritter Hackvorgang kurz vor Reihenschluss, wobei die Reihen leicht angehäufelt werden sollen, damit eine bessere Standfestigkeit erreicht wird und das Unkraut in der Reihe besser unterdrückt wird.
Stark verunkrautete Bestände können eine Handhacke erforderlich machen.

Krankheiten und Schädlinge

Krankheiten: Virosen (Rübenmosaikvirus und gelbes Bohnenmosaikvirus), Wurzelbrand und Falscher Mehltau.
Schädlinge: Mohnkapselrüßler, Mohnfliege und Mohngallmücke.

Verwendung und Ernte

Der Mohn ist reif, wenn der Samen in den Kapseln beim Schütteln raschelt. Er kann vollkommen trocken bei einer Feuchtigkeit von 8 % gedroschen werden (August).
Erfolgt keine Kapselnutzung, kann der Mohn direkt vom Halm gedroschen werden, wobei darauf zu achten ist, dass die Körner nicht gequetscht werden.

Adaptierung des Mähdreschers:

- Motordrehzahl reduzieren;
- Dreschkorb so weit öffnen, dass die Kapseln gerade noch zerquetscht werden;
- Drehzahl des Dreschkorbes reduzieren;
- Reinigung (Schüttler und Winde) so einstellen, dass viele gebrochene Kapselteile im Ernteprodukt bleiben, wodurch die Mohnkörper bei Schnecken und Elevatoren nicht gequetscht werden.
- Beim ersten Reinigungsvorgang lassen sich diese groben Verunreinigungen dann leicht entfernen.

11.4.11. Hanf

Ansprüche an Boden und Klima

Hanf stellt an den Boden sehr hohe Ansprüche und bevorzugt tiefgründige, nährstoffreiche Böden mit neutraler Bodenreaktion, die über ausreichende Feuchtigkeit verfügen.
Undurchlässige staunasse Tonböden sind für den Hanfanbau nicht geeignet. Hinsichtlich des Klimas ist Hanf nicht sehr anspruchsvoll. Ein gemäßigtes, aber feuchtes Klima ist für das hohe Feuchtigkeitsbedürfnis des Hanfes günstig. Längere Trockenheiten, besonders während der Blüte, schaden dem Hanf.

Fruchtfolge

Hinsichtlich der Vorfrucht stellt Hanf keine besonderen Ansprüche, ist aber für Hackfrüchte, Leguminosen und Grünlandumbruch sehr dankbar. Hanf hinterlässt als Tiefwurzler für die nachfolgenden Kulturen durch die abgestorbenen Wurzelreste wertvolle Wurzelbahnen für Kulturpflanzen mit geringerer Bewurzelungsmöglichkeit. Häufig wird Getreide als Nachfrucht angebaut. Zur Gesundung rübenmüder Böden wurde als Fruchtfolge Hanf – Winterweizen – Hanf erfolgreich angewendet, da Hanf mit sich selbst verträglich ist.

Düngung

Hanf hat wegen seines schnellen Pflanzenwachstums einen hohen Nährstoffbedarf und verwertet 30 bis 40 Tonnen Stallmist zur Herbstfurche sehr gut. Der Stickstoffgehalt des Stallmistes muss bei der mineralischen Düngung berücksichtigt werden, da sonst Lagergefahr besteht.

Nährstoffbedarf in kg Reinnährstoff je ha

N	60 bis 100	P_2O_5	40 bis 60	K_2O	120 bis 160

Güllegaben zu Hanf sind wegen seiner Empfindlichkeit gegen Gülle nicht zu empfehlen. Stickstoff wird meist in einer Gabe vor dem Anbau gegeben, sodass das Stickstoffangebot zu Beginn der Entwicklung ausreichend ist. Bei geteilten Stickstoffgaben muss die Kopfdüngung wohl überlegt werden, da Blattverbrennungen auftreten können und die schnell wachsenden Pflanzen den optimalen Zeitpunkt oft unmöglich machen.

Anbau

Das Saatbett für Hanf sollte feinkrümelig und abgesetzt sein. Bodenverdichtungen müssen verhindert werden, da Hanf auf verdichteten Stellen mit einem Wachstumsrückstand reagiert, der nicht mehr aufgeholt wird.

Saatzeitpunkt: Mitte April bis Mitte Mai
Saattiefe: 3 cm, mittels Drillsämaschine

Saatstärke und Reihenweite
Dafür gibt es noch keine eindeutigen Empfehlungen, nur Hinweise für optimale Aussaatstärken und Reihenweiten, da diese von der Nutzungsart abhängig ist (Faser-, Samen- oder Mischnutzung).
Die Reihenweiten bewegen sich in der derzeitigen Praxis zwischen 10 und 45 cm, die Saatmengen zwischen 6 und 40 kg.
Vor dem Anbau sollte der jeweils aktuelle Stand der österr. Versuchsansteller eingeholt werden.

Unkrautbekämpfung

Mechanische Bekämpfung der auftretenden Beikräuter mit Hacke oder Striegel ist möglich. Die schnelle Entwicklung und der schnelle Reihenschluss führt zu einer guten Unterdrückung der Beikräuter.

Krankheiten und Schädlinge

Beim derzeitigen Anbauausmaß in Österreich wurden Schädigungen durch Wildverbiss, Vogelfraß, Schneckenfraß, Maiszünsler sowie bei Pilzbefall Botrytis cinerea, Sclerotinia sclerotiorum sowie Fusarium ssp. beobachtet, wobei deren Auswirkungen kaum ertragsbeeinflussend waren.
Die Entwicklungen aller möglichen Hanfkrankheiten und -schädlinge kann bei einer Ausdehnung der Anbauflächen derzeit nicht abgeschätzt werden.

Verwendung und Ernte

Hanf benötigt je nach Nutzungsrichtung eine Vegetationszeit von 100 bis 150 Tagen. Nach der jeweiligen Nutzungsrichtung richtet sich auch der Erntezeitpunkt und die -methode.
Hanfsamen können mit adaptierten Mähdreschern, Kurzfasern mit zum Teil umgebauten Häckselmaschinen, Langfasern mit Mähbalken und Mähbindern geerntet werden.
Samenerträge liegen zwischen 8 und 10 dt/ha (bei 30 % Ölgehalt), Stroherträge zwischen 6 und 15 Tonnen mit ca. 20 bis 30 % Fasergehalt.
Samen bzw. Öle werden für Lacke, Kosmetikartikel und in der Nahrungsmittelindustrie (Müsliriegel, Brot) verwendet.
Kurzfasern finden Verwendung für Papier, Bau- und Dämmstoffe, Matratzen u. a.
Langfasern werden für Textilprodukte verwendet.

Achtung!
Vor dem Einstieg in den Hanfbau sollten Sie ausreichend Informationen bei diversen Stellen einholen wie z. B.: Österr. Hanfinstitut, Dürergasse 3/4, 1060 Wien oder Agrarmarkt Austria (AMA), Dresdner Straße 70, 1200 Wien.

Übungs- und Wiederholungsfragen

1. Nennen Sie die Ziele des ökologischen Landbaues!

....

....

2. Zählen Sie die Systeme des ökologischen Landbaues auf!

....

....

3. Nennen Sie ein Spezialgerät des ökologischen Landbaues!

....

4. Nennen Sie die Ziele des organisch-biologischen Landbaues!

....

....

....

11.5. Anbau von Pflanzen zur Bioenergiegewinnung

Da die fossilen Energievorräte der Erde zur Neige gehen kommt der Gewinnung von Bioenergie aus nachwachsenden Rohstoffen in Zukunft sicherlich eine sehr große Bedeutung zu

11.5.1. Pflanzen zur Gewinnung von Treibstoffen

Bioethanol und Biodiesel

Als Nebenprodukte fallen Presskuchen und Schrote sowie Schlempen an.
Körnerraps: Anbauvoraussetzungen siehe Kap. 11.4.3

Rapsöl kann entweder von der Presse kommend in speziell umgerüsteten Motoren eingesetzt werden oderdurch einen Veresterungsvorgang als RME (Rapsmethylester) = Biodiesel in Dieselmotoren verwendet werden,
Ethanolweizen: Anbauvoraussetzungen siehe Kap. 6.3.1.

Da ab dem Jahr 2008 ein Bioethanolwerk den Betrieb aufnehmen wird, wird der Züchtung und dem Anbau geeigneter Weizensorten mit einem hohen Stärkegehalt und geringem Eiweißanteil große Bedeutung zukommen. Aus 3 Tonnen Weizen lässt sich 1 Tonne Bioethanol erzeugen ! Auch andere Kulturpflanzen wie Mais und Zuckerrüben sind zur Herstellung von Ethanol geeignet welches dann dem Benzin beigemischt wird und auch in reiner Form verwendet werden kann.

11.5.2. Pflanzen zum Betrieb von Biogasanlagen zur Stromerzeugung

Verwendung finden vorwiegend Silagen von **Mais, Hirsearten, Sonnenblumen, Luzerne und Gras**. Durch die Tätigkeit von Mikroorganismen, ähnlich wie in einem Wiederkäuerpansen, wird Methangas erzeugt welches nach einem Reinigungsprozess einen Motor betreibt der über einen Generator Strom erzeugt. Die anfallende Gülle wird wiederum als Dünger auf die genutzten Flächen ausgebracht.

11.5.3. Pflanzen zur Gewinnung von Wärmeenergie

Kurzumtriebsgehölze: Geeignete Gehölze sind in erster Linie Pappeln, Weiden und Robinien ,aber auch Esche und Erle. Es sind Erträge von 7 bis 28 ATRO TONNEN (Absolut trockene Tonne Biomasse) zu erreichen.
Die Stecklinge dieser Gehölze (Pappel ca, 14 000, Weide ca. 18 000) werden mit eigenen Setzmaschinen gepflanzt. Die Ernte erfolgt mit umgerüsteten Mähdreschern oder Häckslern.
Die erste Ernte ist nach 2 bis 3 Jahren möglich und danach jeweils im Abstand von ebenfalls 2 bis 3 Jahren. Gesamtnutzungsdauer 15 bis 20 Jahre. Danach werden die Wurzelstöcke mit einer Forstfräse zerkleinert.

Chinaschilf (Miscanthus): Der Anbau ist Maisanbaulagen möglich und die Wurzelstücke (Rhizome) werden ab Mitte April, 5 bis 8 cm tief und im Abstand 1 × 1 m abgelegt. Eine Düngung ist nur auf schwachen Böden notwendig und der Pflanzenschutz erfolgt mit Mitteln die auch im Maisanbau verwendet werden. Die Ernte erfolgt erst im zeitigen Frühjahr nach dem Abfrosten der Pflanzen mit einem reihenlosen Feldhäcksler bei einem Feuchtigkeitsgehalt von 12 bis 15 %.

12. Anhang

Definitionen von Begriffen, die im Zusammenhang mit EU-Programmen verwendet werden

AMA Agrarmarkt Austria – Österreichische Institution zur Abwicklung von Förderungsprogrammen
Ackerland (A) – alle Flächen unter dem Pflug
Ausgleichszulage (AZ) – Beihilfe für benachteiligte Gebiete
Bodenklimazahl (BKZ) – Ertragsfähigkeit des Bodens, 0 bis 100 Punkte
Degressive Ausgleichszahlungen – finanzielle Anpassungshilfe nach EU-Beitritt bis 1998
ECU (European Currency Unit) – Währungseinheit
Feldstück – abgrenzbare Bewirtschaftungseinheit (Acker oder Grünland)
Flächen-Basiserfassung – Flächen, die gefördert werden sollen
Flächenstilllegung – derzeit … % der ausgleichsberechtigten Fläche
Futterfläche – Futtererzeugung vom 1. 1. bis 31. 7., Silomais kann auch dem Getreide zugeordnet werden
Garantiemenge – wird Österreich von der EU zugeteilt (div. Feldfrüchte)
Gemeinsame Agrarpolitik (GAP) – gemeinsame Agrarpolitik der EU
Grundstück – Grundstück mit Nummer als Teil einer Katastralgemeinde
Grüner ECU – wird in der EU-Agrarpolitik verwendet
Intervention – staatlicher Eingriff in das Marktgeschehen – „Interventionspreis“
INVEKOS – Verwaltungs- und Kontrollsystem der EU für Förderungen
Kleinerzeuger – bis 17,46 ha, keine Verpflichtung zur Flächenstilllegung
Kulturpflanzenausgleich (KPA) – für Getreide, Ölsaaten, Eiweißpflanzen, Stilllegungsflächen
Landw. Nutzfläche (LN) – Acker, Grünland und Spezialkulturen eines Betriebes
Non-food-Bereich – Pflanzen, die nicht der Herstellung von Nahrungs- oder Futtermitteln dienen
ÖPUL – Österr. Programm zur Förderung einer umweltgerechten, extensiven und den natürlichen Lebensraum schützenden Landwirtschaft (Maßnahmen umseitig)
Referenzfläche – ausgleichsberechtigte Fläche für Österreich (Kürzung der Förderungen bei Überschreitung)
Referenzmenge – Lieferrecht für ein Wirtschaftsjahr
Richtpreis – soll vom Erzeuger auf dem Markt erzielt werden (kein Fixpreis)
Schlag – zusammenhängende Fläche auf einem Feldstück mit einer Kultur
Spezialkulturen (S) – Gärtnerei, Intensivobst, Baumschulen, Christbäume
Umweltprogramm (VO 2078) – extensive Bewirtschaftungsform einzelflächenbezogene extensive Acker- oder Grünlandnutzung, Regionalprogramme
Zwölfmonatszeitraum – Wirtschaftsjahr von 1. 4. bis 31. 3.

Maßnahmenübersicht ÖPUL 2015 (gem. Artikel 28, 29, 30 und 33 der EU-VO 1305/2013 im Rahmen des österr. Programms für Ländliche Entwicklung 2014-20)

Österreichisches Programm zur Förderung einer umweltgerechten, extensiven und den natürlichen Lebensraum schützenden Landwirtschaft

Allgemein	Acker		Grünland		Sonstige
Umweltgerechte und biodiversitätsfördernde Bewirtschaftung Erhaltung Landschaftselemente, GL-Erhaltung, mind. 5% Biodiv-Flächen, Fruchtfolge, max. 66% einer Kultur, Weiterbildung *GL:* ***45*** (15) €/ha *A:* ***45*** (450) €/ha *A-Blühkulturen:* ***165*** €/ha ***6*** €/LSE%/ha	**Begrünung Acker – Zwischenfruchtanbau** Jährliche, flächendeckende Begrünung (mind. 10% des A) gem. Varianten (Zeiträume), Verzicht Stickstoff-düngung und Pflanzenschutz in Begrünungen *A:* ***160*** *(120-200)* €/ha begrünte *Fläche, 200 €/ha für Bienen-mischung*	**Begrünung - System Immergrün** Flächendeckende Begrünung von mind. 85% der Ackerfläche (max. unbegr. Zeitraum 50 Tage), Dokumentation, Verzicht Stickstoffdüngung und Pflanzenschutz in Begrünungen *A:* ***80*** €/ha	**Alpung und Behirtung** Alpung: Mindestens 60 Tage, max. 2,0 RGVE/ha, geschl. Nährstoffkreislauf, Verzicht Stickstoffdüngung und Pflanzen-schutz (ausg. Bio-Mittel/Dünger) Behirtung: Tägliche Tierbetreuung *Alm-G:* ***40*** (50,60 €/ha), *Behirtung* ***20-190*** €/RGVE	**Silageverzicht** Verzicht auf Silagebereitung und Silageeinsatz, Abgabe von Mähgut nur in Form von Heu *Gemähtes GL bzw. Ackerfutter:* ***80*** €/ha für Tierhalter, ***150*** €/ha für *Milchviehhalter, keine Prämie für Nicht-Tierhalter*	**Erosionsschutz Obst, Wein und Hopfen** Ganzjährige, flächendeckende Begrünung in Fahrgassen von Obst und Wein bzw. zumindest Winterbegrünung von Hopfen und Wein <25% Hangneigung, Dokumentation *D:* ***200*** (100-800) €/ha Obst, Wein, *Hopfen, je nach Variante*
Naturschutz * Bewirtschaftung gem. Projektbestätigung der Naturschutzbehörde, optional Einbindung in regionalen Naturschutzplan oder Ergebnisorientierter Naturschutzplan *GL:* ***<900*** €/ha *A:* ***<700*** €/ha	**Vorbeugender Grundwasserschutz (regional)** Acker: Reduzierte Düngung, Ausbringungssperrfristen, Dokumentation, Weiterbildung, Bodenproben Grünland: Reduzierte Düngung, Verzicht GL-Umbruch, Bodenprobe, Weiterbildung *A:* ***100*** (110, 130) €/ ha *GL:* ***100*** €/ha	**Mulch- und Direktsaat (inkl. Strip-Till)** Teilnahme an Begrünung-Zwischenfrucht, Jährliche Mulch oder Direktsaat bzw. Strip-Till nach Begrünung, Anbau Folgekultur innerhalb 4 Wochen nach Umbruch *A:* ***60*** €/ha erosionsgefährdete *Kulturen*	**Bewirtschaftung von Bergmähwiesen *** Steilflächen >50%: Zumindest 1x jährliche Mahd, Bergmähder: Zumindest 1x in zwei Jahren Mahd, Verzicht auf Düngung (ausg. Mist) und Pflanzenschutz *GL: Steilflächen* ***370*** €/ha, *GL: Bergmähder* ***350-800*** €/ha	**Erhaltung gefährdeter Nutztierrassen** Zucht und Haltung von gefährdeten Nutztierrassen gem. Rassenliste, z. B. Pinzgauer, Murbodner, Grauvieh, Brillen-schaf, Gebirgsziege; Haltedauer mind. 01.04-31.12, Doku- und Meldeverpflichtungen *z. B. Kühe:* ***180/210/280*** €/Tier, *je nach Gefährdungsstufe*	**Pflanzenschutzmittelverzicht Wein und Hopfen** Teilnahme an Erosionsschutz Obst, Wein, Hopfen, Verzicht auf Insektizide und/oder Herbizide (kombinierbar) *D:* ***250*** €/ha *für Insektizidverzicht* *D:* ***250*** €/ha für Herbizidverzicht
Biologische Wirtschaftsweise Art. 29 der EU-VO 1305/2013 Einhaltung EU-Bio-VO sowie Anerkennung als Bio-Betrieb, Erhaltung Landschaftselemente, GL-Erhaltung, Weiterbildung *GL:* ***225*** (70) €/ha *A:* ***230*** *(350-Blühk.,* 450) €/ha *D:* ***700*** €/ha *LSE:* ***6*** €/LSE%/ha *Bio-Bienen:* ***25*** €/Stock	**Vorbeugender Oberflächen-gewässerschutz auf Ackerflächen (regional)** Einsaat eines mind. 12 breiten Gewässerrandstreifens entlang von ausgewiesenen Gewässern, Verzicht Düngung und Pflanzenschutz, jährliche Pflege/Nutzung (keine Weide) *A:* ***450*** €/ha	**Bewirtschaftung auswaschungsgefährdeter Ackerflächen (regional)** Einsaat einer winterharten Begrünungsmischung auf auswaschungsgefährdeten Ackerflächen mit Boden-Klima-Zahl <40, Verzicht Düngung und Pflanzenschutz, jährliche Pflege/Nutzung (keine Weide) *A:* ***450*** €/ha	**Einschränkung ertragssteigernder Betriebsmittel **** Verzicht Pflanzenschutz auf GL und Ackerfutterflächen mit Ausnahme Bio-Mittel, Verzicht Ausbringung Stickstoffdüngemittel mit Ausnahme Bio-Dünger *GL/A/D:* ***60*** €/ha, *keine Prämie für Nicht-Tierhalter*	**Tierschutz-Weide** Art. 33 der EU-VO 1305/2013 Mind. 120 Tage Weide (zwischen 01.04. und 15.11), Dokumentation ***55*** €/GVE, max. 4 RGVE/ha , *halbe Prämie bei gleichzeitiger Alpung des Tieres*	**Nützlingseinsatz im geschützten Anbau** Jährlicher, flächendeckender Einsatz von Nützlingen im geschützten Anbau in zumindest einem Glashaus/Folientunnel, die einen Pflanzenschutzmittel-Einsatz ersetzen *GA:* ***1.000*** €/ha
	Anbau seltener lw. Kulturpflanzen * Sortenreiner Anbau gem. Sortenliste, z. B. Dinkel, Roggen, Klee, Mohn, Feldgemüse; Dokumentation *A:* ***120*** (200) €/ha	**Verzicht auf Fungizide und Wachstumsregulatoren bei Getreide **** Verzicht auf den Einsatz von Fungiziden und Wachstums-regulatoren in Getreide *A:* ***40*** €/ha *Getreide*	**Natura 2000 – Landwirtschaft** Art. 30 der EU-VO 1305/2013 Vorliegen von relevanten, gesetzlich verankerten Bewirtschaftungsauflagen *GL:* ***37-270*** *€/ha und Auflage*		**Bodennahe Ausbringung flüssiger Wirtschaftsdünger und Biogasgülle** Ausbringung von mind. 50% des ausgebrachten flüssigen Wirtschaftsdüngers mittels bodennaher Ausbringungsgeräte, Dokumentation *A, GL:* ***1*** (1,20) €/m³ , *max.30m³/ha*

*… Kombination mit Bio oder UBB erforderlich
**… Kombination mit UBB erforderlich
Abkürzungen: GL = Grünland, A = Ackerland, D = Dauerkulturen, GA = Geschützter Anbau, LSE = Landschaftselemente

Prämiensätze: Dargestellt sind die in den überwiegenden Fällen zutreffenden Prämiensätze (z. B. Grünland mit Tierhaltung, wichtigste Ackerkulturen). In Klammern sind weitere mögliche Prämiensätze angeführt, welche durch bestimmte Kulturen/Tätigkeiten ausgelöst werden können.

Literatur

ABC im Kartoffelbau, Neuzeitlicher Anbau und wirtschaftliche Verwertung von Kartoffeln; eine Beitragsfolge aus dem Jahrgang 1971 der Monatszeitschrift „Der Kartoffelbau“, Bomlitz, 1971.

Anbauanleitungen verschiedener Stellen.

Arbeitsgemeinschaft: Gartenbau, Fachrichtung Ländliche Hauswirtschaft, Leopold-Stocker-Verlag/Österreichischer Agrarverlag, Graz und Wien, 1977.

Aufhammer G. und Fischbeck G.: Getreide-Produktionstechnik und Verwertung, Verlagsunion Agrar, 1973.

Autorenteam landw. Lehrkräfte in Niederösterreich: Grundzüge der Landwirtschaftlichen Produktionslehre, Österreichischer Agrarverlag, Wien, 1979.

Autorenteam landw. Lehrkräfte in Niederösterreich: Pflanzenproduktion, Band 1, Leopold-Stocker-Verlag/Österreichischer Agrarverlag, Graz und Wien, 1975.

Beran F.: Pflanzenschutz, wichtig – aber richtig! Herausgegeben von der Arbeitsgemeinschaft für Pflanzenschutz in Zusammenarbeit mit dem Bundesministerium für Land- und Forstwirtschaft, Wien.

Berg H.: Grundfragen der Wetterkunde, Curt E. Schwab GmbH., Stuttgart, 1949.

Berger H.: Maiszünslerbekämpfung mit Trichogramma-Schlupfwespen in Österreich, in: Der Pflanzenarzt, 34. Jg., Nr. 11, 1981.

Berger H.: Wichtige Krankheiten und Schädlinge der Kartoffel, Bundesanstalt für Pflanzenschutz, Wien 1979.

Berger u. a.: Pflanzenproduktion, Band 1 und 2, Leopold-Stocker-Verlag, Graz, 1983.

Biebl R. und Germ H.: Praktikum der Pflanzenanatomie, Springer-Verlag, Wien, 1967.

BM für Land- und Forstwirtschaft: Richtlinien für die sachgerechte Düngung.

Breitfeld R.: Rohstoff Hanf, Herausgeber: Hanfgesellschaft e.V., 1995.

Der biologische Landbau, Begleitinformation zu den Fernsehfilmen „Bodenkultur und Planquadrat ländlicher Raum“, ORF, Verlag Orac, Wien, 1979.

Deutsche Landwirtschaftsgesellschaft: Wintergerste aktuell, DLG-Verlag, Frankfurt am Main, 1977.

Deutsche Landwirtschaftsgesellschaft: Winterroggen aktuell, DLG-Verlag, Frankfurt am Main, 1979.

Diercks R.: Statusbericht Pflanzenschutz, Landwirtschaftsverlag, Münster-Hiltrup, 1980.

Enthofer E. und Deutsch A.: Pflanzenproduktion – Der moderne Landwirt, Leopold-Stocker-Verlag, Graz, 1972.

Gruber P.: Erfolgreiche Düngerwirtschaft heute, Leopold-Stocker-Verlag, Graz, 1981.

Herrmann H. und Meyer-Ötting U.: Agrarwirtschaft, Fachstufe Landwirtschaft, BLV-Verlagsgesellschaft München, Landwirtschaftsverlag Münster-Hiltrup, 1981.

Hillebrand W.: Taschenbuch der Rebsorten, Fachverlag Dr. Fraud, Wiesbaden, 1972.

Höbaus E. und Russ K.: Sexualduftstoffe als biochemisches Bekämpfungsmittel – Versuche zur Verwirrung des Einbindigen Traubenwicklers mit Hilfe von Pheromonbändern.

IFOAM: Internationale Vereinigung biologischer Landbaubewegungen, Vierteljahreszeitschrift.
Integrierter Pflanzenschutz: Beratungsschrift 43, herausgegeben vom Bundesministerium für Land- und Forstwirtschaft in Zusammenarbeit mit der Bundesanstalt für Pflanzenschutz, Wien.
Jeschke P.: Der Pflanzenschutzkurs, 6. Auflage 1984, herausgegeben von der Fa. Avenarius-Fattinger-Agro, Wien.
Kämpf R. und Petzold K.: Erfolgreicher Zuckerrübenbau, Verlagsunion Agrar, 1980.
Keitel E. und Meyer-Ötting U.: Agrarwirtschaft, Grundstufe 1, BLV.
Klapp E.: Lehrbuch des Acker- und Pflanzenbaues, Verlag Paul Parey, Berlin und Hamburg, 1958.
Konold O. und Götz A.: Boden und Pflanze, Verlag Eugen Ulmer, Stuttgart, 1969.
Menzel-Tettenborn H.: Das Reich der Pflanzen, Verlagsgruppe Bertelsmann, 1976.
ÖAIP: Handbuch für den Sachkundennachweis im Pflanzenschutz, Österreichischer Agrarverlag, Wien, 1991.
Pass A. W.: Erprobte Heimatnatur, 1. Teil, Pflanzenwelt, Leykam, Graz, 1961.
Pflanzenlexikon, 5 Bände, Rowohlt Taschenbuch Verlag, Reinbeck bei Hamburg, 1969.
Rehm F.: Kleine Wetter- und Klimakunde, LFS-Obersiebenbrunn, 1974.
Saatmengen, Informationsschrift der Bundesanstalt für Pflanzenbau.
Sperber u. a.: Öl- und Eiweißpflanzen, Österreichischer Agrarverlag, Wien, 1988.
Steinhauser F.: Meteorologie und Klimatologie. Skriptenverlag der Österreichischen Hochschülerschaft an der Hochschule für Bodenkultur, Wien, 1955.
Verband der Landwirtschaftsberater in Bayern e.V., Schriftleitung: Dörfler J. und Hüffmeier H.: Pflanzliche Erzeugung – Die Landwirtschaft, Band 1, Teil A, BLV-Verlagsges.m.b.H., München, 1981.
Willi J.: Fernschule der Landwirtschaft, „Das Grüne Forum", Innsbruck.
Willi J.: Informationsbriefreihe über den biologischen Landbau.
Zeitschrift „Der Kartoffelbau", Verlag Th. Mann, Gelsenkirchen.
Zeitschrift „Zuckerrübenbau", herausgegeben vom Zuckerforschungsinstitut Tulln.
Zscheischler J. u. a.: Mais-Anbau und Verwertung, Verlagsunion Agrar, 1979.